图 1　国家森防总站闫俊副总站长、董振辉主任调研原山国家级中心测报点

图 2　山东省森防站刁训禄站长、李洪敬副调研员、张秋梅科长莅临标本实验室指导工作

图 3　淄博市林业局祁连山局长、王允刚副局长、李培亮副调研员检查档案资料

图 4　淄博市林业局副局长王允刚主持召开普查工作会议

图 5　山东农业大学何邦令教授指导标本制作

图 6　淄博林业有害生物天敌繁育基地成立揭牌仪式

图 7　苗圃地野外调查培训

图 8　美国白蛾等挂灯监测诱捕

图 9　淄博市林业有害生物测报防治信息管理系统培训

图 10　淄博市林业植物检疫管理系统培训

图 11　春尺蠖虫情调查

图 12　为杨树病害“联合会诊”

图 13　飞机防治现场指导

图 14　临淄区美国白蛾飞防

图 15　沂源县飞防松阿扁叶蜂

图 16　高新技术开发区第二代美国白蛾飞防

图 17　淄博市鲁山林场机械喷药防治病虫害

图 18　淄博市鲁山林场烟雾防治

图 19　草履蚧虫情调查

图 20　标本制作

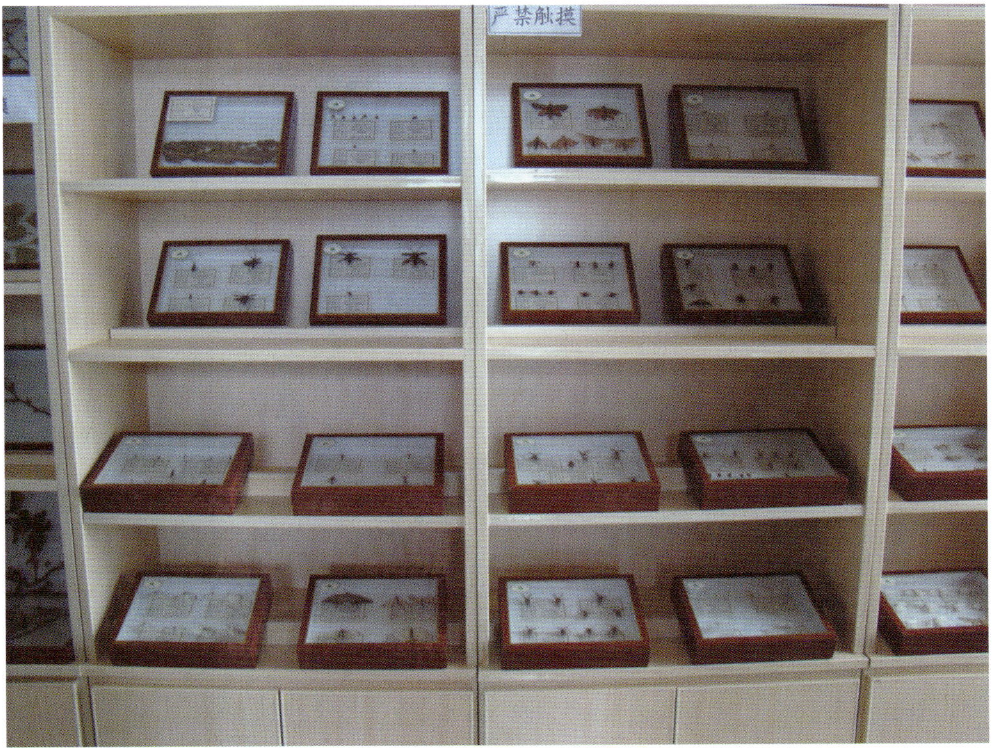

图 21　标本室

图 22　标本实验室

图 23　标本晾晒

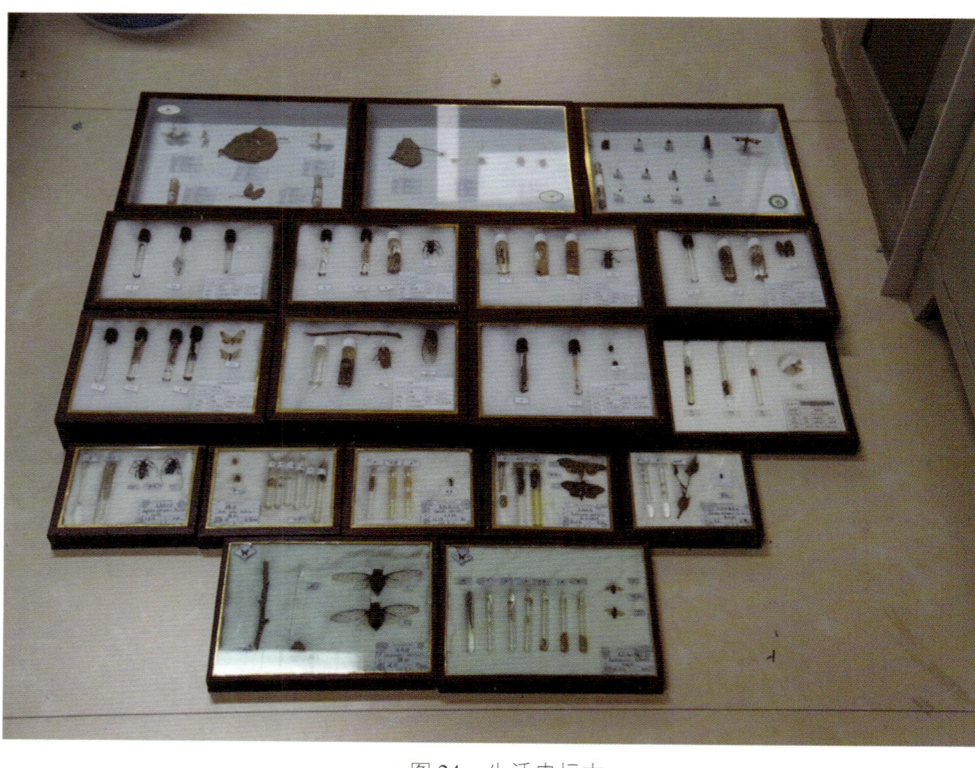

图 24　生活史标本

图 25　油驱植保无人机操作演示培训

图 26　博山区松材线虫病现场检查木材取样责任单位人员签字

淄博市林业有害生物

主编　赵　杨　王俊亮

山东大学出版社

《淄博市林业有害生物》编委会

《淄博市林业有害生物》编写人员

前　言

淄博市位于山东省中部，南依沂蒙山区，北临华北平原，东接潍坊，西与省会济南接壤，市域形态南北狭长，南北最大纵距 151 千米，东西最大横距 87 千米，是国务院批准的山东半岛经济开放区城市和较大的市。

近年来，淄博市先后获得"中国优秀旅游城市""国家卫生城市""全国文明城市""国家园林城市""全国绿化模范城市""国土绿化突出贡献单位"等荣誉称号。2014 年 9 月 25 日，"2014 中国城市森林建设座谈会"在淄博市召开，全国绿化委员会、国家林业局在会上授予淄博市等 17 个城市"国家森林城市"称号，并进一步肯定了淄博市城市绿化工作取得的巨大成就。随着淄博市森林资源的快速增长和经济的迅速发展，林业有害生物为害程度不断加重，外来林业有害生物入侵风险呈上升趋势，林业有害生物灾害成为影响淄博市森林资源安全的重大风险性灾害。为加强林业有害生物防控工作，根据国家林业局、山东省林业厅统一部署，淄博市于 2014 年 10 月至 2016 年 9 月组织开展林业有害生物普查，共普查上报林业有害生物 668 种（后经山东省林业厅审核红脂大小蠹不实，从系统中删除，实际 667 种），其中病害 128 种，虫害 535 种，有害植物 5 种，另有不少种类因未确定种类名称未录入系统上报。

自 2008 年以来，淄博市林业有害生物防控工作成效在全省始终保持领先地位。如在美国白蛾防控方面，淄博市进行了多项技术创新突破，提供了许多新经验做法；松材线虫病的防控实现了疫情干净彻底封锁扑灭，成功拔除疫点疫区。淄博市林业有害生物防控指挥部、淄博市林业局、淄博市野生动植物保护站（淄博市森林病虫害防治检疫站）等单位及个人多次荣获国家级、省级表彰。

为更好地做好林业有害生物防控工作，结合全市美国白蛾、松材线虫病等防控工作的实践经验，依托全市林业有害生物普查的有关数据资料，淄博市林业局组织编写了本书。本书对一些常见的、为害较大的、普查时留存资料较多的种类进行汇总整理，并加入一些普查时的工作照片、总结、技术报告等文字材料。全书图文并茂，通俗易懂，既可作为一本工具书，也可作为一本科普性读物，希望对全市广大林业工作者的学习、应用有所帮助，以便更好地推动淄博市林业有害生物防控工作。

在本书编写过程中，山东省森林病虫害防治检疫站和淄博市森防系统领导专家提供了大量指导和强有力支持，淄博市各区县林业局、高新区林业与园林管理处、文昌湖区农林局、市属国有林业场圃、淄博毓泽龙庭农林发展有限公司、淄博创景园林绿化技术有限公司提供了大力支持和科技服务。同时，也有幸请到了山东农业大学何邦令教授负责审稿工作，在此一并致谢。

由于编者水平所限，书中难免存在不足之处，敬请各位读者批评指正。

编　者

2019 年 1 月

目录 Contents

病害篇

虫害篇

（一）食叶类害虫

（二）刺吸类害虫

病害篇

1. 侧柏叶枯病

危害：侧柏叶枯病是近年来新发现的一种重要的叶部病害，在发生严重的林区被害率几乎为100%，病情指数达50.0以上。在春季发病季节，林区一片枯黄，仅见残留梢部的绿叶。

寄主：侧柏。

病原：侧柏绿胶杯菌[*Chloroscypha platycladus* sp. nov.]。

症状：侧柏叶枯病发生在春季，幼苗和成林均受害。病菌侵染当年生新叶，幼嫩细枝亦往往与鳞叶同时出现症状，最后连同鳞叶一起枯死脱落。病菌侵染后，当年不出现症状，经秋冬之后，于次年3月叶迅速枯萎。潜伏期长达250余天。6月中旬前后，在枯死鳞叶和细枝上产生黑色颗粒状物，遇潮湿天气吸水膨胀呈橄榄色杯状物，即为病菌的子囊盘。受害鳞叶多由先端逐渐向下枯黄，或是从鳞叶中部、茎部首先失绿，然后向全叶发展，由黄变褐枯死。在细枝上则呈段斑状变褐，最后枯死。受害部位树冠内部和下部发生严重，当年秋梢基本不受害。侧柏受害后，树冠似火烧状凋枯，病叶大批脱落，枝条枯死。在主干或枝干上萌发出一丛丛的小枝叶，即所谓"树胡子"。连续数年受害引起全株枯死。

图1-1　侧柏叶枯病症状

发生规律：病菌以菌丝体在被害叶中越冬，3月呈现症状，6月在枯死叶上形成子囊盘。吸水膨胀释放出子囊孢子，进行新的侵染，1年只侵染1次。病害在发生初期往往呈现发病中心，其中心多位于林间岩石裸露、土层浅薄、侧柏生长势衰弱的地段，生长势差的树病害重。病害的发生与坡向、坡位无明显关系。林分密度大的病害往往较重，林缘处受害较轻。病害的严重程度与6月的气温和降雨量呈正相关，并受冬季的气温和降雨量的制约（呈负相关）。6月高温、降雨量大，冬季寒冷干燥，次年病情就严重，反之亦然。侧柏绿胶杯菌是一种寄生性不强的盘菌，但侧柏生长势衰弱容易感染。因为凡是影响侧柏生长的各种因素，都有利于病菌的侵染和发展。

防治方法：

（1）精心养护，增强抗病力。立足于营林技术措施，促进侧柏生长，采取适度修枝和间伐，以改善生长环境，降低侵染，并减少侵染源。有条件的可以增施肥料，促进生长。

（2）化学防治。可以采用杀菌剂烟剂，在子囊孢子释放盛期的6月中旬前后，按每公顷15千克的用量，于傍晚放烟，可以获得良好的防治效果。经大面积防治试验，用杀菌剂Ⅰ号和Ⅱ号烟剂，放烟1次，其效果在50%以上。采用40%灭病威、40%多菌灵、40%百菌清500倍液，在子囊孢子释放高峰时期喷雾防治，效果优于烟剂。

2. 刺槐炭疽病

危害：炭疽病可以侵染寄主地上部分的任何器官，病斑扩展，常引起叶枯、梢枯、芽枯和枝干溃疡等症状，对实生苗可造成毁灭性损失。

寄主：刺槐、梨树、枣树、杨树、苹果树、核桃树等。

病原：束状炭疽菌[*Colletotrichum dematium*（Pers.：Fr.）Grove]。

症状：受害叶片上产生坏死病斑，开始较小，后迅速扩展，浅褐色至暗褐色，形状大多不规则，有时能使叶片大部或全部枯死。病斑上有时出现不明显轮纹，黑色子实体顺着轮纹形成，高湿度下出现淡红色至橘红色分生孢子堆。受害嫩梢或小枝上常产生圆形或椭圆形小型溃疡，可扩展成条斑或环切，使枝梢枯死。其上也有黑色子实体及淡红色至橘红色分生孢子堆产生。

图1－2　刺槐炭疽病症状

发生规律：分生孢子须在雨水中释放和传播。但也有报道称分生孢子堆在干燥的条件下可以碎成粉末随风传播，昆虫也是传播的媒介之一。炭疽菌通常能自附着胞产生侵染丝直接穿透表皮侵入寄主体内。但在有伤口的条件下，侵染更易进行。病原菌以分生孢子盘和菌丝越冬，越冬后的分生孢子盘仍具有产孢能力，成为次年初侵染的主要来源。

防治方法：

(1)园艺防治。控制浇水量，不可过多；发现病叶及时摘除销毁，减少侵染来源；植株间应有适当空间，防止枝叶相碰，保证空气流通。

(2)药剂防治。发病期喷施 70% 炭疽福美 500 倍液、70% 代森锰锌 600 倍液，或 75% 百菌清 700 倍液，每隔 10～15 天喷 1 次，连喷 3～4 次。

3. 国槐带化病

国槐带化病又名"国槐疯枝病""扁茎病""丛枝病"。

危害：主要表现为国槐部分枝条生长扁平、扭曲，节间变短，叶增多等问题。此病一般不致死，仅对部分枝条构成影响，但一旦发生便无药可救。

寄主：国槐。

病原：翠菊黄化组植原体[*Candidatus Phytoplasma asteris*]。

症状：发病植株从茎中上部开始带化，茎带化后的宽度为原来的 1.5～3 倍，厚度为 0.5 厘米左右。扁茎多在顶端弯曲成钩状，有的形成类似镰刀的形状。有的扁茎弯曲斜向上生长后还会形成新弯曲弧度。扁化茎表面有大量平行排列隆起，似由多个丛生黏着在一起形成。扁茎上的叶柄变细、叶片变小，呈丛枝状。病枝上伴有簇生枝及小叶，入冬则脱落，次年春天在病枝上又萌发新的簇生枝及小叶。此病既影响树木生长，又影响美化。

图 1－3　国槐带化病症状

发生规律：该病是一种系统性病害。研究发现，病原物植原体(过去叫"类菌原体"，简称"MLO")存在于感病植株病枝的韧皮部中，病原物通过韧皮部的疏导组织筛管移动，能扩及整个植株，引起寄主植物代谢紊乱而发病。在自然条件下，依靠在韧皮部取食的昆虫如叶蝉、木虱和蚜虫等作为媒介进行传播和扩散，也可通过菟丝子传播。人工嫁接、苗木调运等也是重要的传播途径。

防治方法：

国槐带化病与枣疯病、泡桐丛枝病类似，一旦发生便无药可救。此病可防不可治，所以，做好预防工作是重点。

(1)选用无病种苗是最好的方法。培育无病苗木，采用无菌育苗或严格挑选无病的根条育苗;加强检疫,严防病株传出传入等。

(2)加强农业管理,壮树防病。肥水充足,通风透光,有利于降低发病率;适当增施磷、钾肥,以提高树木抗病能力。

(3)在秋季树液回流前,将发病植株的病枝连带部分正常的枝条截下,此时病毒主要在发病枝条里面,其他位置不多,必要时可以只保留主干甚至直接平茬。如果次年继续发生,重复以上管理。严重的直接挖除,焚毁。

(4)防治刺吸式害虫如蚜虫、叶蝉等可减少传病媒介,控制病害蔓延。

(5)化学防治如使用四环素类抗生素,可延迟或减轻病害症状,较为实用,但一旦停止使用,症状又会恢复,病株并未得到真正治愈。可用25万单位的盐酸四环素或土霉素药液,以注射法、根吸法及叶面喷施进行药物防治。

4. 合欢枯萎病

合欢枯萎病又名“干枯病”“枯黄萎病”。

危害: 为合欢毁灭性病害,幼苗到大树均可发病,发病严重时可造成大量树木枯萎死亡。

寄主: 合欢。

病原: 尖孢镰刀菌合欢专化型[*Fusarium oxysporum* f. sp. *perniciosum*]。

症状: 幼苗感病后,叶片萎蔫下垂,变干并萎缩,以致叶片脱落,苗木枯死。成株感病病枝上的叶片萎蔫下垂,叶色呈淡绿色或淡黄色,后期干枯脱落,随后部分枝条开始干枯,逐步扩展到整株,直至逐渐枯死。地下部分表现为须根枯死。截开主干断面,可见一整圈变色环,树根部断面呈褐色或黑褐色。

发生规律: 该病是一种系统性侵染病害,整个生长季均能发生,病菌在病株上或随病残体在土壤里越冬,次年春、夏季,能从根部、根茎部的伤口或直接侵入,也能从树木枝、干伤口侵入。6~8月发病重,高温、高湿利于病菌繁殖和侵入。生长势较弱的合欢树从出现症状到全株枯死仅需5~7天。生长势较好的树发病时表现出局部枝条枯死,速度比较缓慢。病菌可在土壤病残组织和带菌土壤中存留,可在维管束内继续繁殖造成输导组织堵塞,并发生毒害作用,最终导致植株萎蔫致死,而且会

(1)地上部分萎蔫枯死

(2)地下部分须根枯死

(3)主干截断面变色环

图1-4 合欢枯萎病症状

以较快的速度传染给周边树木，如果防治不力，可造成大面积死亡。

防治方法：

合欢枯萎病发病初期难发觉，一旦发病整株受害且难治愈，因此应以预防为主。

(1)要选排水良好、地势较高、土质好的地块栽植；合理灌水，雨后注意排水。

(2)减少侵染来源。及时清除病枝、病株，集中销毁；并用20%石灰水消毒土壤。

(3)加强栽培管理。定期松土，增加土壤通气性；春秋季生长旺期给合欢树施肥，以增强抗病能力。

(4)药剂防治。对感病区的健康植株要预防，在合欢树尚未发芽时喷5波美度石硫合剂；生长季未出现症状前，开穴浇灌内吸性药剂，如70%甲基托布津600倍液或40%多菌灵胶悬剂600倍液浇灌根部，每月1次，连浇3～4次。同时，喷洒或涂抹植株枝干，交替用药，每半月1次，连喷3～4次，效果较好。在发病盛期(6～8月)，喷2次23%络氨铜水剂250～300倍液。在移植时用1%硫酸铜溶液蘸根，枝干处的伤口涂保护剂，以防病菌侵染。

5. 合欢锈病

危害：合欢锈病主要为害合欢的枝干、梢部及叶柄，叶片及荚果亦可受害，严重影响植株的生长，降低观赏价值。

寄主：合欢。

病原：日本伞锈菌[*Ravenelia japonica* Dietet Syd.]。

症状：感病枝梢、叶柄上产生近圆形、椭圆形或梭形病斑，直径为2～4毫米。木质化枝梢上病斑累累，导致叶片早落，枝枯死。嫩梢及叶柄因发病而扭曲、畸形，发病严重者则枯死。感病幼树主干病斑梭形下陷，长径为2.8～4.3厘米，横径为2.0～2.5厘米，呈典型溃疡斑。叶片上病斑很小，近圆形，直径为0.4～1.0毫米。荚果上病斑多数扁圆形，直径为0.4～1.0毫米。感病初期，病斑上均产生黄褐色粉状物，为病原菌夏孢子堆，后期在病斑处又产生大量、密集、漆黑色的小粒状物，为病原菌冬孢子堆。冬孢子堆甚至可以蔓延至病斑以外的寄主表面。

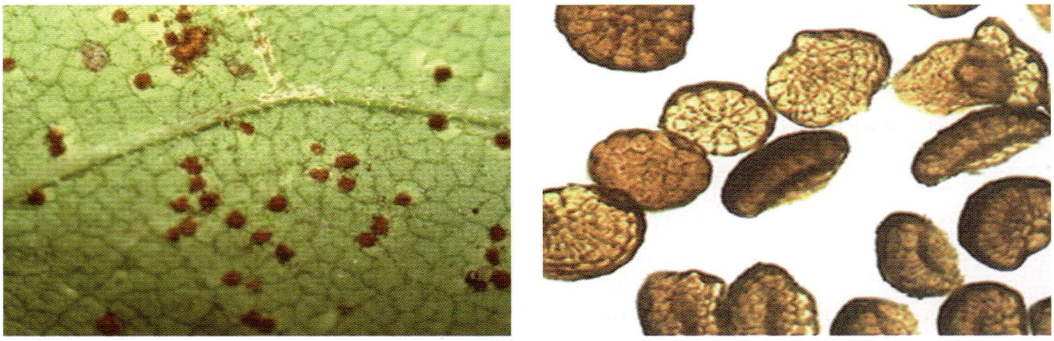

(1) 症状（夏孢子）　　(2) 显微放大的夏孢子

图1－5　合欢锈病症状

发生规律：该病于8月在叶、嫩梢上出现浅黄色病斑，其上产生很多粉状物夏孢子。夏孢子借气流传播，气候条件适宜时，夏孢子萌发自寄主气孔或直接穿透表皮侵入，潜育期7~14天。9月上、中旬在夏孢子堆下菌丝体开始产生冬孢子堆。

防治方法：

(1)加强栽培管理，及时间苗，注意圃地通风透光，改善不良环境条件，促进树木健康。

(2)病害发生期的8月初，喷1∶1∶100波尔多液，或20%粉锈宁800~1000倍液，或50%多菌灵800~1000倍液，每隔10~15天喷1次，连喷2次即可控制病害。

6. 黄栌白粉病

危害：黄栌白粉病是为害黄栌的主要病害之一，可导致叶片干枯或提早脱落，影响光合作用，致使叶色不正，不但使树势生长衰弱，而且导致秋季红叶不红，严重影响红叶的观赏效果。

寄主：黄栌。

病原：漆树钩丝壳菌[*Uncinula verniciferae* P. Henn]。

症状：主要为害叶片。发病初期，感病叶片上产生白色针尖状斑点，逐渐扩大形成近圆形白粉斑。病斑周围呈放射状，至后期病斑连成片，叶面上布满了白粉。受白粉病为害的叶片组织褪绿，影响叶片的光合作用，使叶片干枯早落。秋季，在叶片表面的白色粉状物上逐渐形成黄色至黄褐色，最后变黑褐色的颗粒状物，为病原菌的闭囊壳。

图1-6　黄栌白粉病症状

发生规律：病原菌以闭囊壳在落叶或枝条上越冬，亦可以菌丝形式在芽内越冬。次年夏初闭囊壳吸水开裂放出子囊孢子，菌丝体直接产生分生孢子进行初传染，生长季节以分生孢子进行再传染。一般5~6月降雨早，发病亦早，反之则延迟。7~8月降雨量的多少决定当年病害的轻重。黄栌白粉病多从植株下部叶片开始发病，之后逐渐向上蔓延。发病初期至8月上旬，病情发展缓慢；8月中旬至9月上、中旬，病情发展迅速。

防治方法：

(1)园艺防治：秋季彻底清除落叶，剪除有病枯枝，就地销毁或运离病区，地面喷撒硫黄粉，以消灭越冬病原；加强肥水管理，增强树势，以增加抗病力；清除近地面和根际周围的分蘖小枝，能减轻或延缓病害发生。

（2）药剂防治。发病初期喷洒 1 次 25% 粉锈宁可湿性粉剂 1500～2000 倍液、12.5% 烯唑醇可湿性粉剂 2000～3000 倍液、40% 福星（氟硅唑）乳剂 6000～8000 倍液、10% 世高（苯醚甲环唑）水分散粒剂 2500～3000 倍液、12.5% 腈菌唑乳油 4000～5000 倍液、25% 敌力脱（丙环唑）乳油 4000 倍液、30% 特富灵可湿性粉剂 1500～2000 倍液、40% 灭病威悬浮剂（多硫悬浮剂）800～1000 倍液、2% 抗霉菌素（农抗 120）水剂 200 倍液、2% 武夷菌素（BO-10）水剂 200 倍液。每隔 10 天左右喷 1 次，连喷 2～3 次，注意药剂的交替使用。4 月中旬在地面上撒硫黄粉（15～22.5 千克/公顷），黄栌发芽前在树冠上喷洒 3 波美度石硫合剂。

7. 黄栌枯萎病

黄栌枯萎病又名"黄萎病"。

危害：黄栌枯萎病是一种系统侵染的毁灭性病害，在全国范围内呈现出扩散的态势，被感染植株逐年增加，轻者严重影响红叶景观，重者很快死亡。

寄主：该病病原菌寄主广泛，能侵染 70 多树木种、变种以及许多种灌木。

病原：大丽轮枝孢菌［*Verticillium dahliae* Kleb.］。

症状：感病叶部表现为 2 种萎蔫类型。①黄色萎蔫型：感病叶片自叶缘起叶肉变黄，逐渐向内发展至大部或全叶变黄，叶脉仍保持绿色，部分或大部分叶片脱落。②绿色萎蔫型：发病初期，感病叶表现失水状萎蔫，自叶缘向里逐渐干并卷曲，但不失绿，不落叶，2 周后变焦枯，叶柄皮下可见黄褐色病线。根、枝横切面上边材部分形成完整或不完整的褐色条纹。剥皮后可见褐色病线，重病枝条皮下水渍状。花序萎蔫、干缩，花梗皮下可见褐色病线。种皮变黑。

（1）叶片症状　　（2）病株横断面

图 1－7　黄栌枯萎病症状

发生规律：病原菌是植物土传病菌，通过健康植物的根与先前受侵染的残体接触传播，在土壤中的病残体上可至少存活 2 年。病原菌可直接从苗木根部侵入，也可通过伤口侵入。病害发展速度及严重程度与黄栌主要根系分布层中的病原菌数量呈正相关。种植在含水量低的土壤中的树木以及边材含水量低的树木，萎蔫程度和边材变色的量都有所增加。过量的氮会加重病害，而增施钾肥可缓解病情。

防治方法：

(1)挖除重病株并烧毁，以减少侵染源。

(2)栽植抗病品种。

(3)用土壤熏蒸剂处理土壤后再栽植黄栌。

(4)轻病株可浇灌 50% 多菌灵可湿性粉剂 200 ~ 400 倍液，每平方米浇灌 4 ~ 5 千克药液。

8. 海棠腐烂病

海棠腐烂病又名“烂皮病”。

危害：腐烂病是为害海棠的一种主要病害，幼树、老树均为害。但以衰弱的老树受害最重，严重时多处树皮腐烂，枝枯叶黄，造成树势进一步衰弱。当烂皮环绕枝、干一周时，上部即死亡。

寄主：海棠、苹果树、梨树、桃树、樱桃树等。

病原：角精黑腐皮壳菌[*Valsa ceratosperma*（Tode et Fr.）]。

症状：多发生于老龄树的主干基部及枝杈部位。感病的树皮初期呈红褐色，略微隆起，病斑组织松软，水渍状，流出黄褐色黏液；后期病斑扩大，失水而干枯下陷，黑褐色，病斑上着生许多小黑点，即病菌的分生孢子器和子囊壳。受其为害，植株长势衰弱，甚至死亡。主枝发病，病斑内部组织松软，表面红褐色。

图 1－8　海棠腐烂病症状

发生规律：病菌以菌丝体、子囊壳及分生孢子器在病株上越冬。病菌为弱寄生菌，主要借雨水传播，从寄主的伤口侵入。侵入后潜伏期长，树体或局部组织衰弱时开始发病。3 ~ 4 月为发病高峰，5 月以后发病缓慢。树势弱及老龄树比幼树发病率高。

防治方法：

(1)加强施肥、浇水管理，及时疏剪掉病枝、弱枝和过密枝并烧毁,注意保护伤口,以增强树势,减少发病。

(2)冬前和早春进行树干涂白(生石灰 5 千克,硫黄粉 1.5 千克,食盐 2 千克,兑水 36 千克),防止病菌侵染。

(3)药剂铲除。落叶后喷 1 遍:30% 碱式氯化铜(氧氯化铜、王铜)悬浮剂 600 倍液,或 25% 丙环唑(敌力脱、必扑尔)乳油 2000 倍液,或 1.8% 辛菌胺醋酸盐水剂 300 ~ 500 倍液;发芽前再喷 1 遍:25% 丙环唑(敌力脱、必扑尔)乳油 600 倍液,或 1.8% 辛菌胺醋酸盐水剂 300 ~ 500 倍液,或 45% 代森铵(施纳宁)水剂 400 倍液,或 1.5% 噻霉酮水乳剂 500 倍液,或 2.12% 腐殖酸铜(843 康复剂)水剂 100 倍液。

(4)发现病斑后,可以将病斑坏死组织彻底刮除,并刮掉病斑边缘宽 0.5 厘米左右的健皮。刮除病斑时,注意用两把刀子,一把刀子刮病皮,另一把刀子刮健皮。而且刮下的病皮组织要收集在一起,及时烧毁或深埋。刮后留下的皮部茬口应切成立茬。刮后还应进行伤口消毒,所用药剂有:腐必清(松焦油原液)乳剂 2 ~ 3 倍液、2.12% 腐殖酸铜(843 康复剂)水剂原液、5% 菌毒清水剂 50 倍液、60% 腐殖酸钠 50 ~ 75 倍液、S-921 发酵液、1.8% 辛菌胺醋酸盐水剂 50 ~ 100 倍液、0.8% 菌立灭二号(噻霉酮)3 ~ 5 倍液、3% 培福朗(双胍辛胺乙酸盐、别腐烂)糊剂。

9. 海棠轮纹病

海棠轮纹病又名“粗皮病”“疣状粗皮病”“轮纹烂果病”“轮纹褐腐病”等。

危害: 该病侵染果实,造成果实腐烂。枝干染病严重时,严重削弱树势。

寄主: 海棠、苹果树、梨树、桃树、木瓜树、李树、杏树、枣树等。

病原: 葡萄座腔菌[*Botryosphaeria dothidea*]。

图 1 – 9 海棠轮纹病症状

症状: 枝干发病,以皮孔为中心,形成暗褐色、水渍状的小溃疡斑,稍隆起呈疣状,圆形。后失水凹陷,边缘开裂翘起,扁圆形,直径达 1 厘米左右,青灰色。多个病斑密集,使主干、大枝的树皮粗糙,故称“粗皮病”。病斑上有稀疏小黑点。果实受害初期,以果点(即皮孔)为中心,形成浅褐色的圆形斑,后变褐扩大,呈深浅相间的同心轮纹状病斑,其外缘有明显的淡色水渍圈,界线不清晰。病斑扩展引起果实腐烂。烂果有酸腐气味,有时渗出褐色黏液。

发生规律: 病原菌以菌丝体、分生孢子器及子囊壳在被害枝干上越冬。春、夏季,病菌首先侵染果实,然后侵染枝干。病菌侵染果实多集中在5月下旬至6月。若幼果期适逢降雨频繁,病菌孢子散发多,侵染也多。幼果受侵染但不立即发病,病菌侵入后处于潜伏状态。当果实近成熟期,其内部的生理生化发生改变后,潜伏菌丝迅速蔓延扩展,果实才发病。果实采收期为田间发病高峰期,果实储藏期也是该病的主要发生期。早期侵染的病菌潜育期长达80~150天,晚期侵染的潜育期仅18天左右。

病菌侵染枝条的时期为5~9月,以6~7月侵染最为集中(和果实侵染几乎同步,但侵染高峰期稍推迟)。1年生枝条最易被病菌侵染,2~4年生枝条渐难。枝条(干)发病一般从8月中旬开始,其上的病瘤多在秋季形成。当年形成的新病瘤不能产生病菌孢子,到第二、三年才大量产生。病菌在病组织中可存活4~5年。

海棠轮纹病的发生和流行与气候、树势和品种等关系密切。

防治方法:

(1)清除侵染源。晚秋或早春,刮除枝干上的粗皮及病瘤,集中销毁;海棠落叶后、发芽前,全树喷布铲除剂,如5%菌毒清水剂50~100倍液、腐必清(松焦油原液)乳剂100倍液、果康宝(3%甲基硫菌灵糊剂)100倍液、35%轮纹病铲除剂(含多菌灵及有机络合铜等成分)100~200倍液、40%代森铵水剂400倍液、50%多菌灵100倍液加渗透剂(如加倍威2000倍液,或助杀1000倍液)、5波美度石硫合剂,以杀死病斑及病瘤内的潜伏病菌。

(2)6~7月也可使用药剂喷洒枝、干。所用药剂有:20.67%万兴乳油2000~3000倍液、50%苯菌灵可湿性粉剂1000~1500倍液、50%嘧菌酯悬浮剂5000~7500倍液、40%福星乳油7000~8000倍液、80%大生可湿性粉剂600~800倍液。10天左右喷1次,连喷2~3次。注意药剂的交替使用。喷药时要求细致周到,采取淋浴式喷药。应坚持雨后喷药,做到雨多多喷、无雨不喷。

10. 海棠锈病

危害:海棠锈病是各种海棠的常见病害,为害贴梗海棠、垂丝海棠、西府海棠以及梨树、木瓜树等。发病严重时,海棠叶片上病斑密布,致使叶片枯黄早落。该病同时还会为害桧柏、侧柏、龙柏、铺地柏等观赏树木,引起针叶及小枝枯死,影响景观。

寄主:海棠、梨树、木瓜树、桧柏、侧柏、龙柏等。

病原:山田胶锈菌[*Gymnosporangium yamadai*]和梨胶锈菌[*G. haraeanum*]。

症状:主要为害海棠叶片,也能为害叶柄、嫩枝和果实。叶面最初出现黄绿色小点,扩大后呈橙黄色或橙红色有光泽的圆形小病斑,边缘有黄绿色晕圈。病斑上着生针头大小橙黄色的小点粒,后期变为黑色。病组织肥厚,略向叶背隆起,其上有许多黄白色毛状物,最后病斑变成黑褐色,枯死。叶柄、果实上的病斑明显隆起,果实畸形,多呈纺锤形。嫩梢感病时病斑凹陷,易从病部折断。桧柏等植物被侵染后,在小枝上形成大小不等的褐黄色瘤状物，雨后瘤状物(菌瘿)吸水变为黄色胶状物，远视犹如小黄花，受害的小枝和针叶一般生长衰弱，严重时可枯死。

(1)病叶正面症状

(2)病叶背面症状

图1－10　海棠锈病症状

发生规律：病原菌以菌丝体在针叶树寄主体内越冬，可存活多年。次年3～4月冬孢子成熟，菌瘿吸水涨大、开裂，冬孢子形成的物候期是柳树发芽、山桃开花的时候。当旬平均温度为8.2～8.3℃以上，日平均温度为10.6～11.6℃以上，又有适宜的降雨量时，冬孢子开始萌发。在适宜的温湿度条件下，冬孢子萌发5～6小时后即产生大量的担孢子。担孢子借风雨传播，传播距离最远不超过5千米。担孢子传播到海棠上后，遇水萌发，直接侵入海棠的叶片、新梢和果实。在华北地区，贴梗海棠4月下旬产生病斑，5月上旬出现性孢子器，5月下旬产生锈孢子器，6月为发病高峰期。锈孢子成熟后，由风传播到桧柏等针叶树上，实现侵染循环。因该锈菌没有夏孢子，故生长季节没有再侵染。该菌除了侵染桧柏外，还侵染圆柏、龙柏、沙地柏、刺柏、铅笔柏、柱柏、翠柏等针叶树种。寄主种类虽然多，但各阶段所表现的症状基本相同。该病的发生、流行和气候条件密切相关。春季多雨而气温低，或早春干旱少雨，发病则轻；春季多雨，且气温偏高，则发病重。

防治方法：

(1)避免将海棠、松柏种在一起。园林风景区内，注意海棠种植区周围，尽量避免种植桧柏等转主植物，减少发病。如景观需要配植桧柏时，则以药剂防治为主来控制该病发生。

(2)春季,当针叶树上的菌瘿开裂,即柳树发芽、桃树开花,降雨量为4~10毫米时,应立即往针叶树上喷洒药剂1∶2∶200的波尔多液和0.5~0.8波美度的石硫合剂。

(3)在每年3~4月冬孢子萌发、担孢子飞散高峰期,降雨量为10毫米以上时,在已展叶的海棠上,喷洒0.5%石灰倍量式波尔多液,或25%粉锈宁可湿性粉剂1500~2000倍液,或12.5%烯唑醇可湿性粉剂2000~3000倍液,或40%福星(氟硅唑)乳剂6000~8000倍液,或10%世高(苯醚甲环唑)水分散粒剂2500~3000倍液,或12.5%腈菌唑乳油4000~5000倍液,或25%敌力脱(丙环唑)乳油4000倍液。间隔10~15天再喷1次即可。

(4)锈孢子成熟时,也可往桧柏上喷洒65%代森锌可湿性粉剂500倍液,或25%粉锈宁可湿性粉剂2000~3000倍液,从而保护桧柏免受侵染。

11. 大叶黄杨白粉病

危害: 大叶黄杨白粉病为害大叶黄杨的嫩叶和新梢,其最明显的症状是在叶面或叶背及嫩梢表面布满白色粉状物。严重时叶卷曲,枝梢扭曲变形,甚至枯死。

寄主: 大叶黄杨。

病原: 正木粉孢霉菌[*Oidium euongmi-japonicae* (Arc.) Sacc.]。

症状: 整个生长期均可发病,主要为害黄杨嫩叶,也为害幼茎。先在嫩叶表面产生白粉小圆斑,随为害加重,叶片相对一面出现淡黄色变色斑。白粉层逐渐扩大,在叶片两面及整个新梢布满厚厚的白粉层。严重者病叶纵卷呈筒状,新梢扭曲、萎缩。老病叶上白粉层变为灰白色,极少见有性阶段——闭囊壳的出现。受该病为害,大叶黄杨的光合作用也受到严重影响,正常新陈代谢受到干扰,造成大叶黄杨早衰,生长受阻。

图1-11 大叶黄杨白粉病感病症状

发生规律: 病菌以菌丝体在寄主的芽内越冬或以分生孢子在病叶上越冬,次年从春季至秋季均可发病,温暖而干燥的气候条件有利于病害的发展。产生的分生孢子通过气流传播、侵染。此菌在枝叶表面寄生,产生吸器深入表皮细胞吸收养分。春、秋两季各有1次发病高峰期,夏季高温不利于病害发展。荫蔽的环境、枝叶过密、修剪不及时发病重。

防治方法：

(1)改善环境。注重改善生长环境，通风透光，合理灌溉、施肥，增施磷、钾肥，增强植株长势，提高抗病能力。

(2)人工防治。春季及时剪除感病较重的病叶、病梢，并集中处理；对普遍感病且株龄较老者，可结合更新复壮对植株进行修剪防治。

(3)药剂防治。早春枝芽萌动前，对上年已发病的植株喷施3～5波美度石硫合剂，杀死冬芽上越冬的菌丝体。在观察、预测的基础上，抓住春、秋梢的嫩梢生长期或嫩叶展开期，及时喷药。所用药剂有：25%粉锈宁可湿性粉剂1500～2000倍液、12.5%烯唑醇可湿性粉剂2000～3000倍液、40%福星(氟硅唑)乳剂6000～8000倍液、10%世高(苯醚甲环唑)水分散粒剂2500～3000倍液、12.5%腈菌唑乳油4000～5000倍液、25%敌力脱(丙环唑)乳油4000倍液、30%特富灵可湿性粉剂1500～2000倍液、40%灭病威悬浮剂(多硫悬浮剂)800～1000倍液、2%抗霉菌素(农抗120)水剂200倍液、2%武夷菌素(BO-10)水剂200倍液、70%甲基托布津可湿性粉剂800倍液、75%百菌清可湿性粉剂600倍液。每隔10天左右喷1次，连喷2～3次。注意药剂的交替使用。

12. 大叶黄杨褐斑病

大叶黄杨褐斑病又名"大叶黄杨叶斑病"。

危害：该病为害大叶黄杨的叶片，严重时可造成寄主提前落叶，形成秃枝，甚至死亡。

寄主：大叶黄杨。

病原：坏损假尾孢菌[*Pseudocercospora destructiva*]。

症状：在新叶上产生黄色或褐色小点，逐渐扩展为近圆形或不规则形的斑，直径可达3～10毫米。发病后期，病斑变成灰褐色或灰白色，边缘颜色较深，病斑周围有明显的黄色晕圈。病害后期，在湿度大的条件下，病斑上散生很多灰黑色的小霉点，为病菌的分生孢子梗和分生孢子。病害为害严重时，造成黄杨提前落叶，形成秃枝，影响观赏，甚至造成

图1－12 大叶黄杨褐斑病症状

死亡。

发生规律：病菌在病叶上越冬，该病5月中、下旬开始发生，8～9月为发病高峰期，11月后发病基本停止。粗放管理、多雨、通风透光不好、春季天寒、夏季炎热、肥水不足时，病害易发生。

防治方法：

(1)选取健壮无病苗木栽植，避免和减少病原的带入，减少发病中心。在不可避免的情况下，栽植前、后用药防治。

(2)春季发芽前，喷洒5波美度石硫合剂，杀死越冬菌源。于6月上旬至7月病害始发期，喷施50%多菌灵500倍液或75%百菌清500倍液、50%退菌特可湿性粉剂800～1000倍液进行预防，降低发病率。每10天左右喷1次，连喷3次。

(3)冬季将落叶清除集中烧毁，减少菌源和发病概率。

13. 大叶黄杨煤污病

大叶黄杨煤污病又名“煤烟病”“黑霉病”。

危害：煤污病在花木上发生普遍，影响光合作用，降低观赏价值和经济价值。

寄主：大叶黄杨、紫薇、杨树、柳树、榆树、桑树、牡丹、玉兰、菊花、月季、女贞等。

病原：为多种附生菌和寄生菌。有性阶段一般是小煤炱菌[*Meliola* sp.]和煤炱菌[*Capnodium* sp.]，无性阶段常见的是散播烟煤菌[*Fumago vagans* Pers.]和枝孢霉菌[*Cladosporiam* sp.]。

症状：在叶面、枝梢上形成黑色小霉斑，后扩大连片，使整个叶面、嫩梢上布满黑霉层。由于煤污病菌种类很多，同一植物上可染上多种病菌，其症状上也略有差异。呈黑色霉层或黑色煤粉层是该病的重要特征。

图1－13　黄杨煤污病症状

发生规律：煤污病菌以菌丝体、分生孢子、子囊孢子在病部及病落叶上越冬，次年孢子由风雨、昆虫等传播。寄生在蚜虫、介壳虫等昆虫的分泌物及排泄物上，或植物自身分泌物上，或寄生在寄主上生长发育。高温多湿，通风不良，蚜虫、介壳虫等分泌蜜露的害虫发生多，均加重发病。

防治方法：

（1）植株种植不要过密，适当修剪，温室要通风透光良好，以降低湿度，切忌环境湿闷。

（2）植物休眠期，喷3～5波美度石硫合剂，消灭越冬菌源。

（3）该病发生与分泌蜜露的昆虫关系密切，喷药防治蚜虫、介壳虫等是减少发病的主要措施。所用的杀虫剂有：10%吡虫啉可湿性粉剂1000～1500倍液，或48%乐斯本乳油1000倍液，或50%抗蚜威可湿性粉剂2000倍液。

（4）春夏发病前或发病初期，喷洒1∶1∶200波尔多液，或50%多菌灵可湿性粉剂800倍液，或50%苯菌灵可湿性粉剂1500倍液，或50%甲基硫菌灵·硫黄悬浮剂800～1000倍液，或25%苯菌灵·环己锌乳油800倍液，或65%甲霉灵可湿性粉剂1000倍液，或27%铜高尚悬浮剂600倍液，每隔10天左右喷1次，连喷2～3次。也可喷洒其他常规杀菌剂。

14. 大叶黄杨炭疽病

危害：大叶黄杨炭疽病为害大叶黄杨的叶片，引起叶片枯黄、叶片提早脱落等。发病条件是长时间阴雨潮湿，光照较少。

寄主：大叶黄杨。

病原：卫矛炭疽菌［*Colletotrichum griseum*］。

症状：病害发生在叶片和嫩梢上。初期，叶片上产生褐色坏死小病斑，逐渐扩展，成为椭圆形、圆形或不规则形大斑，直径约为12毫米，有的可占整张叶片的1/3～1/2面积。病斑边缘有较狭的深褐色隆起，中央灰白色。后期，在灰白色病斑上形成圆形或椭圆形小黑点，排列稀疏，多在叶片正面，有时呈轮纹状排列。在嫩梢上，病斑条状，灰白色，其上生小黑点，可引起枝条枯死。该病常与大叶黄杨褐斑病混合发生，区别在于该病病斑的周围没有黄色晕环。受病害的为害，叶片提早脱落。

图1－14　大叶黄杨炭疽病症状

发生规律：病菌以菌丝体或分生孢子盘在病枝、病叶组织中越冬。次年5～6月产生分生孢子，随风雨传播。温度适宜时分生孢子萌发，常从寄主伤口、皮孔侵入。病叶不能及时清除、植株过密、生长不良、管理粗放、温度高、雨水多、湿度大等时，易发生严重病害。

防治方法：

(1)加强栽培管理措施，合理密植，及时修剪，增强树势，生长季节可喷施 2～3 次 1.5% 磷酸二氢钾溶液，提高抗病能力。

(2)及时清理和摘除病残体，集中处理，减少病原。

(3)发病期，5 月下旬开始，每隔 7～10 天喷施 1 次 80% 炭疽福美可湿性粉剂 800 倍、50% 福美双可湿性粉剂 600 倍液，或 75% 百菌清可湿性粉剂 800 倍液、50% 多菌灵可湿性粉剂 800 倍液、80% 代森锰锌可湿性粉剂 600 倍液，连续喷 2～3 次。

15. 金叶女贞褐斑病

危害：金叶女贞褐斑病是金叶女贞上的常见病害，受侵害的叶片上出现褐斑，叶片变黄甚至脱落，影响了金叶女贞的观赏性和正常生长。

寄主：金叶女贞。

病原：素馨生棒孢[*Corynespora jasminiicola* Meenu, Kharwar & Bhartiya]。

症状：主要为害金叶女贞的叶片。叶片上病斑褐色，近圆形，轮纹明显或不明显，边缘紫色，有时中心淡褐色，初期病斑较小(4～10)毫米×(3～7)毫米，扩展后病斑可达(10～19)毫米×(6～16)毫米，有时数个病斑融合成不规则形大斑。感病叶片易脱落。病害亦可侵害嫩枝，形成褐斑。

图 1－15　金叶女贞褐斑病症状

发生规律：病菌以分生孢子器在病叶上越夏或越冬，次年春天条件适宜时，产生分生孢子进行初侵染和再侵染；5 月下旬初次发病，8～9 月达到发病高峰。发病率和种植密度呈正相关。植物生长茂密，天气潮湿或湿度大时易发此病害。植物基部接近地面的叶片发病重。

防治方法：

(1)及时清除病残体，清扫落叶，消除病原，集中深埋或烧毁。

(2)合理密植，保持通风良好，适量增施磷、钾肥。

(3)发病期，选用 50% 多菌灵可湿性粉剂 800 倍液、80% 代森锌可湿性粉剂 500 倍液，或 70% 甲基托布津 1000 倍液进行防治。每隔 7～10 天喷 1 次，连喷 2～3 次。

16. 龙柏叶枯病

危害：龙柏叶枯病主要为害龙柏当年生鳞叶及绿色嫩枝，引起龙柏鳞叶早落。发病严重的树冠布满枯黄的病枯枝叶，病害连年发生，导致树冠稀疏，生长势弱，降低观赏性。

寄主：龙柏。

病原：细交链孢霉菌[*Alternaria tenuis* Nees.]。

症状：发病初期，鳞叶由绿色变为黄绿色，无光泽，最后变成枯黄色，引起鳞叶早落。鳞叶上的病斑向下蔓延，为害龙柏嫩枝，嫩枝发病褪绿，变成黄绿色，最后为枯黄色，不易凋落，次年春天被风吹落。

图 1－16　龙柏叶枯病症状

发生规律：病原菌以菌丝体在病枝条上越冬。次年春天产生分生孢子，成为初侵染来源。分生孢子由气流传播，直接侵入，或自伤口侵入。发病期在 4～5 月，盛发期在 7～9 月。小雨有利于分生孢子的形成、释放和侵入。栽植密度大、潮湿时，发病重。

防治方法：

（1）减少侵染来源。清除枯枝落叶，特别是树冠上残留的病枯枝，清理的病枯枝集中处理。

（2）加强栽培管理。加强肥水管理，对多年栽的龙柏增施有机肥，早春灌足底水，增强树势，提高抗病性。

（3）药剂防治。4 月发病初期，喷洒 50% 代森铵可湿性粉剂 1000 倍液，或 70% 甲基托布津可湿性粉剂 1000 倍液，连续喷 3 次，间隔期 7 天，防治效果在 60% 以上。

17. 栗褐缘叶枯病

危害：栗褐缘叶枯病是板栗上的一种新叶部病害，主要为害板栗叶片，引起板栗大量落叶，极易诱发板栗疫病，进而引起树木整株死亡。近年来该病有逐年加重的趋势。

寄主：板栗。

病原：板栗拟茎点霉菌[*Phomopsis castaneae－mollissimae* Y. Z. Hua & S. X. Jiang]。

症状：该病害主要为害叶片，每年7月下旬至8月初，叶片上产生形状不规则、大小为2～3毫米的黑褐色斑点，随后病斑迅速扩大为黄褐色、边缘不整齐、大小为2～3厘米的病斑。每个叶片上能产生多个病斑，病部中间浅黄褐色，边缘有较宽黑褐缘线。由于病斑扩大迅速，多个病斑易连片，以致使整个叶片上呈不规则的大面积焦枯状。8月下旬多数病斑面积扩展为整个叶片的50%左右时，叶片开始脱落，9月中、下旬开始大量落叶，10月中、下旬2次发芽抽梢，新发枝梢冬季枯死，而且极易诱发板栗疫病，引起整株死亡。该病害突出的特点为病斑坏死组织扩展快，发病后整叶出现焦枯现象，叶片脱落严重。整个生长期间的病叶几乎不产生子实体，叶片脱落后在其正面产生很少散生子实体。

(1)前期为害状　　(2)后期为害状

图1－17　栗褐缘叶枯病症状

发生规律：

病菌以菌丝体和分生孢子在板栗病叶及冬芽上越冬，病原菌通过红蜘蛛为害伤口、栗棚刺伤伤口、自然孔口侵入叶片。潜育期为8～15天，侵染高峰期为8月，病原菌在1年中侵染1次，无再侵染现象。

7月下旬至8月上旬始见病斑，发病高峰期为8月中旬至9月上旬，病斑快速扩展期为8月中旬至9月下旬，当病斑连片占据整个叶片的1/3～1/2时叶片开始脱落。发病植株多从9月中、下旬开始落叶，发病严重的年份9月上旬叶片即脱落，严重影响树势及产量。12月上、中旬开始在落叶上产生分生孢子器及分生孢子继而越冬。

石丰板栗感病最重，其次是处暑红、海丰、华丰、燕山红、烟泉，光华栗和泰山红栗感病较轻，实生板栗抗病性最强；病害发生程度与红蜘蛛的为害程度呈正相关，红蜘蛛为害严重的植株发病重；阴坡、半阴坡比阳坡发病稍重；同一林区的栗园随海拔高度增加，病害加重；山脊板栗比谷地发病重；病害发生期的早晚与夏季降水量和相对湿度有一定关系，特别是6月的降水量大，病害发生早。9月温度高，病叶落叶提前。

病害在单株上的分布有一定的规律性，栗棚周围的叶片发病多，发病重；病害发生后期，树体外围叶片发病稍重，嫩叶重于老叶。管理粗放、树木长势弱的单株发病重。

防治方法：

(1)精心养护，适时施肥浇水，增强树势。

(2)发现病落叶及时清除，土壤贫瘠地块要培肥地力。

(3)药剂防治。于7月中旬初见病斑第1次施药，以后每10天左右施药1次，共施药3次。所用药剂有：25%戊唑醇水乳剂3000倍液、40%氟硅唑乳油6000倍液、45%咪鲜胺水乳剂3000倍液，防治效果良好。

18. 柳叶锈病

危害：该病为害叶片。发病重时，导致叶片早脱，柳条瘦弱。

寄主：各种柳树。

病原：松柳栅锈菌[*Melampsora larici - epitea*]。

症状：柳叶锈病为害叶片。叶片感病后，其上产生近圆形黄色斑点。病症是与黄斑相对的叶背面产生橙黄色的粉堆状物，大小为0.2～0.3毫米，此为病原菌的夏孢子堆。落叶前后，病叶两面形成棕褐色突起的小斑点，即冬孢子堆，埋生于叶片表皮下。

(1)叶片正面　　(2)叶片背面

图1－18　柳叶锈病症状

发生规律：柳叶锈病6～10月发生，以秋季发病普遍。苗木过密易感病；龙爪柳发病重，旱柳发病较轻。柳叶锈病多数以夏孢子或菌丝在落叶上越冬。若遇到阴雨连绵的天气，越冬场所中的夏孢子很快传播，并进行初侵染。病害有再侵染现象。

防治方法：

(1)合理栽植，加强管理。苗圃培育的柳树苗木应合理密植，避免栽植过密，以免影响通风透光。

(2)药剂防治。如果锈病严重发生，可用1∶1∶150倍波尔多液，0.3～0.4波美度石硫合剂、25%粉锈宁可湿性粉剂1500倍液等，每10～15天喷1次，连喷3次。

19. 毛梾煤污病

毛梾煤污病又名“煤烟病”“黑霉病”。

危害：煤污病在林木上普遍发生，影响光合作用，降低观赏价值和经济价值。

寄主：毛梾、黄杨、紫薇、杨树、柳树、榆树、桑树、牡丹、玉兰、菊花、月季、女贞等。

病原：为多种附生菌和寄生菌。有性阶段一般是小煤炱菌[*Meliola* sp.]和煤炱菌[*Capnodium* sp.]，无性阶段常见的是散播烟煤菌[*Fumago vagans* Pers.]和枝孢霉菌[*Cladosporiam* sp.]。

图1－19　毛梾煤污病症状

症状：在叶面、枝梢上形成黑色小霉斑，后扩大连片，使整个叶面、嫩梢上布满黑霉层。由于煤污病菌种类很多，同一植物上可染上多种病菌，其症状上也略有差异。呈黑色霉层或黑色煤粉层是该病的重要特征。

发生规律：毛梾煤污病病菌以菌丝体、分生孢子、子囊孢子在病部及病落叶上越冬。次年孢子由风雨、昆虫等传播。附生在蚜虫、介壳虫等昆虫的分泌物及排泄物上，或植物自身分泌物上，或寄生在寄主上生长发育。高温多湿，通风不良，蚜虫、介壳虫等分泌蜜露的害虫发生多，均加重发病。

防治方法：

（1）植株种植不要过密，适当修剪，温室要通风透光良好，以降低湿度，切忌环境湿闷。

（2）植物休眠期喷3～5波美度石硫合剂，消灭越冬菌源。

（3）该病的发生与分泌蜜露的昆虫关系密切，喷药防治蚜虫、介壳虫等是减少发病的主要措施。对于蚜虫、椿象、木虱等刺吸式害虫，可喷施6%吡虫啉可溶性液剂3000～4000倍液、5%啶虫脒乳油5000～7000倍液。对于蚧壳虫，可喷施40%速蚧杀乳油1500～2000倍液、6%吡虫啉可溶性液剂2000倍液、菊酯类农药1500倍液。上述3种药剂交替使用，每隔7～10天喷洒1次，连续喷洒2～3次，可取得良好的效果。

（4）药剂防治。植物休眠期，喷3～5波美度石硫合剂，消灭越冬病原。在发病初期，可喷70%甲基托布津1000倍液、80%代森锰锌可湿性粉剂500～800倍液、20%粉锈宁乳油1000～1500倍液、25%咪鲜胺乳油1000倍液，或50%多菌灵可湿性粉剂

1000 倍液等进行防治。

20. 泡桐丛枝病

危害： 丛枝病是泡桐的主要病害，从苗木到大树均可发病。苗木和幼树发病率一般为5% ~30%，6 ~7 年生的树发病率可达50%，严重者可达80%以上。幼苗及幼树病重者当年枯死，大树则影响植株生长。

寄主： 泡桐。

病原： 植原体[Phytoplasma]。

症状： 在枝、叶、干、根、花几个部位均可表现畸形症状。常见的有两种类型：一种是丛枝型，即在个别枝上，腋芽和不定芽大量萌发，丛生许多纤细小枝，节间变短，叶序紊乱，叶片小、黄且薄，有时有的叶片皱缩。病枝上的小枝又可抽出小枝，如此重复数次，小枝愈来愈细弱，叶也愈来愈小，小枝多直立，整个丛枝呈扫帚状。幼苗发病则植株矮化。另一种是花变枝叶型，花瓣变成叶状，花柱或柱头生出小枝，花萼明显变薄，花托多裂，花蕾变形。病苗次年发芽早，萌芽密，且集中于近根约10 厘米处，顶梢多枯死。刨开土壤，其地面下根系也呈丛生状。病枝常在冬季枯死，其树皮坏死。

图1-20　泡桐丛枝病症状

发生规律： 病害可借嫁接、病根繁殖、病苗调运传播，也可通过媒介昆虫取食，如烟草盲蝽、茶翅蝽传毒。病原侵入泡桐植株后，引起一系列病理变化，病叶叶绿素含量明显减少，粗蛋白质减少，过氧化氢酶活性明显降低，从而导致树的同化作用降低，能量积累减少，枝叶呈现瘦小、黄化、营养不良而逐渐枯死。病原在树体内可严重干扰叶内氮代谢，导致枝叶增生，树木出现病态。有时泡桐受侵染后不表现症状，这种无症状的植株有可能被选为采根母树。用病枝叶浸出液以摩擦、注射、针刺等方法接种泡桐实生苗，均不发生丛枝病；种子、病株土壤也不传病。不同地理、立地条件和生态环境对丛枝病的发生蔓延有一定关系，发病有一定的地域性，高海拔地区往往较轻。用种子育苗在苗期和幼树未见发病。实生苗根育苗代数越多发病越重。根繁苗、平茬苗发病率显著增高。泡桐不同品种类型发病差异大。一般兰考泡桐、楸叶泡桐、绒毛泡桐发病率较高，白花泡桐、川泡桐较抗病。

防治方法：

(1)发现病株，刨除烧毁；春季在树液主流回升之前于病枝基部环剥树皮，秋季在当年发病停止后树液回流之前修除病枝。

（2）及时防治椿象、叶蝉等刺吸式口器害虫。

（3）药剂注射。对已发病的幼树，用药剂注射抑制。1～2 年生的发病树用 10000 单位的硫酸四环素或土霉素进行树干注射。但这种方法对大树效果较差。

（4）断根吸收法。夏季天气炎热，叶片蒸腾拉力强，将兽用四环素配成每毫升含 10000、2000 单位的溶液装在瓶内，在病树 40～50 厘米处挖开泥土，选 1 厘米粗的根截断，把树根插入瓶中迅速吸收药液。

（5）叶面喷洒。在苗木生长期间，用 200 单位的土霉素溶液喷洒 1～2 次可收到较好效果。

21. 葡萄霜霉病

危害：葡萄霜霉病是世界性病害，在我国葡萄产区均有分布，是葡萄的重要病害。病害严重时，病叶焦枯早落，病梢扭曲，生长不良，果实瘦化酸涩，产量降低，植株抗寒性差，对树势和产量影响很大。

寄主：葡萄。

病原：葡萄生单轴霉菌[*Plasmopara viticola*（Berk. et Curtis）Berl. et de Toni]。

症状：主要为害叶片，也为害新梢、卷须、花序、幼果等幼嫩组织。叶片发病，初期在叶正面出现半透明、油渍状的淡黄色小斑点，边缘不明显；后扩展为黄色至褐色多角形病斑，并能相互连接成大病斑。潮湿时，病斑背面产生白色霜状霉层（病菌的孢子囊梗、游动孢子囊）。病斑最后变褐干枯，病叶提前脱落。新梢、卷须、花梗、果柄及叶柄发病，开始为半透明、油渍状斑点，以后发展为稍凹陷、黄色至褐色病斑。潮湿时，病斑上也产生白色霜状霉层。病部干缩下陷，病梢生长停滞、扭曲甚至枯死。幼果染病后，病部褪色，变硬下陷，也长出白色霜状霉层，不久干缩脱落。果粒膨大时受害，呈褐色软腐状，提前干缩脱落。果实着色后，就不再受侵染了。

发生规律：病菌主要以卵孢子在病组织中，或者随病叶等病残体在土壤中越冬。次年春季（开花前 2～3 周，枝条长出 5～6 叶，温度超过 10℃，并遇到降雨），卵孢子萌发形成孢子囊，由孢子囊产生游动孢子，借风雨传播到寄主叶片上，通过气孔侵入，进行初次侵染。菌丝在寄主细胞间隙蔓延，并长出瘤状吸器伸入寄主细胞内吸取养料。病害的潜育期，在感病品种上只有 4～13 天，在抗病品种上则为 20 天。然后，病菌从气孔伸出孢子囊梗，产生孢子囊和游动孢子，借风雨传播，进行再侵染。秋末，病菌在病组织中形成卵孢子，并越冬。

霜霉病的发生与温度、湿度和降雨有密切关系。较低的温度和高湿（降雨及雾、露多），是引起发病的主要环境条件。春季（开花前后及幼果期），霜霉病的发生虽然不是很严重（为初侵染），但对整个生长季节病害的流行起决定性作用。因为这可以为以后霜霉病的发生提供较多的菌源基数。夏季温度高,不是病菌生长、繁殖、扩展、致病的有利时机。但随着进入雨季,病害开始逐渐发生。特别是随着秋季的到来,很容易出现低温、高湿、多雨、多露水的气候条件,因此,很容易导致病害大发生。从这个意义上说,霜霉病多在秋季发生,是葡萄生长后期的病害。总之,该病晚春病轻,夏季停滞,秋季病重。果园地势低洼;栽植过密,郁闭度大,通风不良;偏施氮肥;树势衰弱等均有利于发病。品种间抗病差异很大,巨峰系列一般都抗病,玫瑰香、提子系列一般都感病。华北地区于6~8月开始发生,9~10月为发病盛期。华东地区于5月下旬开始发生,8~10月为发病盛期。

(1)叶片背面症状

(2)叶片正面中期症状

(3)叶片正面后期症状

(4)幼果症状

图1-21 葡萄霜霉病症状

防治方法:

(1)搞好清园工作。秋季结合修剪,剪除架上的病叶、病梢、病果,清除架下的枯枝落叶,集中烧毁或深埋,减少越冬菌源。发病始期,发现病花序、发病嫩叶及发病幼果,及时摘除深埋。

(2)加强栽培管理。及时夏剪和绑缚新梢,改善架面通风透光条件。合理修剪,除掉近地面的蔓、叶,降低小气候湿度。应注意果园排水,及时中耕除草,降低地表湿度。

适当增施磷、钾肥，提高植株抗病能力。对于常年严重发病的葡萄园，应考虑栽植或更新抗病性较强的品种。

(3)化学防治。发芽前，地面、植株喷洒3～5波美度石硫合剂，或100倍五氯酚钠药液，以铲除病菌。对于往年霜霉病发生严重的园片，花前、花后、夏末秋初各喷1次杀菌剂，以后根据病情再酌情喷药。所用药剂有：1∶0.7∶(200～240)倍少量式波尔多液、27.12%铜高尚悬浮剂300～400倍液、30%绿得宝可湿性粉剂300倍液、绿乳铜800倍液、50%烯酰吗啉可湿性粉剂3000倍液、38%恶霜嘧酮菌酯水剂1000～1500倍、80%乙磷铝可湿性粉剂500倍液、72%克露(霜脲·锰锌)可湿性粉剂700倍液、75%百菌清可湿性粉剂700倍液、25%瑞毒霉可湿性粉剂(500倍液)、64%杀毒矾(噁霜·锰锌)可湿性粉剂500液、78%科博可湿性粉剂500倍液、72.2%普力克(霜霉威)700倍液、72%霜露速600倍液、25%咪鲜胺1000～1500倍液、25%瑞毒锰锌可湿性粉剂600倍液、60%琥·乙磷铝可湿性粉剂600倍液、70%乙膦·锰锌可湿性粉剂400～600倍液、72.2%霜霉威水剂为600倍液、60%氟吗锰锌600倍液、70%丙森锌(安泰生)可湿性粉剂500～700倍液。

22. 葡萄灰霉病

葡萄灰霉病俗称“烂花穗”，又叫“葡萄灰腐病”。

危害：葡萄灰霉病是葡萄上发生的一种比较严重的病害，主要为害近成熟期和成熟期的葡萄果实，引起果粒腐烂，造成严重的经济损失。

寄主：葡萄、番茄、茄子、黄瓜等。

病原：灰葡萄孢霉菌[*Botrytis cinerea Pers*]。

症状：新梢及幼叶感病，产生淡褐色或红褐色、不规则的病斑。病斑多在靠近叶脉处发生，叶片上有时出现不太明显的轮纹。后期空气潮湿时，病斑上可出现灰色霉层。不充实的新梢在生长季节后期发病，皮部呈漂白色，有黑色菌核或形成孢子的灰色菌丝块。果实上浆后感病，果面上出现褐色凹陷病斑，扩展后，整个果实腐烂，并先在果皮裂缝处产生灰色

(1) 花序症状

(2) 叶片症状　　(3) 果实症状

图1－22　葡萄灰霉病症状

孢子堆，后蔓延到整个果实，最后长出灰色霉层。有时在病部可产生黑色菌核或灰色的菌丝块。花序、幼果感病，先在花梗和小果梗或穗轴上产生淡褐色、水浸状病斑，后病斑变褐色并软腐。空气潮湿时，病斑上可产生鼠灰色霉状物，即病原菌的分生孢子梗与分生孢子。空气干燥时，感病的花序、幼果逐渐失水、萎缩，后干枯脱落，造成大量的落花落果，严重时，可整穗落光。

发生规律：病菌以菌核、分生孢子及菌丝体随病残组织在土壤中越冬。在有些地方，病菌秋天在枝蔓或僵果上形成菌核越冬，也可以菌丝体在树皮和冬眠芽上越冬。菌核和分生孢子抗逆性很强，越冬以后，当次年春天条件适宜时，菌核即可萌发产生新的分生孢子，新、老分生孢子通过气流传播到花序上。在有外渗物作营养的条件下，分生孢子很易萌发，通过伤口、自然孔口及幼嫩组织侵入寄主，实现初次侵染。当温湿度适宜时，病菌可发生多次再侵染。

防治方法：

(1)林业技术防治。①结合其他病害的防治，彻底清园，消灭病残体上越冬的菌核。春季发病后，于清晨趁露水未干时，仔细摘除和销毁病花穗，以减少再侵染菌源。②增施磷、钾肥，控制速效氮肥的使用，防止枝梢徒长，抑制营养生长。对过旺的枝蔓进行适当修剪，或喷生长抑制素，搞好果园的通风透光，降低田间湿度等，能起到较好的控病效果。

(2)药剂防治。在休眠期做好清园的基础上，灰霉病的化学防治要抓住5个关键时期。花期末尾施药，以保护花序，控制病菌的早期侵染。幼果期施药，以减少侵染果梗和茎的病菌数量。果实成熟初期施药，防止葡萄浆果感病下垂。采收前三周施药，预防病菌对果实的再侵染。采收前施药，主要是预防运输过程中灰霉病的发生。所用药剂有：50%多菌灵可湿性粉剂500倍液，或50%腐霉利可湿性粉剂2000~2500倍液，或50%异菌脲可湿性粉剂1500倍液，或50%乙烯菌核利可湿性粉剂1500倍液，或45%噻菌灵悬浮剂4000~4500倍液，或70%甲基硫菌灵可湿性粉剂800~1000倍液，或50%苯菌灵可湿性粉剂1500倍液，或50%多霉灵威可湿性粉剂1500~2000倍液，或65%抗霉灵可湿性粉剂1500倍液等。注意药剂的交替使用。

23. 苹果树腐烂病

苹果树腐烂病俗称“烂皮病”。

危害：苹果树腐烂病是影响苹果生产的一大病害，我国所有栽培苹果的地方都有发生，自南向北逐渐加重。进入结果期后的大树发病颇多。在管理粗放的果园中受害普遍。在发病严重的果园，树体病疤累累，枝干残缺不全，甚至造成死树和毁园。

寄主：苹果树、梨树、桃树、海棠、樱桃、梅等。

病原：有性态为角精黑腐皮壳[*Valsa ceratosperma* (Tode et Fr.) Maire]，无性态为

壳囊孢菌［*Cytospora sacculus*］。

症状：该病主要为害结果树的枝干，幼苗和幼树很少受害。枝干各部位都能发病，但以主干、大枝和枝杈部发病较多。枝干受害后表现为树皮腐烂坏死。其症状有溃疡和枝枯两种类型，其中以溃疡型为主。①溃疡型：发病初期，树皮呈红褐色，水渍状，略隆起。病皮组织松软，用手按之即下陷，并常常流出黄褐色液汁，且病皮极易剥离。腐烂的皮层鲜红褐色，湿腐状，有酒糟味。腐烂病斑常烂透树皮，深达木质部。发病后期，病斑失水干缩凹陷，变成灰褐色，并在其表面产生许多小黑点，即分生孢子器。天气潮湿时，分生孢子器吸水，从孔口挤出金黄色、丝状卷曲的分生孢子角。溃疡型症状在早春(2 月)发展最快、最为明显，为害极大。至 5 月初，病斑逐步停止扩展。②枝枯型：多发生在 2 ~ 4 年生的小枝条、干桩、果台等部位，以枝条的剪口处发生最多。病斑扩展迅速，不呈水渍状湿腐，形状不规则，不久即很快包围整个枝条，使枝条枯死。

后期，病部也出现小黑点。

(1) 初期症状

(2) 树皮内部呈红褐色坏死

(3) 后期症状

图 1 – 23　苹果树腐烂病症状

发生规律：病菌以菌丝、分生孢子器、子囊壳在病树皮内越冬。每年 3 ~ 10 月，在降雨后均有孢子角出现，而以 5 ~ 7 月最多。病菌孢子主要靠雨加风(雨水飞溅)传播。从死组织(树皮外层的老皮，也叫“自然落皮层”)及各种伤口(冻伤、日灼伤、虫伤、修剪伤)侵入树皮。病菌侵入后，先定置于自然落皮层上，或者伤口处的死细胞上，然后在特定条件下，向内方或者四周邻近的活组织上蔓延，并使病斑逐渐扩大。以分生孢子进行再侵染。

腐烂病菌是一种弱寄生菌。病菌侵入树体的死亡组织后，通常不立即致病，而是先在死亡组织上定居下来，并潜伏着。以后致病与否主要取决于寄主的抗病性。当树体或者其局部组织衰弱时，病菌便会从潜伏状态转为活动状态，从而扩展、为害、致病。该病 1 年有 2 个发病高峰。2 月中旬病害始发，3 月上旬至 5 月下旬发病最多、扩展最快，是 1 年内发病最重的时期。第 2 次发病高峰在 9 ~ 10 月。该病的发生与树体负载量、冻害、日灼、肥水、修剪、伤口、其他病虫的为害(早期落叶病、红蜘蛛等)等因素密切相关。当结果过多，冻害、日灼严重，缺肥干旱，修剪过重，伤口过多，其他病虫为害(早期落叶病、红蜘蛛等)严重，树势衰弱时，可导致腐烂病大发生。

防治方法：

(1)加强栽培管理，增强树势，提高抗病力，这是防治腐烂病的根本性措施。①合理调整结果量。结果树应根据树龄、树势、土壤肥力、施肥水平等条件，通过疏花疏果，做到合理负载。②合理施肥。按照果树生长发育的要求，按比例使用氮、磷、钾肥，不宜偏施氮肥。③合理灌水。秋冬季节，如果枝干含水量高，易受冻害，诱发腐烂病；早春干旱，树皮含水量低，有利于腐烂病斑的扩展。因此，果园应建立良好的灌水及排水系统，实行"秋控春灌"，这对防治腐烂病很重要。④防治其他病虫害。及时防治早期落叶病(如褐斑病等)和虫害(如叶螨类、梨网蝽、蚜虫类、透翅蛾类等)也是减轻腐烂病发生的重要措施。⑤防止冻害和日灼。冬前和早春树干涂白(白涂剂配方：生石灰：石硫合剂原液：食盐：油脂：水 = 6：1：1：0.1：20)，以有降低树皮温差，减轻冻害和日灼的作用，对防治腐烂有很好效果，也可使用植物防冻剂(喷洒或灌根)。

(2)搞好清园工作。①人工清除。冬季结合果树修剪，清除枯死枝干、病枝、残桩等，集中烧毁或搬离果园，不能随便丢在田间或堆放在果园附近，以减少病菌来源。②药剂铲除。落叶后喷一遍杀菌剂，所用药剂有：30%碱式氯化铜(氧氯化铜、王铜)悬浮剂600倍液，或25%丙环唑乳油2000倍，或1.8%辛菌胺醋酸盐水剂300～500倍液。发芽前再喷1遍杀菌剂，所用药剂有：25%丙环唑乳油600倍液，或1.8%辛菌胺醋酸盐水剂300～500倍液，或45%代森铵(施纳宁)水剂400倍液，或1.5%噻霉酮水乳剂500倍液，或2.12%腐殖酸铜(843康复剂)水剂100倍液。

(3)重刮皮。就是在树体主要发病部位(如主干、基层主枝、中心干下部等)全面刮皮，刮去外层的粗老翘皮，以彻底清除树皮上的潜在病菌、病斑。方法是：把树皮外层刮去0.5～1毫米，到露出新鲜组织为止，但最深不能触及形成层。刮皮时，若发现皮层上有坏死斑点，也应一律清除。刮后不用消毒。刮皮的时间以5～7月为宜(此时愈伤组织形成最快)。

(4)病斑治疗。治疗病斑要采取秋、春两季突击治，长年坚持巡回治，治早治小，减轻为害。将病斑坏死组织彻底刮除，并刮掉病斑边缘宽0.5厘米左右的健皮。刮除病斑时，强调用两把刀子：一把刀子刮病皮，另一把刀子刮健皮。而且刮下的病皮组织要收集在一起，及时烧毁或深埋。刮后留下的皮部茬口应切成立茬。刮后还应进行伤口消毒。所用药剂有：3.315%甲硫·萘乙酸(涂抹剂)原液、腐必清(松焦油原液)乳剂2～3倍液、2.12%腐殖酸铜(843康复剂)水剂原液、5%菌毒清水剂50倍液、60%腐殖酸钠50～75倍液、S-921发酵液、1.8%辛菌胺醋酸盐水剂50～100倍液、0.8%菌立灭二号(噻霉酮)3～5倍液、3%培福朗(双胍辛胺乙酸盐)糊剂。

(5)桥接。对主干、主枝上无法对接愈合的大病疤，应利用根茎周围的萌蘖或活枝，进行脚接或桥接，以辅助养分输导，加速树势恢复。

24. 松材线虫病

松材线虫病又名“松树萎蔫病”。

危害：松材线虫病是松树的一种毁灭性流行病。在我国，松褐天牛是它的主要传媒昆虫。松材线虫病致病力强，寄主死亡速度快，传播快，且常常猝不及防，一旦发生，治理难度大。

寄主：赤松、黑松、马尾松、黄松、南欧海松、火炬松、湿地松、琉球松、白皮松等松属植物。

病原：松材线虫[*Bursaphelenchus xylophilus*]。

症状：松材线虫通过松褐天牛补充营养的伤口进入木质部，寄生在树脂道中。在大量繁殖的同时移动扩散，逐渐遍及全株，并导致树脂道薄壁细胞和上皮细胞的破坏和死亡，造成植株失水，蒸腾作用降低，树脂分泌急剧减少和停止。所表现出来的外部症状就是针叶陆续变为黄褐色乃至红褐色，萎蔫，最后整株枯死。

病死木的木质部往往由于有蓝变菌的存在而呈现蓝灰色。病害发展过程分 4 个阶段：①外观正常，树脂分泌减少，蒸腾作用下降，在嫩枝上往往可见天牛啃食树皮的痕迹。②针叶开始变色，树脂分泌停止，除见天牛补充营养痕迹外，还可发现产卵刻槽及其他甲虫侵害的痕迹。③大部分针叶变为黄褐色，萎蔫，可见到天牛及其他甲虫的蛀屑。④针叶全部变为黄褐色至红褐色，病树整株干枯死亡，此时树体一般有许多次期害虫栖居。

(1) 松树受害症状

(2) 传播媒介松褐天牛

图 1－24　松材线虫病症状

发生规律：该病的发生和流行与寄主树种、环境条件、媒介昆虫密切相关。在我国，主要发生在黑松、赤松、马尾松上。苗木接种试验表明，火炬松、海岸松、黄松、云南松、乔松、红松、樟子松也能感病，但在自然界尚未发生成片死亡的现象。低温能限制病害的发展，干旱可加速病害的流行。

松褐天牛一般每年发生1代。于5月下旬至6月上旬羽化，从感病树中羽化出来的天牛几乎100%携带松材线虫。天牛体中的松材线虫均为耐久型幼虫，主要在天牛的气管中，1只天牛可携带上万条，多者可达28万条。2月前后，分散型松材线虫的幼虫聚集到松褐天牛幼虫蛀道和蛹室周围，在天牛化蛹时，分散型幼虫蜕皮变为耐久型幼虫并向天牛成虫移动，从气门进入气管。这样，天牛从羽化孔飞出时，就携带了大量松材线虫。当天牛补充营养时，耐久型幼虫就从天牛取食造成的伤口进入树脂道，然后蜕皮形成成虫。感染松材线虫病的松树往往是松褐天牛产卵的对象，次年松褐天牛羽化时又会携带大量的松材线虫，并"接种"到健康的松树上，导致病害的扩散蔓延。

防治方法：

（1）加强检疫。严禁将疫区的病死木材及其制品外运和输入无病区。发现有携带松材线虫的松木及包装箱等制品，应立即用溴甲烷（40～60克/立方米）熏蒸处理，或浸泡于水中5个月以上。砍除和烧毁病树和垂死树，及时清除病株残体。

（2）林业技术及熏蒸防治。1～4月、11～12月病死树上传播媒介越冬幼虫至蛹期，病害处于稳定期，应伐除病死树、疑似感病木、衰弱木。对发病严重的松林，可实施局部皆伐。砍伐的病死木用磷化铝（20克/立方米）塑料薄膜帐幕密闭熏蒸。伐除木的除害处理可参照国家标准《松材线虫病疫木处理技术规范》（GB/T 23477—2009）执行。伐除时，不残留直径1厘米以上的松树枝桠。伐除木的伐根尽可能要刨除，或用虫线清等化学药剂进行喷淋后罩塑料薄膜再覆土，或投放磷化铝1～2粒后罩塑料薄膜再覆土，进行熏蒸处理。

（3）化学防治。在天牛羽化初期和盛期，采用地面树冠喷洒或飞机喷洒8%氯氰菊酯微囊悬浮剂750～1200毫升/公顷（300～400倍液）进行防治。每年5～6月，喷药1～2次，间隔期约20天。松褐天牛幼龄幼虫期，采用树干喷洒虫线清乳油80倍液，喷药量为2～3毫升/株。5～10月，在树干基部打孔，孔内注入松线光进行防治。该方法适用于有特殊意义的名松古树的保护。线虫侵染前数星期，用涕灭威、呋喃丹、丰索磷、乙伴磷、治线磷等内吸性杀虫和杀线剂施于松树根部土壤，或注射树干，预防线虫侵入和繁殖。

（4）物理防治。用衰弱或较小的松树作为诱饵木，引诱松褐天牛集中产卵，每0.667公顷（10亩，6666.7平方米）设置1株。松褐天牛羽化初期（5月上旬），在诱木基部离地面30～40厘米处的3个方向侧面用刀砍3～4刀（小树可少些），刀口深入木质部1～2厘米，刀口与树干大致成30°角。用注射器把引诱剂注入刀口内。诱木引诱剂的使用浓度为1∶3（1份引诱剂原液用3倍清水稀释）。施药量（毫升）大致与诱木树干基部直径（厘米）相当。于每年秋季将诱饵木伐除，并进行除害处理，杀死其中所诱天牛。

（5）生物防治。松褐天牛成虫期，在发病林分每隔100米设置1个诱捕器，诱杀成虫。诱捕器下端应离地面1.5米左右。诱捕时，每隔20天向诱芯添加140毫升引诱剂。释放管氏肿腿蜂防治松褐天牛幼虫。在松褐天牛幼虫幼龄期，每年放蜂1次。每0.7公顷（10亩）设1个放蜂点，每点放蜂1万头左右。

25. 三角槭漆斑病

危害：三角槭漆斑病是发生在槭树叶上的一种常见病害。

寄主：三角槭。

病原：槭痣斑盘菌[*Rhytisma acerinum*（Pers）Fr.]。

图 1－25　三角槭漆斑病症状

症状：发生在槭树叶片上。发病初期，叶片上产生点状褪绿斑，病斑中央褐色，边缘紫红色，以后病斑逐渐扩大成圆形、近圆形或梭形大病斑。发病后期，病叶上出现黑色膏药状、隆起于叶表面的许多小漆斑，各漆斑之间彼此分离或互相连接，不规则形，发病叶片提前脱落。

发生规律：病菌以子囊盘、菌丝于病残体上越冬。次年春天产生子囊孢子，并从雨季开始借气流及水滴传播，以子囊孢子进行初侵染。8 月中、下旬开始，病叶上出现黑色漆斑，此为病菌的子座及子囊盘，越冬以后继续侵染。初始越冬菌源是发病的最主要条件，植株种植过密、通风不良，则可能导致该病的发生。

防治方法：

（1）发现病叶及时摘除，秋季结合修剪清除落叶及病残体。

（2）雨季之前，叶面喷洒 50% 多菌灵可湿性粉剂 800 倍液，或 75% 百菌清可湿性粉剂 800 倍液，每隔 7 ~ 10 天喷施 1 次，连续用药 2 ~ 3 次。

26. 蜀葵褐斑病

危害：蜀葵褐斑病是发生在蜀葵叶上的一种常见病害，在全国蜀葵栽植区普遍发生。

寄主：蜀葵。

病原：交链孢霉菌[*Alternaria* sp.]。

图 1－26　蜀葵褐斑病症状

症状：蜀葵褐斑病病斑初期为灰褐色斑块，斑块边缘为淡黄绿色。病斑扩大后呈圆形、椭圆形或不规则形，边缘黑褐色，中部黄褐色。发病后期，病斑上着生有黑色霉状物(此为病原菌的分生孢子)。

发生规律：此病系半知菌类交链孢霉感染所致。病菌在寄主病残体及土壤中越冬。第二年6月开始侵染,8~9月为发病盛期。发病严重时,可导致植株落叶。

防治方法：

(1)及时清理病叶,发现病叶及时摘除。

(2)雨天注意及时排水,防止积水。

(3)发病初期,可用75%百菌清可湿性粉剂800倍液,或50%多菌灵可湿性粉剂800倍液,或70%代森锰锌可湿性粉剂800倍液进行喷雾。每隔10天喷1次,连喷3~4次,可有效控制病情。

27. 柿炭疽病

危害：柿炭疽病是柿树上的常见病害之一,凡柿树栽培区均有发生。为害严重时,枝条枯死,果实早期脱落,贮藏期中引起柿果腐烂。

寄主：柿树。

病原：胶孢炭疽菌[*Colletotrichum gloeosporioides*]。

症状：柿炭疽病主要为害果实及枝梢。果实发病初期,果面出现深褐至黑褐色斑点,逐渐扩大形成近圆形、深色的凹陷病斑,病斑中部密生灰色至黑色隆起小点,略呈同心轮纹状排列,即病菌的分生孢子盘,潮湿时涌出粉红色黏质分生孢子团。病菌深入扩展,病斑处的果肉形成黑色硬块。一个病果常发生1~2个病斑,多者达10多个。病果变软,造成柿烘。新梢染病,产生黑色小圆斑,病斑渐扩大,呈长椭圆形,褐色,凹陷,纵裂,长10~20毫米,并产生黑色小点。病部木质易折断。柿叶发病,先自叶脉、叶柄变黄,后变黑,叶片病斑呈不规则形。

(1)叶片症状

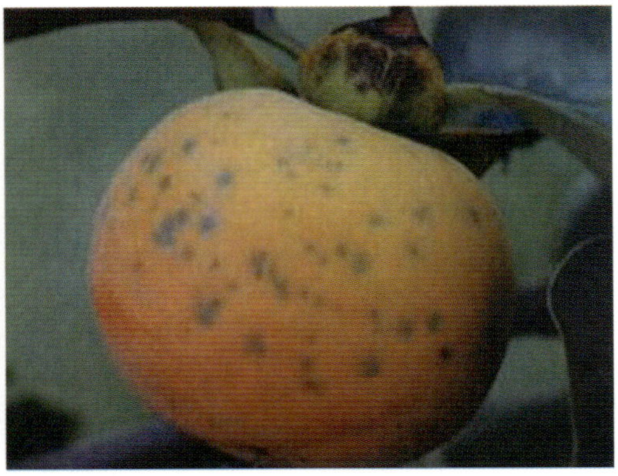

(2)果实症状

图1-27　柿炭疽病症状

发生规律：病菌主要以菌丝体在枝梢病斑组织中越冬,也可在叶痕、冬芽、病果中越冬。次年初夏，越冬病菌产生新的分生孢子，随风雨传播，侵害新梢和果实。病菌从伤口侵入，潜育期为3~6天，穿过表皮直接侵入，潜育期为6~10天。在北方柿区，枝梢在6月上旬开始发病，到雨季进入发病盛期，后期继续侵害秋梢。果实从6月下旬至7月上旬开始发病，7月中旬开始落果。多雨年份发病严重。

防治方法：

(1)采果后及冬春期，结合修剪清园，收集病落果、枝叶烧毁，随即全面喷施30%氧氯化铜悬浮剂600倍液和0.5%波尔多液各1次。

(2)加强肥水管理，注意逐年扩穴深翻改土，增施有机肥和磷、钾肥，遇旱适时灌水，雨后及时排渍。

(3)从5月开始，根据病情，在抽梢期、幼果期和果实膨大期各喷药1~2次，所用药剂有：40%多硫悬浮剂600倍液、25%炭特灵可湿性粉剂500倍液、68.75%杜邦易保水分散粒剂1500倍液、80%炭疽福美可湿性粉剂600倍液、80%代森锰锌可湿性粉剂(大生)600倍液、50%多菌灵可湿性粉剂800倍液、70%甲基托布津可湿性粉剂1000倍液等。

28. 山楂锈病

危害：山楂锈病是山楂树的毁灭性病害，主要为害叶片、叶柄、新梢、果实和果柄。

寄主：山楂树。

病原：病原菌主要有2种，一种为梨胶锈菌山楂专化型[*Gymnosporangium haraeamum* Syd. f. sp. *crataegicola*]，另一种为珊瑚胶锈菌[*Gymnosporangium clavariiforme* (Jacq) DC.]。

症状：叶片染病，叶正面初生橘黄色小圆斑，直径为1~2毫米，后扩大至4~10毫米；病斑稍凹陷，表面产生黑色小粒点，即病菌性孢子器；发病后1个月，叶背病斑突起，产生灰色至灰褐色毛状物，即锈孢子器，破裂后散出黄褐色锈孢子。最后病斑变黑，严重的叶片干枯脱落。叶柄染病，初期病部膨大，呈橙黄色，生有毛状物；后期变黑干枯，叶片早落。发病严重时，造成叶片、果实枯死及整个树势衰弱，最终导致死亡。

发生规律：该病属于转主寄生的病害，病菌以菌丝体在桧柏针叶、小枝及主干病组织中越冬。以担孢子借风雨和气流传播、侵染为害。早春降雨有利于山楂锈病病菌的传播与侵染。山楂锈病的发生与气候、品种、地理环境等因素有关，目前国内绝大多数栽培品种均感病，从而造成局部地区此病较严重。

防治方法：

(1)砍除转主寄主。山楂园附近2.5~5千米范围内不宜栽植桧柏类针叶树，若有应及早砍除。

(2)清除冬孢子。不宜砍除桧柏时，在山楂发芽前后，可朝桧柏类针叶树上喷洒

5 波美度石硫合剂，或 45% 晶体石硫合剂 30 倍液，以除灭转主寄主上的冬孢子。

（3）生长季节喷药保护。冬孢子角胶化前及胶化后（3 月下旬至 4 月下旬），对山楂树喷洒 50% 硫悬浮剂 400 倍液，或 15% 三唑酮可湿性粉剂 1500 倍液，或 25% 敌力脱乳油 3000 倍液，或 15% 三唑酮可湿性粉剂 2000 倍液加 70% 代森锰锌可湿性粉剂 1000 倍液。每隔 10 天左右 1 次，防治 2 次。

（1）病叶正面症状　（2）病叶背面症状　（3）病果症状

图 1－28　山楂锈病症状

29. 桃缩叶病

危害：桃缩叶病主要为害叶片，严重时也可以为害花、幼果和新梢，病叶最后干枯脱落。

寄主：桃树。

病原：畸形外囊菌[*Taphrina deformans*（Berk.）Tul]。

症状：春季，嫩叶刚从芽鳞中抽出时，就呈现卷曲状，颜色发红。随着叶片展开，病叶卷曲皱缩程度也越来越重，病叶肥厚、肿大、变脆，并呈红褐色。严重时，整个新梢的叶片均畸形。春末夏初时，叶片表面长出一层灰白色的粉状物（子囊层、子囊子实层）。最后病叶变褐，枯焦脱落。

图 1－29　桃缩叶病症状

叶片受害时，新梢下部先长出

的叶片受害较严重,后长出的叶片则较轻。如果新梢本身未受害,病叶枯落后,其上的不定芽仍能抽出健全的新叶。新梢受害呈灰绿色或黄色,比正常的枝条短而粗,其上病叶丛生,受害严重的枝条会枯死。花和幼果受害后多数脱落,故不易觉察。未脱落的病果发育不均,有块状隆起斑,黄色至红褐色,果面常龟裂。这种畸形果实不久也要脱落。

发生规律: 病菌以子囊孢子或芽孢子在桃芽鳞片外表或芽鳞间隙中越冬。次年春天,当桃芽展开时,孢子萌发侵害嫩叶或新梢。子囊孢子能直接产生侵染丝侵入寄主。病菌侵入后,能刺激叶片中的细胞大量分裂,同时细胞壁加厚,造成病叶膨大和皱缩。以后在病叶角质层及上表皮细胞间形成产囊细胞,发育成子囊,再产生子囊孢子及芽孢子。子囊孢子及芽孢子不作再次侵染,就在芽鳞外表或芽鳞间隙中越夏、越冬。所以,桃缩叶病 1 年只有 1 次侵染。

春季,桃树萌芽期气温低,桃缩叶病常严重发生。一般温度在 10 ~ 16℃时,桃树最易发病,而温度在 21℃以上时,发病较少。这主要是气温低时桃树幼叶生长慢,寄主组织不易成熟,有利于病菌侵入。反之,气温高时桃叶生长较快,就减少了染病的机会。另外,湿度高的地区有利于病害的发生,早春(桃树萌芽展叶期)低温多雨的年份或地区桃缩叶病发生严重。如果早春温暖干燥,则发病轻。从品种上看,以早熟桃发病较重,晚熟桃发病轻。

防治方法: 在早春桃发芽前喷药防治,可达到良好的效果。如果错过这个时期,而在展叶后喷药,则不能起到防病的作用。

(1)药剂防治。①在发病很严重的桃园,由于果园内菌量极多,1 次喷药往往不能全歼病菌,可在当年桃树落叶后(11 ~ 12 月)喷 1% ~ 2% 硫酸铜 1 次,以杀灭黏附在冬芽上的大量芽孢子。到次年早春发芽前,再喷 5 波美度石硫合剂 1 次,使防治效果更加稳定。②早春桃芽开始膨大但未展开时,喷洒 2 ~ 3 波美度石硫合剂,或 1% 等量式波尔多液,或 30% 绿得保胶悬剂 400 ~ 500 倍液,或 70% 代森锰锌可湿性粉剂 500 倍液,或 70% 甲基硫菌灵可湿性粉剂 1000 倍液,或 50% 苯菌灵可湿性粉剂 1500 倍液,或 50% 多菌灵胶悬剂 1000 倍液。这样连续喷药 2 ~ 3 年,就可达到良好防治效果。

(2)喷药后,如有少数病叶出现,应及时摘除,集中烧毁,以减少越冬菌源。

(3)发病重、落叶多的桃园,要增施肥料,加强栽培管理,以促使树势恢复。

30. 桃细菌性穿孔病

危害: 该病害随着近年来桃树种植面积的大量增加而日益严重,有些园片甚至大爆发,造成桃树大量落叶,带来很大的经济损失。

寄主: 桃树。

病原: 甘蓝黑腐黄单胞菌桃穿孔致病型[*Xanthomonas campestris* pv. Pruni (Smith) Dye],异名[*Xanthomonus pruni* (Smith) Dowson.]。

症状：桃细菌性穿孔病主要为害叶片，也能侵害果实和新梢。叶片发病时，初期在叶背产生淡褐色水渍状小点，后扩大成紫褐色或黑褐色圆形或不规则形病斑，直径为2毫米左右，病斑周围有黄绿色晕圈。之后，病斑干枯，病部和周围健康组织交界处发生一圈裂纹，病斑脱落后形成穿孔。枝条受害形成溃疡。果实发病，最初发生褐色小圆斑，后扩大，颜色加深，中央稍凹陷，病斑边缘常呈水渍状；天气潮湿时，病斑上出现黄白色黏性物，干燥时，病斑上或其周围常发生小裂纹；严重时发生不规则大裂纹，裂纹处容易被其他病菌侵染，造成果实腐烂。

图1－30　桃细菌性穿孔病症状

发生规律：病原细菌在枝条病组织内越冬。次年春天气温上升时，潜伏的细菌开始活动，并释放出大量细菌，借风雨、露滴、雾珠及昆虫传播，经叶片的气孔、枝条的芽痕和果实的皮孔侵入。叶片一般于5月间发病，夏季干旱时病势进展缓慢，至秋季、雨季又发生后期侵染。在降雨频繁、多雾和温暖阴湿的天气下，病害严重，干旱少雨时则发病轻。树势弱，排水、通风不良的桃园发病重。虫害严重时，如红蜘蛛为害猖獗时，病菌从伤口侵入，发病严重。

防治方法：

(1)开春后要注意开沟排水，达到雨停水干，降低空气湿度。增施有机肥和磷、钾肥，避免偏施氮肥。

(2)适当增加内膛疏枝量，改善通风透光条件，促使树体生长健壮，提高抗病能力。

(3)10～11月桃树休眠期也正是病原在被害枝条上开始越冬，结合冬季清园修剪，彻底剪除枯枝、病梢，及时清扫落叶、落果等，集中烧毁，消灭越冬菌源。桃园附近应避免栽植杏树、李树等核果类果树。

(4)桃树发芽前，喷3～5波美度石硫合剂，或45%晶体石硫合剂30倍液，或1∶1∶100倍式波尔多液，铲除越冬菌源。5～6月病害的始发期，喷72%农用硫酸链霉素可溶性粉剂3000倍液，或65%代森锌可湿性粉剂600倍液，或硫酸锌石灰液（硫酸锌0.5千克、消石灰2千克、水120千克）。每隔15天左右喷1次，连喷2～3次。

31. 五角枫枯萎病

五角枫枯萎病又名“五角枫枯黄萎病”“干枯病”。

危害：五角枫枯萎病为系统侵染病害，发病初期难发觉，发病后整株受害且难治愈，对五角枫的为害是毁灭性的，一旦发生死亡率几乎达到100%。

寄主：五角枫。

病原：尖孢镰刀菌五角枫专化型[*Fusarium oxysporium*]。

症状：幼苗发病，造成植株生长衰弱，表现为叶片萎蔫下垂，叶片失去光泽，逐渐失绿以至叶片枯黄，根茎基部变软，易猝倒，甚至整株枯死。大树感病后，地上部分先从1～2根枝条出现症状，病枝上的叶片萎蔫下垂，叶色呈淡绿色或淡黄色，后期干枯脱落，随后部分枝条开始干枯，逐步扩展到整株，直至逐渐枯死。截开主干断面，可见一整圈变色环，树根部断面则呈褐色或黑褐色。地下部分表现为须根枯死。

(1)枝干症状　　(2)主干横断面症状

图1－31　五角枫枯萎病症状

发生规律：病原菌可在土壤、病残体内越冬。由地下根部侵入，经过维管束扩散到植物各部分，并在维管束内增殖，造成堵塞或中毒，引起植物萎蔫直至枯死。病原菌侵染根系后，造成养分和水分输导功能丧失。病害初现期在5月下旬，发病高峰期在6～8月，可以一直延续到10月。幼树、大树均可发生，1年生苗发病少，3～5年生树发病多且严重，生长势弱的植株发病多，发病速度快，易枯死。受气候条件、土质、地势、栽培环境及栽植管理的影响，高湿、多雨季节发病严重；土质黏重、地势低洼、排水不良、积水地易发病；移栽或修剪等管理过程中造成的伤口会增加镰刀菌的侵染机会，使植株发病；管理过程中，忽干忽湿、缺肥少水、大水漫灌、排水不及时等均会影响植株生长，降低抗病力而加重发病。

防治方法：

枯萎病的防治应以预防为主，因为枯萎病属于维管束病害，药物治疗难以起到良好的效果，最主要的还是提前预防。

(1)增施充分腐熟的有机肥，改良土壤，为苗木生长提供良好的环境。

(2)当枯萎病发生时，必须切断其传播途径，如尽量避免大水漫灌，防止传染；做好控水工作，防止土壤湿度过大；用丙环唑、恶霉灵和甲基托布津等混用，进行灌根和喷施；对五角枫适当晾根，并喷施一定的杀菌剂等。

（3）从5月下旬开始，对重点发病区域进行药剂预防。可用70%甲基托布津800倍液，或50%多菌灵悬浮剂600倍液，或40%百菌清可湿性粉剂500倍液浇灌。5～8月初，每月浇灌1次。有发病苗头的，每半月浇灌1次瑞苗清或秀苗（恶霜灵·甲霜灵水剂）1000倍液，治疗效果较好。

32. 悬铃木白粉病

危害：悬铃木白粉病是一种由真菌引起的病害，主要侵害悬铃木的新梢、叶片和芽。发生严重时，造成叶片皱缩、枯萎、早落及枝条扭曲、萎缩，导致生长衰弱。

寄主：悬铃木。

病原：悬铃木白粉病菌［*Erysiphe platani*］。

图1－32　悬铃木白粉病症状

症状：发病初期，在叶片正面或背面产生白粉层，后逐渐扩大，引起嫩叶皱缩、纵卷，导致春季展叶慢或不展叶。新梢发病表现为扭曲、萎缩。随着病程的发展，叶部病斑处逐渐呈褪绿黄斑，与健康组织界限不明显。夏季病斑处开始焦枯、脱落，形成空洞，或秋季提前落叶。

发生规律：一般于5～6月开始发病，在春、秋两季常发病严重。病菌分生孢子借气流及风雨传播，进行重复侵染。孢子萌发对空气相对湿度要求不严格，耐旱性强，在干旱条件下仍可侵染。病原菌的适温范围比较广，在高温下病斑仍会继续扩展。发病期间，雨水多、湿度大、光照不足、通风不良、地势低洼潮湿、枝叶徒长、栽植过密等因素，都可加重病害发生。

防治方法：

（1）结合修剪整形，及时去除发病枝条，秋季清除落叶、病枝，并集中销毁。

（2）通常在悬铃木4月左右开始萌芽，当萌芽3～4片叶时，可选用12.5%烯唑醇可湿性粉剂3000倍液，或15%粉锈宁可湿性粉剂1500倍液，或25%敌力脱乳油1500～2000倍液，连续喷施2～3次，间隔10～15天，并且一定要选择晴好天气。同时，喷药时重点针对叶片和嫩梢，注意喷药要彻底，避免遗漏。

33. 雪松梢枯病

雪松梢枯病又名“雪松枯梢病”。

危害：雪松梢枯病引起雪松春梢上的针叶束和嫩梢大量枯死，造成雪松枝条枯萎，甚至引起半截枯死，严重影响雪松的观赏价值。

寄主：雪松。

病原：松球壳孢菌[*Sphaeropsis sapinea* Fr.（Dyko & Sutton）]，异名松色二孢菌[*Diplodia pined* De sm.（Kiclx）]。

症状：病害多数发生于成年树。初期侵染新萌发的树梢，主梢、侧梢均可受害。病菌侵染后，首先使嫩的针叶失绿变色，并逐渐向下蔓延，当病斑环绕皮层后，小枝随之枯死，其上部的针叶呈赤褐色，并迅速脱落，仅残存枯死的小枝。在病菌侵染点附近的针叶上，首先看到黑色颗粒状的病原菌子实体，之后在枯死的小枝上也可发现子实体的存在。病害在被害嫩梢蔓延过程中，如果寄主生长势较为旺盛，被害嫩梢枯死后，暂停蔓延发展。其下方腋芽处可萌发出若干短小新梢，往往在病健交界处可见到梭状溃疡病斑，并伴有明显的松脂外溢。枯梢长度不等，一般为 3～30 厘米，多数为 20 厘米以下。如果寄主生长势衰退，病菌则可以不断地蔓延发展，危及整个枝条，引起全枝枯死，但其间有一个较长的时间过程。

图 1－33　雪松梢枯病症状

发生规律：病原菌主要在发病的针叶和枝条上越冬，借助风雨传播，病菌从嫩梢、嫩叶上直接侵染或从伤口侵染。主要发生在成年雪松树上，苗木和幼龄雪松很少发生。在春梢生长期和秋梢生长期有 2 次侵染高峰。

防治方法：

(1)适地适树。应根据雪松的生态学特性，选择地势较高、排水良好、土质肥沃疏松的中性至酸性土壤栽植雪松。同时注意不栽植在大气污染较严重的工业区及尘土较多的马路两侧。如果必须栽植在这些地区，应加强栽培管理，以增强树势，提高抗性。

(2)加强栽培管理。雪松病害的发生，从某种意义上反映出雪松的生长势开始衰退，进一步加强水肥等栽培管理，对防止病害的发生和蔓延十分重要。可以采取剪除病枝，增施肥料，加强管理等措施，以促进树体的生长势。

(3)化学防治。化学防治是控制雪松病害蔓延的重要措施。可在新梢(春梢和秋梢)刚抽梢和新梢已抽出一半时，用75%百菌清可湿性粉剂600倍液、40%多菌灵胶悬剂800倍液、70%代森锰锌可湿性粉剂600倍液、40%甲基托布津胶悬剂600倍液、28%多菌灵井冈霉素悬浮剂500倍液等，喷洒植株的叶、梢、枝，发病轻的地方可喷1～2次，用药间隔15天，发病重的地方每隔10天喷1次，直至病情得到控制。

34. 雪松疫病

危害：雪松疫病是发生在雪松上的一种真菌性病害，导致雪松根腐、针叶脱落，甚至整株死亡。

寄主：雪松。

病原：樟疫霉菌[*Phytophthora parasitica*]。

症状：发生在雪松的根部，以新根发生为多，最终影响干及全株。根部染病后，在根尖、分叉处或根端部分产生病斑，沿根扩展。初期病斑浅褐色，后深褐色至黑褐色，皮层组织水渍状坏死。大树染病后，在干基部以上流溢树脂，病部不凹陷。幼树染病后，病部内皮层组织水渍状软化腐烂，无恶臭；幼苗有时出现立枯，地上部分褪绿枯黄，皮层干缩。染病植株初期地上症状不明显，严重时针叶脱落，整株死亡。

图1－34　雪松疫病症状

发生规律：该菌习居土中，多从根尖、剪口和伤口等处侵入，沿内皮层蔓延。也可直接透入寄主表皮，破坏输导组织。病原菌腐生能力强，20～22℃时孢子萌发率最高，高温不利于该病菌的生长发育。地下水位较高或积水地段，特别是栽植过深，或在花坛、草坪低洼处栽植的植株发病较多，传播迅速，死亡率高。土壤黏重、透气不良、含水率高或土壤贫瘠处均易发病。移植时伤根过多极易感病。流水和带菌病土均能传播此病。

防治方法：

(1)适地适树，选择地势较高、排水良好、土质肥沃疏松、无污染的中性至酸性土壤栽植雪松；春、秋两季适时施肥，增强土壤肥力，合理灌溉；冬季注意做好防寒保护，增强树势，提高抗性。

（2）用90%乙磷铝可湿性粉剂500～700倍液、25%瑞毒霉可湿性粉剂1000倍液灌根，或90%乙磷铝可湿性粉剂1000倍液与70%敌克松500倍液，按2∶1混合浇灌根部，6～10月每月处理1次。

35. 小龙柏紫纹羽病

危害：轻病株树势衰弱，叶黄早落；重病株枝条枯死，甚至全株死亡。

寄主：小龙柏。

病原：紫卷担子菌[*Helicobasidium purpureum*（Tul.）Pat.]。

症状：小龙柏紫纹羽病初发生于细的支根，逐渐扩展至主根、根茎。主要特点是：病根表面缠绕紫红色网状物，甚至布满厚绒布状的紫色片状物（即菌膜），后期表面着生紫色半球形核状物。病根皮层腐烂，极易剥落，木质部初呈黄褐色，湿腐，后期变为淡紫色，木质朽枯，烂根具有蘑菇味。轻病株树势衰弱，叶黄早落；重病株枝条枯死，甚至全株死亡。

图1－35　小龙柏紫纹羽病症状

发生规律：病菌利用它在病根上的菌索、菌膜和菌核，在土壤中越冬。当环境条件适应时，菌核萌发产生菌丝，侵染寄主幼根，使根部腐烂。4月开始发病，7～8月为发病盛期。低洼潮湿，排水不良，土壤中缺乏有机肥，生长衰弱的植株发病重。

防治方法：

（1）林业技术防治。对发生小龙柏紫纹羽病周围带菌的土壤，一方面彻底清除土壤中的残根、烂根、烂皮等带病残体，另一方面对土壤进行翻晒、晾晒。条件允许的最好换土。增施有机肥，保证植株健壮生长，提高抗病力。掺沙改黏，挖沟排水，改善土壤的通气状况，破坏病菌的适生环境。对覆土过厚而影响植物根系呼吸的情况，要适当铲除表土。合理修剪，降低修剪的强度和频率，加强其他病虫害的防治，保证植株健康生长，提高抗病力。适当降低种植密度，增加其通风透光，增加植物的多样性，避免大面积单一栽植，以建立一个相对平衡的生态系，从而提高抗病力。

（2）药剂防治。药剂预防必须要早。在根部土壤灌注 70% 五氯酚钠可湿性粉剂 250～300 倍液，防治效果为60%；也可在病株周围洒毒土，即每平方米40% 五氯硝基苯 8～9 克，拌 12.5～15 千克细土施于病株根部，防治效果为 68%；或在病株周围直接洒 70% 甲基托布津可湿粉剂原粉每株 8 克，防治效果为 62%。每隔 15 天施药 1 次，连续施药 3～4 次。重点控制重病区，抑制病害发生。

（3）严重病株（一般指 1/2 以上死亡的植株）及时挖除并集中烧毁，周围土壤用 50% 代森铵水剂 100～150 倍液，或 40% 五氯硝茎苯粉剂 50～100 倍毒土，或 70% 甲基托布津可湿粉剂 800～1000 倍液，或用石灰粉消毒，防治效果较好。

36. 樱花根癌病

樱花根癌病又名“冠瘿病”。

危害： 该病主要为害多种树木的苗木和幼树，轻则影响生长，重则造成枯死。

寄主： 杨树、柳树、李树、梨树、梅、桃树、杏树、海棠、樱花、苹果树、山楂、樱桃等杨柳科、蔷薇科 60 余科 330 余属 640 余种针、阔叶和草本植物。

病原： 根癌土壤杆菌［*Agrobacterium tumefaciens*］。

症状： 病害主要为害树木的根颈部及根部，也可为害地上部的主干和侧枝。最初，病部出现肿大，不久扩展成球形或半球形的瘤状物，幼瘤为乳白色或白色，按之有弹力，以后变硬，肿瘤可不断增大，表面粗糙，凹凸不平，褐色或黑褐色，表面龟裂。苗木受害后，根系发育不良，细根极少，根的数量减少，植株矮化，地上部分生长缓慢，树势衰弱，开花少，花期短，严重时叶片黄化、早落，甚至全株枯死。肿瘤可大到 2 倍或几倍于生长部位的茎和根的粗度，有时可大到拳头状。

（1）根部症状　　　　（2）枝干症状

图 1－36　樱花根癌病症状

发生规律：病菌在感病寄主的肿瘤表面和土壤中存活并越冬。在土壤中可存活1年左右，主要借雨水和灌溉水传播，也可通过工具或地下害虫传播，远距离传播靠苗木及植株的调拨。通过伤口侵入寄主，刺激细胞分裂产生大量分生组织，形成肿瘤。从侵入到症状出现，少则几周，多则1年以上。土壤潮湿、积水、碱性，有机质丰富时，发病严重。

防治方法：

(1)樱花苗栽种前，最好用1%硫酸铜液浸5～10分钟，再用水洗净，然后栽植；或利用抗根癌剂(K84)生物农药30倍浸根5分钟后定植，或切瘤灌根。

(2)发现病株集中销毁。可用刀锯切除癌瘤，然后用80%乙蒜素(抗菌剂402)乳油100～200倍液，或1%硫酸铜溶液，或40%福美砷50倍液，或0.05%～0.2%(500～2000毫克/升)链霉素，或0.05%～0.1%(500～1000毫克/升)土霉素涂抹伤口，再外涂843康复剂或凡士林保护。

(3)对病株周围的土壤，也可按每平方米50～100克的用量，撒入硫黄粉消毒，或者用乙蒜素(抗菌剂402)乳油1000倍液，或45%代森铵水剂500～800倍液浇灌杀菌，其防治效果较理想。

(4)重病区实行2年以上轮作，或用氯比苦消毒土壤后栽植。

(5)细心栽培，避免各种伤口。

(6)改劈接为芽接，嫁接用具可用0.5%高锰酸钾消毒。

37.樱花褐斑穿孔病

危害：为害樱花叶片，在叶片上形成穿孔，造成早期落叶，影响树势。

寄主：樱花、樱桃、梅、桃树、李树、杏树等核果类观赏植物。

病原：核果尾孢菌[*Cercospora circumscissa*]。

症状：樱花褐斑穿孔病主要为害叶片，也侵染新梢，多从树冠下部开始，逐渐向上扩展。发病初期，叶正面散生针尖状的紫褐色小斑点，后扩展为圆形或近圆形、直径为3～5毫米的病斑，褐斑边缘紫褐色，后期病斑上出现灰褐色霉点。病斑边缘产生离层，病斑干枯脱落，形成穿孔。该病害和细菌引起的穿孔病的区别是：细菌性穿孔病病斑开始呈水渍状圆形病斑，周围有淡黄色晕圈，病部无霉点，但在潮湿时，病斑上溢

图1－37　樱花褐斑穿孔病症状

出污黄色脓状物，干燥时病斑脱落形成穿孔。

发生规律：病原菌在感病植株枝梢病部以菌丝体越冬，或者以子囊壳在病落叶上越冬。次年春季产生分生孢子，借风雨传播，自气孔侵入寄主。该病通常自树冠下部先发病，逐渐向树冠上部扩展。每年 6 月始发，8 ~ 9 月病重。大风、多雨的年份发病严重；植株栽植过密，病害容易发生；土壤瘠薄，病害发生严重；夏季干旱，树势衰弱发病也重。日本樱花和日本晚樱等树种抗病性弱，发病重。

防治方法：

（1）药剂防治。发芽前，喷施 2 ~ 3 波美度石硫合剂，或 1% 波尔多液，或 80% 代森锰锌 600 倍液，进行树体消毒。发病初期喷施 50% 多菌灵可湿性粉剂 800 倍液，或 70% 甲基托布津可湿性粉剂 1200 倍液，或其他杀菌剂。

（2）加强栽培管理，创造良好的通风透光条件，多施磷、钾肥，增强抗病力。不要将樱花栽在风口区，干旱时及时浇水。

（3）清洁田园。秋季清除病落叶并烧毁，结合修剪剪除病枝，减少侵染源。

38. 月季白粉病

危害：白粉病是月季的一种常见病害，能为害蔷薇属多种植物。该病的发生可引起病叶卷曲、枯焦，嫩梢可枯死，花不能开放或花姿不整，影响植株的生长和观赏价值。

寄主：月季、蔷薇科植物。

病原：蔷薇单囊壳菌[*Sphaerotheca pannosa*]。

症状：白粉病为害月季的绿色器官，叶片、嫩梢、花蕾及花梗等发病重。春天，病芽展开的嫩叶正反两面都布满了白粉层，叶片皱缩、卷曲、变厚、变小，呈畸形，有时变成紫绿色，逐渐干枯死亡。生长季节成叶受侵染，首先出现白色的小粉斑，逐渐扩大为圆形或不规则的白粉斑，严重时白粉斑相互连接成片。老叶发病较轻。嫩梢及花梗发病时，受害部位略膨大，其顶部向地面弯曲。花蕾受侵染后布满白粉层，不能开放，或花姿畸形，或萎缩干枯，降低产量及观赏性。总之，受害部位的表面布满白色粉层，这是白粉病的典型特征。

图 1－38　月季白粉病症状

发生规律：病菌以菌丝在感病植株的休眠芽内越冬。次年春天芽一展开便布满白粉，这些分生孢子被风传播到幼嫩组织上，在适宜的环境条件下萌发，并通过角质层和表皮细胞壁进入表皮细胞进行为害。露地栽培月季以春季4～6月和秋季9～10月发病较多，温室栽培可整年发生。

白粉病一般在温暖、干燥或潮湿的环境易发病，降雨则不利于病害发生。施氮肥过多，土壤缺少钙或钾肥时易发该病。植株过密，通风透光不良，发病严重。温度变化剧烈，花盆土壤过干等，使寄主细胞膨压降低，都将减弱植物的抗病能力，而有利于病害的发生。

防治方法：

(1)加强栽培管理。合理栽植，注意通风透光；平衡氮、磷、钾肥用量；灌水应在晴天上午进行；结合修剪，剪除病枝、病叶及病芽，并集中销毁。

(2)早春发芽前，喷3～5波美度石硫合剂，铲除感病枝芽上的病菌。生长季节末发病前，用0.2～0.3波美度石硫合剂预防，或交替使用代森锰锌、百菌清、多菌灵等500～800倍液各1次。发病后，用25%三唑酮可湿性粉剂1500～2000倍液，或12.5%烯唑醇可湿性粉剂2000～3000倍液，或40%氟硅唑乳剂6000～8000倍液，或10%世高(苯醚甲环唑)水分散粒剂2500～3000倍液，或12.5%腈菌唑乳油4000～5000倍液，或25%敌力脱(丙环唑)乳油4000倍液，或30%特富灵可湿性粉剂1500～2000倍液，或40%灭病威悬浮剂(多硫悬浮剂)800～1000倍液，或2%嘧啶核苷类抗生素(农抗120)水剂200倍液，或2%武夷菌素(BO-10)水剂200倍液，或70%甲基托布津可湿性粉剂800倍液，或75%百菌清可湿性粉剂600倍液等交替喷雾治疗，病害开始出现时立即进行，每隔10天喷1次，连喷3～4次。

39. 月季黑斑病

危害：月季(玫瑰)黑斑病是世界性病害，国内普遍发生，以为害叶片为主，其次是叶柄、幼嫩枝条和花梗。在南方和北方等地，均发病较重。该病使叶片发黄早落，夏季4～5月和夏末8～9月病害严重时，叶片能全部落完，使月季、玫瑰秋季开花遭到毁灭性打击，并严重削弱树势。除侵染月季、玫瑰外，此病还为害蔷薇、金樱子、刺梨、黄刺玫等。

图1－39　月季黑斑病症状

寄主：月季、玫瑰、刺梨、黄刺

玫等蔷薇科植物。

病原：蔷薇放线孢菌[*Actinonema rosae*]。

症状：月季叶片、嫩枝和花梗均可受害。叶上病斑初为紫褐色至褐色小点，后扩展成直径为1.5～13毫米的圆斑，黑色或深褐色，病斑边缘纤毛状，但个别品种的边缘也可整齐光滑。病斑周围常有绿色晕圈包围。在放大镜下，病部可见黑色小点粒。病斑往往几个相连，病部周围的叶片组织大面积发黄，使得病斑成为带有绿色边缘的“小岛”。病叶容易脱落，但有些月季品种却不脱落。幼嫩枝条和花梗上产生紫色到黑色条状斑点，微下陷。病害严重发生时，整个植株下部及中部的叶片全部脱落，仅留顶部几张新叶。

发生规律：露地栽培的月季，病菌以菌丝体在芽鳞、叶痕越冬，或以分生孢子盘在枯枝落叶上越冬，次年春天产生分生孢子进行初侵染；温室栽培的月季，病菌以分生孢子和菌丝体在病部越冬。5～6月开始发病，7～9月为发病盛期。多雨、多雾、多露，雨后闷热，通风透气不良，有利于发病。据试验，叶上有滞留水分时，孢子6小时内即可萌发侵入。萌发侵入的适宜温度为20～25℃，pH为7～8。潜育期为10～11天，老叶潜育期略长，为13天。病菌可多次重复侵染，整个生长季节均可发病。一般梅雨季节发病重，炎热高温干旱季节病害扩展缓慢。植株衰弱时容易感病。品种间抗病性存在明显差异，但无免疫品种。

防治方法：

(1)加强田间管理。增施有机肥和磷、钾肥，氮肥适量，提高抗病性；合理控制栽植密度，通风透光；清除枯枝落叶，结合冬季修剪剪除有病枝条；灌水采用滴灌、沟灌，切忌喷灌，时间最好在晴天的上午，使叶片保持干燥，不利病菌孢子萌发侵入。

(2)早春发芽前，喷施3～4波美度石硫合剂或五氯酚钠200倍液，铲除病株上的越冬病菌。新叶刚展开或初发病时(6月)及时喷药，用70%甲基托布津可湿性粉剂800～1000倍液、50%多菌灵可湿性粉剂1000倍液、70%代森锰锌可湿性粉剂600倍液，75%百菌清可湿性粉剂600倍液、50%绿亨杀菌王1000～1500倍液、12.5%腈菌唑乳油4000倍液等喷雾，每隔7～10天喷1次，连喷3次。

40. 杨柳腐烂病

危害：杨柳腐烂病为杨柳树的一种主要病害，华北、东北等地区普遍发生。主要为害新疆杨、马氏杨、北京杨、青杨、毛白杨、合作杨、柳树等树木的树皮，严重时造成树木枯死。

寄主：杨树、柳树。

病原：污黑腐皮壳菌[*Valsa sordida*]。

症状：该病害为害杨树干部和枝条，表现为干腐和枯枝(枯梢)两种症状类型。

①干腐型：主要发生在主干、大枝及分叉处。发病初期，病斑呈暗褐色，水渍状，略肿胀，皮层组织腐烂变软，病皮下有酒糟味，以手压之有水渗出。发病后期，病斑失水下陷，有时病部树皮溃裂。在适宜条件下，病斑纵向扩展较横向快。当病部包围树干一周时，其以上部分即行枯死，皮层腐烂，纤维分离如麻状，木质部边材也变色。发病后期病斑上生出许多针头状大小的突起，即病菌的分生孢子器。潮湿天气时，自分生孢子器孔口挤出黄色、橙色或红色卷丝状的分生孢子角。②枯枝型：主要发生在苗木、幼树及大树枝条上。发病初期，病斑呈暗灰色，病部迅速扩展，环绕一周后，上部枝条枯死。

(1)杨树症状　　(2)柳树症状

图 1－40　杨柳腐烂病症状

发生规律：病菌以菌丝、子囊壳、分生孢子器在树皮病斑内越冬。次年春天，越冬孢子借风、雨和昆虫等媒介传播，自伤口侵入。潜育期一般为 6～10 天。腐烂病自每年 3～4 月开始发生，5～6 月为发病盛期，7 月后病势渐趋缓和，8～9 月又出现发病高峰，9 月后基本停止发展。由于各地气候条件不同，发病迟早略有差异。病菌的无性阶段在 5～9 月均可发现。分生孢子器 4 月开始形成，5～6 月大量产生，以后逐渐减少。4 月初开始出现分生孢子角，5 月中旬大量产生，雨后或潮湿天气则更多。

杨树腐烂病菌为死养生物，只能侵染生长不良、树势衰弱的树木。病菌先在各种伤口或衰弱的部位生活，并逐渐对活组织进行侵染。因此，由于立地条件的恶化或栽培管理不善等因素削弱了杨树生长势，可促进病害的大发生。新移植的幼树、大树尤易感病。土壤瘠薄，地势低洼积水或春季干旱，夏季发生日灼伤，冬季受冻害等均易诱发此病。杨树片林的迎风面或林缘的树木发病重。杨树苗木移植前假植时间过长，移植时根系受损伤，行道树整枝修剪强度过大，新植的幼树灌水不及时或受到干旱等，均易诱发病害。病害的发生与树种、树龄有关，一般认为小叶杨、加拿大杨、钻天杨较抗病，青杨类易感病。研究表明，植株的储水能力和抗水分损失力越大，抗病性越强。通常当年移植的幼树和 6～8 年生树发病重。

防治方法：

(1)林业技术防治。清除病死树、重病株，剥掉病树皮并集中销毁。加强树木肥水等养护管理，增强树势，提高抗病能力。特别是对于新移栽的树木，保持好苗木水分，修剪适宜,及时浇水养护,促使树木快速发芽、复壮,是非常重要的措施。起苗、打包、运输过程中尽量减少创伤。适地适树,选用抗性树种,营造混交林。抗病性由大到小依次为:美洲黑杨、欧美杨、黑杨派与青杨派的杂交种、青杨派品种。

(2)对风景区及行道树,秋末或春初对距地面1米以下的树干进行涂白(涂白剂配方:10份生石灰、2份硫黄粉、1份盐、20份水),也可加入适量杀虫、杀菌剂,以防冻伤和灼伤,减少虫伤,防止病菌侵入。

(3)药剂防治。①起苗前或苗子卸车后、分散栽植前,统一喷一遍常规杀菌剂。②4~5月发病初期,使用20%果复康15倍液,或70%甲基托布津可湿性粉剂50倍液,或3~5波美度石硫合剂,或50%多菌灵可湿性粉剂100倍液,或10%碱水等药剂,喷涂感病树干。③5~6月春季发病盛期,8~9月秋季发病盛期,对病斑横向长度大于树干周皮1/2的重病株及时伐除。对病斑横向长度小于树干周皮1/2的病株,可以采取刮涂法对病斑进行处理。用小刀或刮刀将病斑彻底刮除,一直刮到病斑与健康树皮交界处,再涂药。可用3.315%甲硫·萘乙酸(涂抹剂)原液、腐必清(松焦油原液)乳剂2~3倍液、2.12%腐殖酸铜(843康复剂)水剂原液、5%菌毒清水剂50倍液、60%腐殖酸钠50~75倍液、S-921发酵液、1.8%辛菌胺醋酸盐水剂50~100倍液、0.8%菌立灭二号(噻霉酮)3~5倍液、3%培福朗(双胍辛胺乙酸盐、别腐烂)糊剂等涂抹,以消毒杀菌。涂药后,再用0.005%~0.02%(50~100毫克/升)赤霉素涂于病斑周围,以促进产生愈合组织,防止病斑复发。④树干喷洒铲除剂。在树木落叶后、萌芽前,及时朝树干喷洒铲除剂,如石硫合剂、五氯酚钠,以杀死在树干上越冬的病菌。

41. 杨树溃疡病

杨树溃疡病又名“杨水泡溃疡病”。

危害:受害树种有三倍体毛白杨、加杨、柳树、核桃树等,对大苗和幼树为害严重,造成大片幼林枯死。

寄主:杨树。

病原:葡萄座腔菌[*Botryosphaeria dothidea* (Tode) Gross. et Dugg.]。

症状:为害主干。春天及秋天,树皮上出现近圆形水渍状和水泡状病斑,病斑直径约1厘米,严重时流出褐色汁液,以后病斑下陷。病斑内部坏死范围扩大,当许多病斑在皮下连接包围树干时,上部即枯死。后期病斑上长出许多针头状黑色小点,为病菌的分生孢子器。

图1-52 杨树溃疡病症状

发生规律：3月下旬开始发病,4月中旬至5月上旬为发病盛期,5月中旬后病害逐渐缓慢,至6月初基本停止,10月病害又有发展。据观察,病菌在12月上旬侵入寄主,并潜伏于寄主体内,在寄主生理失调时表现出症状。杨树树皮的膨胀度大于80%时不易感染溃疡病,小于75%时易感染溃疡病。病菌的最适生长温度为18~25℃,在pH为3.5~9时均能生长,其中以pH为6时生长发育良好。干旱瘠薄的立地条件是发病的重要诱因。在起苗、运输、栽植等生产过程中,苗木失水过多、大量伤根、定植时浇水不足等,是初栽幼树易于发病的主要原因。树势衰弱的植株易发病,生长健壮的发病少。

防治方法：

(1)林业技术防治。清除病死树、重病株,剥掉病树皮并集中销毁。适地适树,随起随栽,严禁假植期过长,缩短运输期。在起苗、运输、假植、栽植等生产过程中,尽量减少树干创伤。栽植后及时浇透水,保证栽植苗成活,减少病害。营造混交林。

(2)秋末或春初,对距地面1米以下的树干进行涂白(涂白剂配方:10份生石灰、2份硫黄粉、1份盐、20份水),也可加入适量杀虫、杀菌剂,以防冻伤和灼伤,减少虫伤,防止病菌侵入。或使用0.5波美度石硫合剂或1∶1∶160波尔多液等,对树干进行喷雾防治。

(3)植物检疫。重视苗木来源,严格检疫,清除带病苗木。

(4)药物防治。①起苗前或树苗卸车后、分散栽植前,统一喷1遍常规杀菌剂。②以秋防为主,春、秋防治相结合,以提高防效。8月和次年3月下旬至4月上旬发病初期,树干可喷洒:50%多菌灵可湿性粉剂400倍液,或70%甲基硫菌灵可湿性剂400倍液,或80%乙蒜素(抗菌剂402)400倍液,或50%代森铵可湿性粉剂400倍液,或5%菌毒清水剂100倍液,或20%农抗120水剂10倍液,或75%百菌清可湿性粉剂400倍液,或50%福美双加80%炭疽福美可湿性粉剂1500倍的混合液等,阻止病菌侵入。③5月下旬至6月和8~9月发病高峰前,使用1%溃腐灵50~80倍液涂抹病斑,处理要周到。

(5)注意选用抗病树种。白杨派、黑杨派、意大利214杨、毛白杨、中林46等树种抗病能力较强。

42. 杨树白粉病

危害：杨树白粉病发生很广泛,是杨树上常见的叶部病害。病菌也侵染新梢。

寄主：杨树。

病原：由杨球针壳菌[*Phyllactinia populi* Jacz.]、棒球针壳菌[*P. corylea* (Pers.) Karst.]和钩丝壳菌[*Uncinula adunca* (Wallr.) Lev. var. *adunca*]侵染所致。

症状：发展初期,叶片上出现褪绿色黄斑点,圆形或不规则形,逐渐扩展,发病部位表面产生白色粉状霉层(即无性世代的分生孢子)。严重时,白色粉状物可连成一片,致使整个叶片呈白色。后期,在白色粉状物上又产生黄色至黑褐色小粒点(即有性世代的闭囊壳）。病害发生严重时，叶片小，生长势衰弱，影响绿化效果。

发生规律：病菌以子囊壳在落叶或枝条上越冬，次年杨树展叶期产生子囊孢子进行初侵染，子囊孢子在温度10～15℃、相对湿度85%～90%的条件下很快萌发，侵入叶片，7天后在叶面上出现白粉。叶面的菌丝体生出分生孢子梗，产生分生孢子，在生长季节可多次再侵染。分生孢子在5～30℃均可萌发，最适温度为15～25℃。该病在春、秋两季发展迅速，干旱条件下发生较为严重。温暖、植株过密、较弱的光照、氮肥过多的土壤条件下，植株徒长，有利于发病。秋后形成闭囊壳，以后逐渐成熟、越冬。

图1－42 杨树白粉病症状

防治方法：

（1）清除病原。及时清扫病叶和落叶，并烧毁，以消灭菌源，减少次年侵染源。

（2）加强管理。树木种植不宜过密，注意通风透光。新种植的要加强水肥管理，提高树势。

（3）药剂防治。发病初期，喷施2%农抗120或武夷菌素（BO-10）100倍液，或8%菌克毒克水剂200倍液，或25%粉锈宁可湿性粉剂1500～2000倍液，或12.5%烯唑醇可湿性粉剂2000～3000倍液，或10%世高（苯醚甲环唑）水分散粒剂2500～3000倍液，或0.2～0.5波美度石硫合剂等药剂防治。每隔10天喷施1次，连喷2～3次。

43. 毛白杨锈病

危害：毛白杨锈病在我国普遍发生，主要为害幼苗和幼树的幼芽、叶片和嫩茎，严重时使芽枯死、叶片早落，影响毛白杨生长。

寄主：杨树。

病原：马格栅锈菌[*Melampsora magnusiana* Wagner]。

症状：春天，毛白杨展叶期常可见到树上满布黄色粉堆，形状像黄色绣球花的畸形病芽。严重受侵的病芽经3周左右便干枯。正常芽展出的叶片受侵后，形成黄色小斑点，以后在叶背面可见到散生的黄色粉堆，即锈病病

图1－43 毛白杨锈病症状

菌的夏孢子堆。严重时,夏孢子堆可联合成大块,且叶背夏孢子堆处隆起。严重时形成大型枯斑,甚至叶片枯死,受害叶片提早落叶。较冷的早春可在病落叶上见到赭色、近圆形或多角形的泡状物,即为锈病病菌的冬孢子堆。病菌还会为害嫩梢,形成溃疡斑。

发生规律:每年的3月底至4月初,气温升高到15~16℃时,病芽便陆续出现。一般病芽比健芽早1~2天展开,经3周左右便干枯,病芽以枝条上部为多。病芽陆续出现的时期为4周左右,但大量出现主要在4月中、下旬。由于夏孢子的重复侵染,5~6月为发病高峰期。7~8月,由于气温不断升高,不利于夏孢子的萌发侵染,故病害进入平缓期。9月初,由于气温逐渐下降,随着枝叶的二次抽发,病害又进入发展阶段,形成第二个发病高峰。10月下旬,由于温度不断降低,病害便停止发生。

防治方法:

(1)合理密植,控制灌水及施用氮肥量,增强苗木抗病力。

(2)初春病芽出现时,喷洒杀菌剂以消灭病芽,如果辅以摘除病芽,可有效控制病害的发生。从发病初期开始,每隔10~15天,喷施25%粉锈宁可湿性粉剂1500倍液,或12.5%烯唑醇可湿性粉剂2500倍液,或10%世高(苯醚甲环唑)水分散粒剂3000倍液,或50%代森铵水剂1000倍液,或50%退菌特可湿性粉剂500~800倍液。

(3)育苗区应尽可能远离发病的大苗区。

44. 榆树黑斑病

危害:榆树黑斑病发生在叶上,从早春新叶开放期起,直到晚秋都有发生。当病害发生早且严重时,则引起过早落叶,甚至导致小枝枯死,因而影响树木正常生长。

寄主:榆树。

病原:榆盾孢壳菌[*Stegophora oharana* (Nishikado et Matsumoto) Petrak]。

症状:多于初夏发病。最初在叶子表面形成近圆形乃至不规则形的褪色或黄色小斑,以后病斑扩大,直径为3~10毫米,边缘不整齐,并在病斑内产生略呈轮状排列的黑色小突起,如同蝇粪,为病原菌的分生孢子盘。雨后或经露水湿润,从盘中排出淡黄色乳酪状的分生孢子堆。10~11月,病斑上出现圆形、黑色小粒点,为病原菌的子囊壳。病斑呈疮痂状。每一片病叶上的病斑数有几个到十几个不等,有时几个病斑联合

图1-44　榆树黑斑病症状

在一起,呈不规则形的大斑。

发生规律:病原菌的子囊壳于 10 ~ 11 月发育成雏形,而后即以其在落叶中越冬,次年春季子囊和子囊孢子成熟。5 ~ 6 月,放散子囊孢子,借风、雨水传播而侵染新叶。7 ~ 8 月,形成分生孢子,进行再次侵染,继续为害叶片。也有报道称病菌可以菌丝在寄主的休眠芽内越冬,并作为初侵染来源。该病一般发生于春末夏初。外界温湿度条件与病害发生有很大关系,通常平均温度在 20℃ 以上、降雨量多、湿度大的条件,有利于病害的发生。

防治方法:

(1)晚秋或初冬时,收集并烧毁落地病叶,消灭越冬病原。在发病初期,结合林木抚育管理,及时剪除发病较重的枝叶,以减少病菌的再次侵染。

(2)在多雨的春季,可实行喷药防治。即于榆树放叶后、子囊孢子飞散前,可用 1% 波尔多液,或 80% 代森锰锌可湿性粉剂 600 倍液喷雾防病,每 2 周 1 次,连续喷 2 ~ 3 次,可取得良好的防治效果。此外,施用 50% 福美双可湿性粉剂 500 ~ 800 倍液的防病效果亦好。

45. 榆树炭疽病

危害:榆树炭疽病为害白榆、榔榆等榆类的叶片及苗木的叶柄和枝。

寄主:榆树。

病原:榆日规壳菌[*Gnomonia ulmea* (Sacc.) Thum.]和小原日规壳菌[*G. oharana* Nishik. et Matsum.]两种。

症状:夏初,在叶面上出现黄褐色近圆形的斑点,扩展后大小为 3 ~ 8 毫米。病斑上常有黑色小粒点,略成轮纹状,雨后溢出的分生孢子角呈黄丝状。秋末,病斑上形成圆形凸起的黑色小点,密集成疮痂状,是病菌的子囊壳。病害造成榆树早期落叶。

图 1 – 45　榆树炭疽病症状

发生规律:病菌子囊壳于 10 ~ 11 月成熟,即在落叶病组织中越冬。次年春天,子囊孢子飞散经风传播,进行初次侵染。分生孢子可进行再侵染。榆属的不同种和品种有一定的抗病性差异。

防治方法：

(1)该病病菌寄生专化性较强，只为害榆属植物，因此，营造阔叶或针阔叶树混交林能控制病害的蔓延。发病初期，结合林木抚育管理，及时剪除发病较重的枝叶，并带出林区进行处理，能减少病菌的重复感染。避免过度密植，疏开树冠，使林内通风透光，有利于林木的正常生育，不利于病原菌的繁殖和蔓延。选育抗病良种进行繁殖和造林。

(2)于秋末落叶后，收集或处理落地病叶，消灭越冬病原，减轻或控制病害发生。

(3)在有条件的地方，如苗圃、庭园范围内，在发病初期可实行喷药防治，用药种类有：1∶1∶160 波尔多液、80% 代森锰锌可湿性粉剂 600 倍液等，根据发生程度，一般连续喷 3～4 次。

46. 银杏叶斑病

银杏叶斑病又名“轮纹病”。

危害：是已发现的银杏主要病害之一，为害银杏叶片，甚至引起银杏提前落叶，严重影响了银杏的观赏价值，不容忽视。

寄主：银杏。

病原：银杏盘多毛孢菌［*Pestalotia ginkgo* Hori］。

症状：病害发生于叶片周缘，逐渐发展成楔形病斑，褐色或浅褐色，后成灰褐色。病健组织交界处有鲜明的黄色带。至病害后期，在叶片的正反面产生散生的黑色小点，有时成轮纹状排列。阴雨潮湿时，从小点处出现黑色带状或角状的黏块，即分生孢子堆。

图 1－46　银杏叶斑病症状

发生规律：病菌以菌丝体及子实体在病叶上越冬。经风雨或昆虫传播，引起发病。以衰弱树和树叶伤口处发病较多，特别是从虫伤处侵染发病的最多。7～8 月前后开始发病，到秋季发病加重。强风、夏季的高温干燥和曝晒较烈的环境，以及植株衰弱、树叶上虫伤较多，病害发生常严重。

防治方法：

(1)加强栽培管理。改善立地条件，合理排灌，注意基肥的施用，以有机肥为主，注意氮、磷、钾平衡施肥，避免偏施氮肥，培养健壮树势，增强抗病能力。及时收集病叶，集中烧毁。

(2)药剂防治。由于病害发生后病情发展较快，所以利用药剂控制是必不可少的手段之一。喷药的适宜时期在发病前或初期进行，可喷施 80% 代森锰锌可湿性粉剂 800 倍液，或 25% 戊唑醇水乳剂 4000 倍液，或 65% 代森锌可湿性粉剂 400～600 倍液，或 70% 甲基托布津可湿性粉剂 1000 倍液，或 50% 多菌灵可湿性粉剂 1000 倍液。用药间隔时间因病害严重程度及气候条件而定，强风过后，更应注意喷药保护。一般每隔 10 天左右喷 1 次，连续喷 2～3 次。发现虫害及时防除，以减少伤口，防止病害发生。

47. 枣疯病

枣疯病又名“丛枝病”“疯枣病”“公枣病”。

危害：枣疯病是我国枣树的严重病害之一，一旦发病次年就很少结果，发病 3～4 年后即可整株死亡，对生产威胁极大。我国南北方各枣产区均有发生。

寄主：枣树。

病原：枣植原体[*Candidatus* Phytoplasma ziziphi *et al*]。

症状：枣树地上、地下部均可染病。地上部染病主要表现为：①花柄加长，为正常花的 3～6 倍，萼片、花瓣、雄蕊和雌蕊反常生长，成浅绿色小叶。树势较强的病树，小叶叶腋间还会抽生细矮小枝，形成枝丛。②发育枝正副芽和结果母枝 1 年多次萌发生长，连续抽生细小、黄绿的枝叶，形成稠密的枝丛。③全树枝干上原是休眠状态的隐芽大量萌发，抽生黄绿、细小的枝丛。地下部染病，主要表现为根蘖丛生。

图 1－47　枣疯病症状

发生规律：枣疯病可通过嫁接和分根传播。经嫁接传播，病害潜育期在 25 天至 1 年以上。金丝小枣最易感病。土壤干旱瘠薄及管理粗放的枣园发病严重。发病初期，多半是从一个或几个大枝及根蘖开始，有时也会有全株同时发病的。症状表现是由局部扩展到全株，所以，枣疯病是一种系统性侵染病害。全树发病后，小树 1～2 年，大树 3～5 年，即可死亡。2～4 月，把当年生病枝的芽或枝嫁接在苗木的 1 年生健壮枝上，被嫁接的枝当年就能表现出症状。病原物侵入后，首先运转到根部，经增殖后，再由根部向上运行，引起地上部发病。从嫁接到新生芽上出现出症状（即潜育期）最短25天，最长可达1年以上。影响潜育期的长短主要有3个因素：一是嫁接接种时间，6月底以前嫁接的，当年就能发病，以后嫁接的要到次年才发病。二是接种部位，根部接种的当年发病早，嫁接枝干的当年发病晚或到次年才发病。三是接种量，枝（芽）接块数多或接种病原物数量大时发病快。一般苗木比大树发病快。在自然界中，除嫁接和分根传染之外，也能通过橙带拟菱纹叶蝉、中华拟菱纹叶蝉、红闪小叶蝉、凹缘菱纹叶蝉等昆虫传病。

防治方法：

（1）林业技术防治。①当个别枝条呈现疯枝症状时，于秋季树液回流前，将疯枝所在的大枝基部砍断或环剥，以阻止病原体向干部和根部运行，可延缓发病。铲除无经济价值的病株。②选用抗病的酸枣品种作砧木。③培育无病苗木，即在无枣疯病的枣园中采取接穗、接芽或分根进行繁殖，以培育无病苗木。④加强果园管理，增施碱性肥和农家肥。

（2）防治传病叶蝉。在山东中南部，可于4月下旬、5月中旬、7月中旬，喷药防治传病叶蝉。如果和清除病株措施相结合，连续应用2～3年，可明显降低发病率。

（3）药剂防治。①对发病轻的枣树，于春季枣树萌芽期或10月间，用手摇钻在病树根茎部钻孔，深达木质部边材中，每株病树滴注浓度0.1%四环素药液500毫升。②在树干基部或中下部无疤节处两侧各钻1个孔，深达木质部边材中，两孔垂直距离10～20厘米，用高压注射器注入含1万单位的土霉素药液。树干圆周30厘米以上者，用药液300～400毫升；40厘米以上者，用500～700毫升；50厘米以上者，用800～1000毫升；60厘米以上者，用1200～1500毫升。

48. 枣锈病

危害：该病发生广泛，主要为害叶片。严重时造成大量落叶，甚至全树落叶，枣果不能正常成熟，严重影响枣果产量及品质。

寄主：枣树。

病原：枣多层锈菌［*Phakopsora ziziphi－vulgaris*（P. Henn.）Diet］。

症状：发病初期，叶片背面多在中脉两侧及叶片尖端和基部散生淡绿色小点，渐形成暗黄褐色突起，即病菌的夏孢子堆。夏孢子堆埋生在表皮下，后期破裂，散放出土黄色粉状物，即夏孢子。发展到后期，在叶正面与夏孢子堆相对的位置出现绿色小点，使叶面呈现花叶状。病叶渐变灰黄色，失去光泽，干枯脱落。树冠下部先落叶，逐渐向树冠上部发展。在落叶上，有时在夏孢子堆边缘形成冬孢子堆，黑褐色，稍突起，但不突破表皮。

图 1－48　枣锈病症状

发生规律：枣芽中有多年生菌丝活动，在病落叶上越冬的夏孢子和酸枣上早发生的锈病菌是主要的初侵染源。有试验证明，外来的夏孢子也是初侵染源之一，夏孢子随风传播。在山东，一般年份在 6 月下旬至 7 月上旬降雨多、湿度高时开始侵染，7 月中、下旬开始发病和少量落叶，8 月下旬大量落叶。7～8 月降水少于 150 毫米，发病轻；降水达到 250 毫米，发病重；降水量达到 330 毫米以上，则枣锈病暴发成灾。在河北东北部，一般 8 月初开始发病，9 月初发病最盛，并开始落叶。发病轻重与降雨有关，雨季早、降雨多、气温高的年份，发病早而严重。地势低洼，排水不良，行间间种高粱、玉米等高秆作物的枣林，发病重；反之，间作矮秆作物的枣林，发病轻。

防治方法：

(1)加强栽培管理。行间不种高秆作物和西瓜、蔬菜等经常灌水的作物。合理密植，掌握适当的枣树栽植密度。合理修剪，疏除过密枝、重叠枝，使树体枝条分布合理。总之，要创造一个通风透光良好的枣园生态环境，以抑制病害的发生。

(2)冬春清扫落叶，集中烧毁，清除侵染源。

(3)化学防治。枣树发芽前，对树体喷布 3～5 波美度石硫合剂 1 次。在病害的始发期(6 月下旬或 7 月上旬)及时喷药。所用药剂有：25% 粉锈宁可湿性粉剂 1500 倍液、43% 戊唑醇悬浮剂、12.5% 烯唑醇可湿性粉剂 2000 倍液、12.5% 腈菌唑乳油 2000～3000 倍液、10% 世高(苯醚甲环唑)水分散粒剂 2000 倍液、40% 福星(氟硅唑)乳油 8000～10000 倍液、阿米西达(嘧菌酯)、75% 杜邦猛杀生干悬浮剂 800 倍液、68.75% 杜邦易保水分散性粒剂 1500 倍液、20.67% 杜邦万兴乳油 3000 倍液、12% 绿乳铜乳油 700～800 倍液、0.3 波美度石硫合剂、45% 晶体石硫合剂 300 倍液、1∶(2～3)∶300 倍量式波尔多液。每隔 10 天左右喷 1 次，连续喷 2～3 次。雨多多喷，雨早早喷。注意不同种类药剂的交替使用。

49. 紫荆角斑病

危害：该病主要为害叶片。感病严重时，叶片上布满病斑，导致叶片枯死、脱落。

寄主：紫荆。

病原：紫荆尾孢菌[*Cercospora chionea*]。

症状：多从下部叶片先感病，逐渐向上蔓延扩展。植株生长不良，多雨季节发病重，病斑呈多角形，黄褐色至深红褐色。严重时叶片上布满病斑，常连接成片，导致叶片枯死脱落。一般7月出现大量病斑，8月落叶，9月下部枝条叶片全部脱落。

图1-49　紫荆角斑病症状

发生规律：该病一般在7～9月发生，一般下部叶片先感病，逐渐向上蔓延扩展。植株生长不良，多雨季节发病重。病菌在病株残体上越冬。

防治方法：

(1)秋季清除病落叶，集中烧毁，减少次年侵染源。

(2)发病时，喷50%多菌灵可湿性粉剂700～1000倍液、70%代森锰锌可湿性粉剂600倍液，每隔10天喷1次，连续喷3～4次，均有良好的防治效果。

50. 紫荆枯萎病

危害：该病是由真菌引起的一种输导系统病害，使紫荆叶片逐渐枯萎、脱落，并可造成枝条以至整株枯死。

寄主：紫荆。

病原：镰孢菌类[*Fusarium* spp.]。

症状：病菌从根部侵入，沿导管蔓延到植株顶端。地上部先从叶片尖端开始变黄，逐渐枯萎、脱落，并可造成枝条以至整株枯死。一般先从个别枝条发病，后逐渐发展至整丛枯死。剥开树皮，可见木质部有黄褐色纵条纹，其横断面导管周围可见到黄褐色轮纹状坏死斑。

图1-50　紫荆枯萎病症状

发生规律：该病由地下根部伤口侵入植株根部，破坏植株的维管束组织，沿导管蔓延到植株顶端，造成植株萎蔫,最后枯死。病菌可在土壤中或病株残体上越冬,存活时间较长。次年 6 ~7 月,病菌借地下害虫及水流传播,侵染根部。土壤微酸性有利于发病。发病的适宜温度为28℃左右。主要通过土壤、地下害虫、灌溉水传播。一般 6 ~7 月发病较重。

防治方法:

(1)加强养护管理,增强树势,提高植株抗病能力。避免使用不腐熟肥料,以减少肥料带菌传病。

(2)苗圃地注意轮作,感病苗圃应避免连续作紫荆育苗用。或在播种前,每亩条施75% 五氯硝基苯粉剂 1.5 ~2.5 千克。及时剪除枯死的病枝、病株,集中烧毁,并用70% 五氯硝基苯或 3% 硫酸亚铁消毒处理土壤。

(3)发病严重的苗圃应进行土壤消毒。及时除去重病株,并用少量 40% 五氯硝基苯粉剂消毒,或 2% 硫酸亚铁水溶液浇灌,以浸湿周围土壤为宜。

(4)可用 50% 福美双可湿性粉剂 200 倍,或 50% 多菌灵可湿粉 400 倍,或嘧啶核苷类抗生素(农抗 120)水剂 0.01% 药液灌根。

(5)幼苗发病初期,用 50% 代森铵水剂 300 倍液,或 2% 硫酸亚铁水溶液浇灌,以药液润湿土层 10 厘米左右为宜。

51. 紫薇白粉病

危害:紫薇白粉病在我国紫薇栽培区普遍发生,发病后常使紫薇叶片、嫩枝布满白粉。发病严重者提早落叶,枝条枯死,直接影响树势和观赏效果。

寄主:紫薇。

病原:南方小钩丝壳菌[*Uncinuliella australians*]。

症状:该病主要为害叶片,并且嫩叶比老叶容易被侵染。该病也为害嫩梢、花芽及花蕾。发病初期,叶片上出现白色小粉斑,扩大后呈圆形或不规则形褪色斑块,上面覆盖一层白色粉状霉层,后期白粉状霉层变为灰色。花受侵染后,表面被覆白粉层,花穗畸形,失去观赏价值。受白粉病侵害的植株变得矮小,嫩叶扭曲、畸形、枯萎,叶片不展开、变小,枝条畸形等,严重时整个植株死亡。

图 1 – 51　紫薇白粉病症状

发生规律:紫薇白粉病菌以菌丝体在病芽、病枝条或落叶上越冬。次年春天温度适合时,越冬菌丝开始生长发育,产生大量的分生孢子,并借助气流进行传播和侵染。病害一般在4月开始发生,6月趋于严重,7~8月因为天气燥热而趋缓或停止,9~10月又再度发生。白粉病在雨季或相对湿度较高的条件下发生严重。偏施氮肥、植株栽植过密、或通风透光不良,均有利于发病。

防治方法:

(1)林业技术防治。紫薇萌枝力强,所以对于重病的植株,可以在冬季剪除所有当年生枝条,并集中烧毁,从而彻底清除病原。家庭盆栽的紫薇如果发现感染了白粉病,要及时摘除病叶,并将盆花放置在通风透光处。田间栽培要控制好栽培密度,并加强日常管理,注意增施磷、钾肥,控制氮肥的施用量,以提高植株的抗病性。

(2)药剂防治。发病严重的地区可在春季萌芽前在枝干上喷洒3~4波美度石硫合剂,杀死冬芽上越冬的菌丝体。抓住春、秋梢的嫩梢生长期或嫩叶展开期,及时喷药。可喷洒20%粉锈宁(即三唑酮)乳油1500倍液,或12.5%烯唑醇可湿性粉剂2000~3000倍液,或2%嘧啶核苷类抗生素(农抗120)水剂200倍液,或2%武夷菌素(BO-10)水剂200倍液,或80%代森锰锌可湿性粉剂600倍液,或70%甲基托布津1000倍液。每隔10天左右喷1次,连续喷2~3次,注意药剂的交替使用。

52. 紫薇褐斑病

危害:紫薇褐斑病是紫薇上广泛发生的一种病害。褐斑病发生严重时,常常会导致植物叶片大量枯黄、脱落,影响观赏和开花。

寄主:紫薇。

病原:千屈菜科假尾孢[*Pseudocercospora lythracearum* (Heald & Wolf) Liu & Guo]。

症状:紫薇褐斑病主要侵害叶片,通常是下部叶片开始发病,以后逐渐向上部蔓延。发病初期,病斑大小不一,圆形或近圆形,少许呈不规则形,颜色为紫黑色至黑色,边缘颜色较淡。随后病斑颜色加深,呈现黑色或暗黑色,与健康部分分界明显。后期病斑中心颜色转淡,并着生灰黑色小霉点。发病严重时,病斑连接成片,整个叶片迅速变黄,提前脱落。

图1-52 紫薇褐斑病症状

发生规律:病菌以分生孢子梗或子座(菌丝块)在病落叶上越冬。次年春季借风雨传播,进行初侵染和再侵染。高温、高湿及降雨频繁有利于发病。树冠下层叶片比上层叶片受害重。

防治方法：

（1）林业技术防治。及早发现，及时清除病叶。收集地表的病落叶，集中烧毁或深埋，以减少病菌来源。加强栽培管理、整形修剪，使植株通风透光。家庭盆栽的最好每年更换新土。

（2）药剂防治。发病初期，可喷洒 50% 多菌灵可湿性粉剂 800 倍液，或 50% 苯菌灵可湿性粉剂 1500 倍液，或 50% 甲基硫菌灵可湿性粉剂 800 倍液，或 80% 代森锰锌可湿性粉剂 600 倍液，或 75% 百菌清可湿性粉剂 800 倍液。

53. 紫薇煤污病

紫薇煤污病又名"煤烟病"。

危害：煤污病在花木上发生普遍，影响光合作用，降低观赏价值和经济价值。

寄主：紫薇。

病原：多为表面附生菌，少数为寄生菌。常见的有性态是山茶小煤炱菌（*Meliola camelliae*）和柳煤污病菌（*Capnodium salicinum*）。常以无性态出现，为散播烟霉［*Fumago vegans*］。

图 1－53　紫薇煤污病症状

症状：煤污病主要侵害叶片和枝条。病害先是在叶片正面沿主脉发展，以后逐渐覆盖整个叶面，严重时叶片表面、枝条甚至叶柄上都会布满黑色煤粉状物。这些黑色粉状物会阻塞叶片气孔，妨碍正常的光合作用。病菌主要是在紫薇遭受紫薇绒蚧和紫薇长斑蚜为害以后，以它们排泄出的黏液为营养，从而诱发煤污病菌的大量繁殖。发病后，由于叶面布满黑色霉层，不仅影响了紫薇的观赏价值，而且导致植株生长衰弱，提早落叶。紫薇煤污病的病原菌种类很多，引起的症状也略有差异，但黑色霉层或黑色煤粉层是该病的重要特征。

发生规律：煤污病菌以菌丝体、分生孢子或子囊座在病落叶、病枝上越冬。其菌丝、分生孢子由风、雨、昆虫等传播。在生长季节，分生孢子能进行多次再侵染。因为紫薇长斑蚜和紫薇绒蚧排泄的黏液会为煤污病菌提供营养，所以，一般在这两种虫害发生后，煤污病都会大量发生。高温、高湿、通风透光差的环境，病害发生重。该病害在 1 年中有 2 个发病高峰，即春季和秋季。

防治方法：

(1)林业技术防治。加强栽培管理，合理安排种植密度；及时修剪病枝和多余枝条，以利于通风、透光，从而增强树势，减少发病。

(2)药剂防治。做好对紫薇长斑蚜、紫薇绒蚧的防治，是预防煤污病的关键。对上年发病较为严重的植株，可在春季萌芽前喷洒 3 ~ 5 波美度石硫合剂，以消灭越冬病原。春夏发病前或发病初期，可喷洒 70% 甲基托布津可湿性粉剂 1000 倍液，或 50% 多菌灵可湿性粉剂 800 倍液，或 50% 苯菌灵可湿性粉剂 1500 倍液，或 50% 甲基硫菌灵 · 硫黄悬浮剂 800 ~ 1000 倍液，或 65% 甲霉灵可湿性粉剂 1000 倍液，或 80% 代森锰锌可湿性粉 600 倍液。于 5 月中旬起，每隔 10 天喷 1 次，共喷 3 ~ 4 次。

54. 紫叶李细菌性穿孔病

危害：紫叶李细菌性穿孔病是紫叶李的一种常见病、多发病，同时也为害桃树、碧桃、杏树、樱花等花木，发生普遍，为害严重。发病后，主要是影响植株正常生长和观赏效果。

寄主：紫叶李、桃树、碧桃、杏树、樱花等。

病原：甘蓝黑腐黄单胞杆菌桃李致病变种［*Xanthomonas campestris* pv. Pruni (Smith) Dye.］。

症状：初期感病时，叶片两面出现水渍状褐色小斑点，然后逐步扩展成 1 ~ 4 毫米、紫褐色、圆形或多角形的病斑。病斑边缘清晰，并略带轮纹，外围有紫色晕圈。最后，病斑中部脱落形成穿孔，病叶常常脱落。

图 1 – 54　紫叶李细菌性穿孔病症状

发生规律：致病细菌在枝梢病斑和病叶上越冬。借雨水、气流和昆虫传播侵染。病菌发育温度为 24 ~ 28℃。连续阴雨天或受蚜虫等昆虫为害严重时，易造成大面积流行。华北地区一般在 5 月发病，夏季高温高湿期为发病高峰期。树势衰弱或排水不良，通风透光差，病害发生严重。

防治方法：

(1)加强施肥，改良土壤，合理修剪，使植株通风透光。

(2)注意防治蚜虫、介壳虫等刺吸式害虫。

(3)春季发芽前，喷施 5 波美度石硫合剂，或 1∶ 1∶ 100 等量式波尔多液，或 30%

绿得保胶悬剂 400 ~ 500 倍液,消灭越冬菌源。

(4)发病初期喷施 72% 农用链霉素可溶性粉剂 3000 倍液,或 80% 代森锰锌可湿性粉剂 600 倍液。每隔 10 天喷施 1 次,连续喷 3 ~ 4 次,可有效控制住病情。

55. 杨树灰斑病

危害: 杨树灰斑病在东北、华北、西北和华东地区发生普遍,从小苗到大树都能发病,幼苗、幼树被害严重。该病能使叶片提早脱落,嫩梢枯顶或造成多头苗,不合乎造林要求。

寄主: 多种杨树。

病原: 杨棒盘孢[*Coryneum populinum* Bres.],有性世代为东北球腔菌[*Mycospharrerella mandshurica* Miura]。

症状: 病害多发生在叶片和嫩梢上。在叶片上,初期为水渍状斑点,很快发展成不规则形褐色病斑。病斑渐渐扩大,最后中心为灰白色(加杨为多边、褐色),边缘为灰褐色。后期病斑上产生黑绿色霉状物(即分生孢子堆)。病斑常连成大块黑斑,叶背面无明显界限。嫩梢受侵染后出现黑色梭形斑,其后变黑,萎缩下垂。杨树苗顶梢受侵染后,易出现多头梢。

发生规律: 病菌以分生孢子在落叶或者枝梢病斑中越冬。次年春季,分生孢子萌发,借风雨和气流传播,从气孔或直接侵入。潜育期为 5 ~ 10 天。1 年中分生孢子可重复侵染。东北地区 5 月下旬和 7 月上中旬发病严重,9 月下旬停止发展。连阴雨之后,病害发生严重。杨树品种不同,其抗病性有一定差异。一般苗木和幼树比大树发病严重。安徽淮北地区 6 月发病,8 月为盛发期,10 月基本停止蔓延。

图 1 – 55　杨树灰斑病症状

防治方法:

(1)加强管理。片林种植不要过密,以利于通风降湿。及时拔除大树下的萌条。

(2)种植抗病品种。小黑杨、小青杨和北京杨容易感病,沙兰杨等杨树品种较抗病,可在适宜种植的地区推广。

(3)药剂防治。发病初期,喷施 50% 速克灵可湿性粉剂 1000 倍液,或 40% 杜邦福星乳油 8000 倍液防治。

56. 杨树黑星病

危害：杨树黑星病主要为害黑杨和青杨派树种。幼苗、幼树受害较重，嫩枝叶变黑枯死，常造成苗木死亡。大树发病严重时，嫩叶变黑扭曲，老叶病斑累累，满树枯焦。

寄主：黑杨、青杨。

病原：杨黑星菌[*Venturia populina*(Vuill.)Fabr.]。

症状：为害叶、叶柄和嫩枝。嫩叶感病，变黑扭曲，很快枯死。老叶生病，常形成圆形斑点，叶正面病斑黄色，中央渐变褐色或黑褐色，病斑四周有一圈黄色晕环。叶背面病斑上长有一层黑绿色的霉层，即为病菌的分生孢子梗及分生孢子。当发病环境适宜时，叶正面病斑上也长满黑霉，并不断向外蔓延到全叶。嫩枝、叶柄、叶脉生病时，形成长条状的病斑，嫩梢生病常变黑下垂，枝叶皆枯，好似沸水烫过一样。

图 1－56　杨树黑星病症状

发生规律：病菌以分生孢子及菌丝在病落叶或病枝梢上越冬。次年春季 4～5 月借风雨传播、侵染。6 月初开始发病，7～8 月为发病盛期。树冠上部叶片发病重于下部叶片，苗木发病重于幼树和大树。密植的幼林亦发病较重。温度高、空气湿度大，有利于发病。

防治方法：

(1)秋末冬初清除病落叶及被害枝梢，集中深埋或烧毁。

(2)科学设计造林密度，注意通风透光。

(3)6 月发病初期，喷洒 1∶1∶125 波尔多液，或 0.3～0.5 波美度石硫合剂，或 80%代森锰锌可湿性粉剂 500 倍液，或 50%多菌灵可湿性粉剂 800 倍液。

57. 杨树花叶病

危害：杨树花叶病是一种世界性病害，发病后很难防治。病叶较正常叶短 1/2，且氮、磷、钾含量明显降低。幼苗高、粗生长受阻，幼树生长量至少降低 30%。严重发病的植株木材比重和强度降低，木材结构也发生异常。

寄主：杨树。

病原：杨树花叶病毒[*Poplar mosaic virus*，PopMV]。

症状：受害叶片初生褪绿小点，进而变为不规则黄绿花斑，常沿侧脉分布，叶脉呈半透明状，随高温有隐症现象。有些杨树无性系感病后，病叶发皱、变厚、变硬、变小，甚至畸形。有的叶脉和叶柄上有紫红色坏死斑，病斑中心组织枯死。

图 1－57　杨树花叶病症状

发生规律：杨树花叶病病毒可以通过嫁接传染，林业生产中主要是随带毒插条传播。目前，已知杨树花粉种子不带病毒，杨黑毛蚜和桃蚜不传病，菟丝子也不传病，其他昆虫是否传病尚待进一步研究。杨树因品种差异，其抗病性的差异也很大，I-63、I-69、I-72 杨易感病，107 等品种较抗病。不同树龄发病情况也不相同，1 年生苗木、幼树发病重，大树症状则不明显。杨树花叶病多发生于春季和秋季，夏季高温季节病害不显著。

防治方法：

(1)严格检疫苗木。在春末该病症状明显时，对所育的黑杨、青杨苗木进行产地检疫，发现病苗即清除烧掉，禁止病苗出圃。禁止从该病发生区购买杨树苗木，特别是黑杨和青杨派杨树苗木。植树造林时，禁止栽植感染该病的苗木。育苗时，禁止使用带该病毒的插条、接穗等繁殖材料培养苗木。

(2)及时清除感病树木。及时对黑杨和青杨派杨树进行疫情普查，发现病株立即刨除。

(3)培育和选用抗病品种。适于黑杨和青杨派树木生长的地方，要培育抗病的杨树品种，更新淘汰易感病的品种。

58. 杨树黑斑病

图 1－58　杨树黑斑病症状

危害：杨树黑斑病属于真菌性病害，长时间的高温、高湿环境易为黑斑病病原菌的萌发、生长提供有利条件，导致杨树黑斑病大面积暴发流行，造成杨树提前落叶，严重削弱树势。

寄主：能侵染多种杨树，以中林-46 杨受害最重。

病原：杨生盘二孢菌[*Marssoni-*

na. populi (Lib.) Magn.]。

症状：该病主要为害叶片，也能侵染嫩梢、叶柄。发病初期，多在叶面上出现圆形或近圆形针刺状紫红色小斑，2 天后小斑凹陷，5 天后病斑扩大至 1 ~ 2 毫米，黑色，其中央常生一个突起发亮的小白点，即病菌的分生孢子盘。病斑连片时成多角形斑或大圆斑，严重时全部叶片变黑、枯干甚至苗木枯死。早期落叶未死的苗木，生长很弱、矮小，扭曲不直，茎叶变黑。叶柄及嫩茎上的病斑呈梭形，黑褐色，中央稍凹陷。

发生规律：杨树黑斑病病菌在落地病叶或病梢内越冬。次年春季条件适宜时产生分生孢子，成为侵染来源，5 ~ 6 月开始发病，7 ~ 8 月雨季为发病盛期，9 月停止发病。杨树黑斑病的分生孢子具有胶黏性，只有被水稀释后通过风吹雨溅，才能由气孔侵入。所以，高温、高湿、多雨的季节发病重，重茬地、地势低洼、弱苗、苗木过密、苗木过湿都易发病。

防治方法：

（1）烟雾机防治。对于高大的树木，可组织专业队采用 6HY-25 型烟雾机集中进行施烟防治。药物可选用 8% 百菌清烟雾剂或 2.5% 氟硅唑油烟剂，防治时间应掌握在无风的早晨 5 ~ 7 时或傍晚 18 ~ 20 时。

（2）树冠喷雾防治。在病害初侵染前，最迟于雨季来临之前，向苗木和低矮的幼树喷 1∶1∶200 波尔多液、70% 代森锰锌可湿性粉剂 600 倍液、50% 多菌灵可湿性粉剂 700 倍液、70% 甲基托布津可湿性粉剂 1000 倍液等，连喷 2 ~ 3 次，控制病害发生蔓延。雨季喷药时，药液中应加入 0.3% 明胶（或豆粉汁、豆浆），防止被雨水冲洗掉。

（3）加强营林管理。增施有机肥、土杂肥，改善通风透光条件，增强树势，提高树木的抗病性；雨后要及时排除林地积水；随时清扫处理病叶、落叶，消灭病原菌。

59. 梨锈病

梨锈病又名“赤星病”。

危害：梨锈病在我国南北果区均有发生，但一般不造成严重为害，仅在果园附近种植桧柏类树木较多的风景区和城市郊区为害较重。

寄主：梨树、山楂、棠梨和海棠等。

病原：梨胶锈菌[*Gymnosporangium asiaticum*]。

症状：主要为害梨树的幼嫩绿色部分，如幼叶、幼果及新梢。梨锈病的诊断要点可以概括为“病部橙黄，肥厚肿胀，初生红点渐变黑，后长黄毛细又长”。幼叶感病，在发病初期，叶片正面出现橙黄色、有光泽的圆形小病斑，病斑边缘有黄色晕圈。随着病斑的扩大，病斑中央产生蜜黄色微凸的小粒点，为性孢子器，潮湿时小粒点上溢出淡黄色黏液（性孢子），黏液干燥后黄色小粒点变成黑色。之后，病斑组织变肥厚，正面凹陷，背面隆起，并长出几根至十几根成丛的、灰黄色毛须状物，似羊胡子，为锈孢子器，内有大量褐色锈孢子,成熟后从锈孢子器顶端的开裂处散出。病斑最后枯死,变黑褐色。发病严重时,叶片上斑痕累累,引起早落叶。幼果感病,其被害初期与叶片症状相似,后期病部长出锈孢子器,发病严重时果实畸形并早期脱落。叶柄、果柄受害后,病部橙黄色,并膨大隆起呈纺锤形,病斑上也可长出性孢子器和锈孢子器。梨锈病菌为转主寄生菌,转主寄主为柏科的桧柏、龙柏、欧洲刺柏、高塔柏、圆柏、南欧柏和翠柏等。病菌侵染转主寄主后,在小枝上产生红褐色、圆锥形的角状物或舌状物,单生或数个聚生,此为病菌的冬孢子角。春雨后,冬孢子角吸水膨胀,成为橙黄色舌状胶质块。小枝上产生冬孢子角的部位则显著膨胀。

(1)病叶背面症状

(2)转主寄主桧柏小枝条上的症状

图 1－59　梨锈病症状

发生规律:病菌以多年生菌丝体在桧柏、龙柏、欧洲刺柏等转主寄主病组织中越冬。次年 3 月下旬至 4 月,冬孢子角开始成熟。春雨后冬孢子角吸水膨胀,萌发产生担子和担孢子。担孢子随风雨传播,散落在梨树的嫩叶、新梢及幼果上,担孢子萌发直接穿透侵入或从气孔侵入。梨树从展叶开始直至展叶后 20 天容易被感染,展叶 25 天以上的叶片一般不再受感染。梨锈病菌只有初侵染而没有再侵染,1 年中只有 1 个短暂时期产生担孢子侵害梨树,且担孢子寿命不长,传播距离为 2.5 ~5 千米,最远不超过 10 千米。担孢子萌发侵入梨叶后,分别在梨叶的正、反两面形成性孢子器和锈孢子器,锈孢子器成熟后破裂,散发出锈孢子,并随气流传播。这种锈孢子不再侵染梨树,而是转移到转主寄主桧柏的嫩叶或新梢上进行侵染,并以双核菌丝在桧柏的受害小枝条上越夏和越冬,并于次年春天再度形成冬孢子角。

发病条件:

(1)转主寄主。梨锈病发生的轻重与梨园周围桧柏等柏科植物的数量和距离远近有关,尤其与 1.5 ~3.5 千米范围内的桧柏等柏科植物的数量关系最大。在担孢子传播的有效距离内,一般是桧柏等转主寄主越多,病害发生越重;反之,则病害发生越轻。

(2)气候条件。病菌一般只侵染幼嫩的组织。当梨萌芽、幼叶初展时,若温度适宜,并且天气多雨,冬孢子就会大量形成并萌发,并产生大量的担孢子。担孢子随风飘散,发病必定严重。2 ~3 月气温高,3 月下旬与 4 月下旬的雨水多,是影响当年病害发生的重要因素。

(3)越冬病菌基数。在有桧柏、龙柏等树木存在的情况下,如果在桧柏、龙柏等转主寄主树上的越冬病菌基数大,初侵染源充足,梨锈病发生就严重;反之,则发病较轻。

(4)种和品种抗病性。梨品种间抗病程度存在明显差异。感病品种有鸭梨、慈梨、严洲雪梨、二宫白、明月及今春秋等。中国梨或日本梨系统的品种比较感病。西洋梨或西洋杂交品种品系表现为抗病或免疫。

防治方法:

(1)清除转主寄主。新建梨园应远离桧柏、龙柏等柏科植物多的风景绿化区,梨园与转主寄主间的距离不能少于 5 千米。在不必要栽植桧柏、龙柏及欧洲刺柏的地区,彻底砍除果园周围 5 千米以内的桧柏等转主寄主。

(2)控制桧柏等转主寄主上的病菌。在风景绿化区,不可能彻底砍除桧柏等转主寄主,因此,需要在春雨前修剪桧柏等,剪除冬孢子角。也可以在梨树萌芽前,在桧柏等转主寄主上喷药 1 ~2 次,以抑制冬孢子萌发产生担孢子。较好的药剂有:2 ~3 波美度石硫合剂、0.3% 五氯酚钠与 2 ~3 波美度石硫合剂混合液、1∶(1 ~2)∶(100 ~160)波尔多液等。

(3)生长季节喷药保护。一般在梨树展叶期喷第 1 次药,10 ~15 天再喷 1 次即可。常用药剂有:40% 氟硅唑(福星)乳油 8000 ~10000 倍液、12.5% 腈菌唑乳油 2000 ~2500 倍液、12.5% 烯唑醇(速保利)可湿性粉剂 3000 ~4000 倍液、25% 粉锈宁可湿性粉剂 2000 ~3000 倍液、1∶2∶(200 ~240)波尔多液等。

为了防止病菌侵染桧柏、龙柏、欧洲刺柏等转主寄主,避免病菌越冬,在 6 ~7 月喷药 1 ~2 次保护转主寄主,常用药剂与梨树相同。

虫害篇

（一）食叶类害虫

1. 臭椿皮蛾[*Eligma narcissus* Cramer]

臭椿皮蛾又名“旋皮夜蛾”“椿皮灯蛾”。

危害：以幼虫为害臭椿以及臭椿的变种红叶椿、千头椿等植物的叶片，造成缺刻、孔洞，或将叶片吃光。

寄主：主要为臭椿、香椿、红椿、桃树和李树等树木。

形态特征：

成虫：体长 26 ~28 毫米，翅展 67 ~80 毫米，头及胸部褐色，腹面橙黄色。前翅狭长，翅的中间近前方自基部至翅顶有一白色纵带，把翅分为两部分，前半部灰黑色，后半部黑褐色，足黄色。

幼虫：老熟时体长 48 毫米左右，橙黄色。腹面淡黄色，头部深黄色。各节背面有一条黑纹，沿黑纹处有突起瘤，上生灰白色长毛。

蛹：长 26 毫米左右，宽 8 毫米左右，扁纺锤形，红褐色。

茧：长扁圆形，土黄色，似树皮，质地薄。

(1)成虫　　(2)幼虫

图 2－1－1　臭椿皮蛾

生物学特性：1 年发生 2 代，以包在薄茧中的蛹在树枝、树干上越冬。次年 4 月中下旬(臭椿树展叶时)，成虫羽化，有趋光性，交尾后将卵分散产在叶片背面。一雌可产卵 100 多粒。卵期为 4 ~5 天。5 ~6 月幼虫孵化为害，喜食幼嫩叶片，1 ~3 龄幼虫群集为害，4 龄后分散在叶背取食，受到振动容易坠落和脱毛。幼虫老熟后，爬到树干咬取枝上嫩皮和吐丝粘连，结成丝质的灰色薄茧化蛹。茧多紧附在 2 ~3 年生的幼树枝干上,极似树皮的隆起部分。幼虫在化蛹前,在茧内常利用腹节间的齿列摩擦茧壳,发出“嚓嚓”的声音,持续4天左右。蛹期为15天左右。7月第1代成虫出现,8月上旬第2代幼虫孵化为害,严重时将叶吃光。9月中、下旬,幼虫在枝干上化蛹作茧越冬。

防治方法:

(1)于冬、春季在树枝、树干上寻茧灭蛹。

(2)检查树下的虫粪及树上的被害状,发现幼虫人工振动枝条捕杀。

(3)化学防治。幼虫期可用20%灭扫利乳油2000倍液、2.5%功夫乳油2000倍液、2.5%敌杀死乳油2000倍液等喷洒防治,还可推广使用一些低毒、无污染农药及生物农药,如阿维菌素、B. T乳剂等。

(4)灯光诱杀成虫。

2. 蒲瑞大蓑蛾[*Eumeta preyeri* Leech]

蒲瑞大蓑蛾又名“大袋蛾”“避债蛾”。

危害:该害虫幼虫取食树叶、嫩枝及幼果,大发生时可将全部树叶吃光,是灾害性害虫。

寄主:泡桐、法桐、刺槐、杨树、柳树、榆树、核桃、苹果树、梨树等多种林木和果树。

形态特征:

成虫:雌雄异形。雌成虫足、翅均退化,仅在胸部下方着生棕色毛丛。体软,乳白色。体壁透明,体外可见所怀卵粒。腹部第7节有褐色丛毛环。体长22~30毫米。雄虫体长15~20毫米,有翅,翅展35~44毫米。体黑褐色。触角羽状,前、后翅均有褐色鳞毛,前翅有4~5个透明斑。

卵:椭圆形,淡黄色。

(1)成虫　　(2)袋囊

图2-1-2　蒲瑞大蓑蛾

幼虫:雌幼虫较肥大,黑褐色。胸足发达,胸背板角质,污白色,中部有两条明显的棕色斑纹。雄幼虫较瘦小，色较淡，呈黄褐色。

蛹：雌蛹黑褐色，体长 22 ~ 33 毫米，无触角及翅；雄蛹黄褐色，体细长，17 ~ 20 毫米，前翅、触角、口器均很明显。

生物学特性：1 年发生 1 代，极少数发生 2 代。以老熟幼虫在袋囊中挂在树枝梢上或墙壁上越冬。次年 4 月中下旬，幼虫恢复活动，但不取食。雄虫 5 月中旬开始化蛹，雌虫 5 月下旬开始化蛹，雄成虫和雌成虫分别于 5 月下旬及 6 月上旬羽化，并开始交尾产卵。6 月中旬，幼虫开始孵化，6 月下旬至 7 月上旬为孵化盛期，8 月上、中旬食害剧烈。9 月上旬，幼虫开始老熟越冬。成虫羽化一般在傍晚前后，雄蛾在黄昏时刻比较活跃，有趋光性，以夜间 8 ~ 9 点诱到的雄蛾最多，约占全夜诱获量的 80%。雌虫终生栖息于袋囊中，雄成虫从雌虫袋囊下端孔口伸入交尾器进行交配。雌虫产卵于袋囊中，每 1 雌虫可产卵 2000 ~ 3000 粒，最多可达 5000 余粒。初孵幼虫自袋囊中爬出，群集于周围叶片上，后吐丝下垂，顺风传播蔓延，4 级风可使其顺风飘落至 500 米以外。以丝撮叶或少量枝梗营造囊护体，幼虫隐匿囊中。袋囊随虫龄不断增大，取食迁移时均负囊活动，故有袋蛾和避债蛾之称。3 龄后，食叶穿孔或仅留叶脉。幼虫昼夜取食，以夜晚食害最凶，严重时可听到“沙沙”的食叶声。该虫一般在干旱年份最易猖獗成灾，6 ~ 8 月总降水量在 300 毫米以下时，将会大量发生，在 500 毫米以上时发生少，不易成灾。主要是降水后空气湿度大，影响幼虫的孵化，并易引起罹病死亡。在其喜食的二球悬铃木、泡桐等四旁林木及苗圃、栗园、茶园内，常为害猖獗。

防治方法：

（1）人工除治。秋、冬季树木落叶后，摘除越冬护囊，集中烧毁。

（2）药剂防治。①化学药剂：幼虫孵化后，用 90% 敌百虫 1000 倍液，或 80% 敌敌畏乳油 800 倍液，或 40% 氧化乐果 1000 倍液，或 25% 杀虫双 500 倍液，或 25% 灭幼脲 500 倍液喷洒，也可用 2.5% 敌百虫粉剂喷粉。②生物（或生物源）制剂：在幼虫孵化高峰期（6 月上旬）或幼虫为害期（6 月上旬至 10 月上、中旬），用每毫升含 1 亿孢子的苏云金杆菌溶液喷洒，也可用森得保可湿性粉剂 2000 ~ 3000 倍液，或 3% 高渗苯氧威乳油 3000 ~ 4000 倍液，或 1.8% 阿维菌素乳油 3000 ~ 4000 倍液，或 0.3% 苦参碱水剂 1000 ~ 1500 倍液，或 1.2% 苦·烟乳油 800 ~ 1000 倍液喷雾防治。

（3）生物防治。①喷施生物制剂。②保护和利用昆虫天敌。大袋蛾幼虫和蛹期有各种寄生性和捕食性天敌，如鸟类、寄生蜂、寄生蝇等，要注意保护和利用。

3. 国槐尺蠖[*Semiothisa cmerearia*（Bremer et Grey）]

危害：主要为害国槐、龙爪槐等。以幼虫食叶成缺刻，严重时把叶片吃光，并吐丝下垂。一般每头幼虫食叶 10 片左右。幼龄幼虫把叶咬成网状，3 龄以后取食叶肉，仅留中脉。整个幼虫期的食叶量是 1 个复叶的重量，所以平均每 1 个复叶有 1 头虫时，就可以把叶片全部吃光。国槐尺蠖是国槐的暴食性害虫,大发生时短期内即可以把整株大树叶片食光。

寄主: 国槐、龙爪槐、黄金槐等。

形态特征:

成虫: 体长 12 ~ 17 毫米,翅展 30 ~ 45 毫米。体灰褐色,触角丝状。口器发达,下唇须长卵形,突出于头部。前翅亚基线及中线浓褐色,在靠前缘处均向外缘急弯成一锐角,由黑褐色的斑块组成。后翅亚基线不明显,中线及亚外缘线均呈弧形,浓褐色。

卵: 椭圆形,长 0.58 ~ 0.67 毫米,宽 0.42 ~ 0.48 毫米,初产时绿色,后渐变暗红色至灰黑色,卵壳透明。

幼虫: 胸足 3 对,腹足 2 对。初孵时黄褐色,取食后为绿色。2 ~ 5 龄幼虫均为绿色,老熟幼虫体长 20 ~ 40 毫米,体背变为紫红色。

蛹: 长 13 ~ 16 毫米,初时为粉红色,渐变为紫色,臀棘具钩刺 2 枚。

(1) 成虫

(2) 老熟幼虫

(3) 蛹

(4) 幼虫吐丝下垂状

图 2 – 1 – 3　国槐尺蠖

生物学特性: 1 年发生 3 代。以蛹越冬。4 月中旬越冬蛹陆续羽化,5 月第 1 代幼虫出现,5 月中旬是第 1 代幼虫为害盛期,7 月上旬和 8 月中旬分别是第 2 代和第 3 代幼虫为害盛期。各代化蛹盛期分别是 5 月中下旬、7 月中旬和 8 月下旬,至 9 月底、10 月上旬,仍有少量幼虫化蛹。4 月越冬蛹于傍晚时羽化,羽化后成虫当天交尾,时间多在夜晚,历时 30 分钟左右,受惊即分开。成虫有补充营养的习性,且产卵量的多少与补充的营养有关。经补充营养的成虫比绝食者产卵量增加 2 ~ 3 倍。成虫一般喜欢在海棠花上取食来补充营养。雄成虫寿命3~19天，雌成虫寿命3~17天。卵散产于叶片、叶柄和小枝上，树冠南面最多。产卵多为19~20枚，同一雌蛾产卵比较整齐。卵产出时为绿色，渐变为暗红色，有灰白色斑纹，最后变为灰白色。围绕卵壳周边有1条黑色斑纹，卵的中间明显凹陷。这种卵于次日或当日即可孵化。幼虫孵化后，即开始取食叶片。幼虫吐丝下垂，随风飘散或借胸足和腹足攀附在树上运动。5龄后幼虫体背呈紫红色，表示幼虫进入老熟。老熟后丧失吐丝能力，多在白天沿树干向下爬或掉落地上，到土壤中化蛹。化蛹场所多位于树冠垂直投影范围内，以东南面最多。在土质松软的条件下，多数幼虫入土深度2~5厘米，少数12厘米。城市行道树上的幼虫多在绿篱下、墙根浮土中化蛹。无适宜的化蛹场所时，也可在裸露的地面化蛹，但成活率很低。

防治方法：

（1）营林措施。国槐对土壤条件的要求是土层深厚、排水通气良好，碱性强、黏度大的土壤不宜种植国槐。种植前施有机肥，追肥主要是施用无机速效肥料。不在国槐栽培地种植海棠植物，使成虫不能及时顺利补充营养，减少成虫产卵量。不可同时同地间种国槐、龙爪槐、金枝国槐等。

（2）生物防治。①大草蛉。将草蛉产的卵放2天后，待卵色发灰，即可在林间释放，释放时可以绑或用糨糊黏在植株上。大草蛉成虫抗药性很差，化学防治要尽量避免5~6月成虫期用药。②生物制剂防治。幼虫发生时，使用每克100亿孢子的苏云金杆菌菌粉，兑水稀释2000倍喷雾。温度在30℃以上效果最好。与敌百虫、菊酯类农药混用效果好。5月、7月2次用药，为害基本可以得到控制。

（3）物理机械防治。①挖蛹。重点消灭越冬虫蛹。适宜时间为当年的10月至11月初或次年3月。结合第2代、第3代挖蛹，效果会更好。挖蛹重点范围是树冠垂直投影面积内的东南方向，深度5厘米。②扑杀幼虫。4月底至9月幼虫发生期，幼虫受惊吓有吐丝下垂的习性，可采取突然振动树体或喷水等方式，使害虫受到惊吓，吐丝坠落地面，然后将其杀死。③利用黑光灯诱杀成虫。成虫羽化后，白天潜伏在墙壁或灌木丛中，夜晚出来活动，有明显的趋光性。选无风、无月、闷热天气，于晚上8~9时，用20~30瓦的黑光灯，灯距地面1.0~1.5米为宜，灯下5厘米处放水盆，水盆内放入肥皂水，害虫扑灯后落入水中。无黑光灯时用白炽灯代替。

（4）化学防治。幼龄幼虫防治是关键。3龄前使用50%灭幼脲Ⅲ号胶悬剂加水稀释1000~2500倍喷雾，效果好；或用75%辛硫磷乳油、25%的溴氰菊酯乳油、10%的氯氰菊酯乳油1500~2000倍液喷雾防治；化蛹时，可在树下撒施5%辛硫磷颗粒剂，每平方米用药3~5克，并浅锄1遍，使药剂颗粒进入土层，可杀死化蛹幼虫。

4. 柑橘凤蝶［*Papilio xuthus* Linnaeus］

柑橘凤蝶又名“橘黑黄凤蝶”“橘凤蝶”“花椒凤蝶”“黄菠萝凤蝶”“黄檗凤蝶”等。

危害：柑橘凤蝶幼虫喜食柑橘、花椒树叶。

寄主：柑橘、花椒、黄菠萝、构橘等。

形态特征：

成虫：有春型和夏型两种。春型体长 21 ~ 24 毫米，翅展 69 ~ 75 毫米；夏型体长 27 ~ 30 毫米，翅展 91 ~ 105 毫米。雌略大于雄，色彩不如雄鲜艳，两型翅上斑纹相似，体淡黄绿至暗黄，体背中间有黑色纵带，两侧黄白色。前翅黑色近三角形，近外缘有 8 个黄色月牙斑，翅中央从前缘至后缘有 8 个由小渐大的黄斑，中室基半部有 4 条放射状黄色纵纹，端半部有 2 个黄色新月斑。后翅黑色，近外缘有 6 个新月形黄斑，基部有 8 个黄斑。臀角处有 1 橙黄色圆斑，斑中心为 1 黑点，有尾突。

卵：近球形，直径 1.2 ~ 1.5 毫米，初黄色后变深黄，孵化前紫灰至黑色。

幼虫：5 龄幼虫体长 45 毫米左右，黄绿色，后胸背两侧有眼斑，后胸和第一腹节间有蓝黑色带状斑，腹部 4 节和 5 节两侧各有 1 条黑色斜纹分别延伸至 5 节和 6 节背面后相交，各体节气门下线处各有 1 白斑。第 1 节前侧具臭腺角，橙黄色。1 龄幼虫黑色，刺毛多；2 ~ 4 龄幼虫黑褐色，有白色斜带纹，虫体似鸟粪。体上肉状突起较多。

蛹：体长 29 ~ 32 毫米，鲜绿色，有褐点，体色常随环境而变化。中胸背突起较长而尖锐，头顶角状突起、中间凹入较深。

(1) 成虫

(2) 5 龄幼虫

图 2－1－4　柑橘凤蝶

生物学特性：长江流域及以北地区 1 年发生 3 代，江西 4 代，福建、台湾 6 代，以蛹在枝上、叶背等隐蔽处越冬。浙江黄岩各代成虫发生期：越冬代 5 ~ 6 月，第 1 代 7 ~ 8 月，第 2 代 9 ~ 10 月，以第 3 代蛹越冬。广东各代成虫发生期：越冬代 3 ~ 4 月，第 1 代 4 月下旬至 5 月，第 2 代 5 月下旬至 6 月，第 3 代 6 月下旬至 7 月，第 4 代 8 ~ 9 月，第 5 代 10 ~ 11 月，以第 6 代蛹越冬。3 ~ 4 月羽化出的为春型成虫，7 ~ 8 月羽化出的为夏型成虫。成虫白天活动，善于飞翔，中午至黄昏前活动最盛，喜食花蜜并交尾。卵散产于嫩芽上和叶背，卵期约 7 天。幼虫孵化后先食卵壳，然后食害芽、嫩叶及成叶，共 5 龄。一头 5 龄幼虫每昼夜可取食 5 ~ 6 片叶。幼虫遇惊时伸出臭腺角，发出难闻气味以避敌害，老熟后多在隐蔽处吐丝作垫，以臀足趾钩抓住丝垫，然后吐丝在胸腹间环绕成带，缠在枝干等物上，头斜向悬空化蛹（此蛹称“缢蛹”）越冬。天敌有凤蝶金小蜂和广大腿小蜂等。

防治方法：

（1）人工捕杀幼虫和蛹。

（2）保护和引放天敌。为保护天敌，可将蛹放在纱笼里置于园内，寄主蜂羽化后飞出再行寄生。

（3）药剂防治。可用每克 300 亿孢子青虫菌粉剂 1000 ~ 2000 倍液、40% 敌・马乳油 1500 倍液、40% 菊・杀乳油 1000 ~ 1500 倍液、90% 敌百虫晶体 800 ~ 1000 倍液、10% 溴・马乳油 2000 倍液、80% 敌敌畏或 50% 杀螟松或 45% 马拉硫磷乳油等 1000 ~ 1500 倍液，于幼虫低龄期喷洒。

5. 黄钩蛱蝶［*Polygonia c - aureum*（Linnaeus）］

黄钩蛱蝶又名“黄蛱蝶”“葎胥”。

危害：属单食性害虫，以幼虫为害麻笋和麻叶，影响植物光合作用，使植物生长受阻，影响麻的产量和质量。

寄主：麻笋、大麻、亚麻、一串红、小丽花、柑橘、榆树、梨树等。

形态特征：

成虫：雌虫体长 25 毫米，翅展 70 毫米，棕黄色。前、后翅外缘有黑色锯齿纹，各有 8 ~ 9 个三角形黄色斑，前翅中央有一褐色的楔形纹，前缘及外缘灰褐色。头部黄褐色，前额有光泽，头顶有密毛。触角黑色球棒状。口器卷曲时如钟表发条。复眼大，赤黑色，有光泽。胸部腹面黑色，有黄色毛块，前胸背面有两丛黄色毛，中、后胸黑色，两侧有稀疏黄毛。腹部较肥大，分 8 节。中央暗褐色，披长毛，腹末有 1 丛绒毛包围着产卵管，产卵时伸出褐色长管。雄成虫身体较小，体长 20 毫米，体色较雌成虫鲜艳，毛少。

卵：长 0.9 ~ 1 毫米，椭圆形，卵壳上有 12 ~ 14 条隆起线。初产鲜黄色，后棕黄色，近孵化时灰褐色。

幼虫：老熟幼虫体长 30 ~ 35 毫米。头部漆黑色，有“八”字形金黄色蜕裂线，单眼及口器黑褐色。胸、腹部背面生有枝刺，前胸 2 根，中、后胸各 4 根，腹部第 1 ~ 8 节各 6 根，末端 2 节各 2 根。枝刺基部蜡黄色，其余紫黑色，每根枝刺上生有刺毛 12 根。背线、亚背线、气门下线暗紫色。各体节皆黄白色。末节钳状。腹部两侧各有气门 8 个。胸足黑色，有光泽，腹足及尾足内侧及外面基部和末端赤黄色，腹足趾钩中列式。雄虫蜕皮 8 次，雌虫蜕皮 9 次。

蛹：悬蛹，体长 20 ~ 25 毫米，体色土褐色。身体顶部有 2 尖突，侧部两突起不尖锐，成钝角，胸背有 1 纵向大尖突，有的个体无。腹背各节均有两尖突排成两列，仅第1 对尖突和后胸背面有 2 块银斑闪光。口器、触角黄色，翅脉、气孔及尾端黑褐色，头、胸部背面有黑褐色斑点。近羽化时,口器、触角暗黄色,足、翅灰白色,翅脉及气孔棕褐色。

(1)成虫

(2)卵

(3)幼虫

(4)蛹

图 2-1-5 黄钩蛱蝶

生物学特性:1 年多代。除了冬季外,成虫生活在平地至低海拔山区。喜访花、吸水。以幼虫在麻地以外的枇杷树、橘树、竹林、湖草、蚕豆、杂草丛、山坡茅草、灌木丛林的树叶背面及背风向阳的土坡裂缝内越冬。成虫飞翔力弱,中午温度高时较为活跃。初孵幼虫群集于麻叶上,取食表皮,叶肉呈焦枯状,早晨、傍晚群集在茎秆顶部背太阳一边为害植物,易于捕捉和药杀。早春温度 17℃以上时即向麻田迁移。8 月温度在 28℃左右,降雨量在 250 毫米以上,蛹、成虫、卵生存率高,发生严重。

防治方法:

(1)草把诱杀。利用幼虫群集趋暖越冬的习性,在幼虫向越冬场所迁移前,在麻田插草把(草把上部捆紧,下部散开,形似半开的伞),诱集越冬幼虫,然后集中消灭。

(2)留麻脚诱杀。在收获头麻、二麻时,每蔸麻留 1~2 根脚麻,能把幼虫诱集到脚麻上为害,第二天早晨捕杀,也可结合农事活动捕杀幼虫。

(3)药剂防治。应在幼虫初龄阶段用药,可用 2.5% 敌百虫粉剂或 1.5% 乐果粉剂,每亩 1.5~2 千克喷粉,也可用 40% 久效磷乳油、50% 乐果乳油 1000~1500 倍液、50% 辛硫磷乳油 1000 倍液、20% 三唑磷乳油 700 倍液、25% 爱卡士乳油 800 倍液、44% 速凯乳油 1000 倍液、10% 赛波凯乳油 2000 倍液、0.12% 天力 Ⅱ 号(灭虫丁)可湿性粉剂

1000 倍液、5% 锐劲特悬浮剂 1500 倍液喷雾。

(4)生物防治。可采用细菌杀虫剂，如国产苏云金杆菌乳剂或青虫菌 6 号液剂，通常采用 500 ~ 800 倍液。

6. 黑脉蛱蝶[*Hestina assimilis* (Linnaeus)]

危害：黑脉蛱蝶是蛱蝶科较大型的种类，全国各地均有分布，多在林区出现。飞行迅速，不易抓捕，但一旦停下来就很好认出，它的标志是后翅亚外缘的 4 ~ 5 个红斑。和大多数蛱蝶一样，黑脉蛱蝶成虫的主食仍然是各种树汁、腐烂水果等腐殖质的稀释液，也经常飞到地面，在潮湿的土壤里吸食水分和矿物质。

寄主：幼虫主要以榆科朴属的植物为食，如朴树、珊瑚朴等。

形态特征：

成虫：翅面淡灰绿色，翅脉黑褐色。前翅有几条横带，留出淡绿色部分成斑状。翅展 70 ~ 93 毫米。后翅亚外缘后半部有 4 ~ 5 个红色斑纹，有些红斑内有黑点；外缘后半部微向内凹，雄蝶尤为明显。翅反面的斑纹、色彩同正面。雌雄外观几近相同。

卵：近球形，一端略平，其上具 18 ~ 20 条纵脊，顶部有一精孔。卵径 1.21 ~ 1.30 毫米，高 1.36 ~ 1.44 毫米。初产卵淡绿色，随时间颜色渐变为深绿色，且表面出现大量黑色斑点，孵化前卵壳呈白色透明膜状，顶端可见黑色的幼虫头部。

幼虫：体状圆柱形，臀足欠发达，并具叉锥状尾棘。低龄幼虫体色绿色，密布白色棘毛。头褐色且头侧各具 3 个白色小棘突，角状棘刺顶端二分叉，棘刺各具 6 个灰褐色小棘突。老龄幼虫体色深绿色，身体纺锤形，体两侧具 2 条气门下线。亚背线处棘状突起颜色变浅，棘刺变为深绿色，头两侧 3 对小棘突变为黄绿色。尾棘并拢。

蛹：透明绿色，左右扁平，腹面宽厚，稍近直线，背面薄削，构成锋利棱线，呈圆弧状。腹部背侧略外凸，第 2 ~ 7 腹节具棘列。其中位于第 7、10 体节腹面锋线上各具 1 个淡黄色斑点，第 7 ~ 10 体节腹面沿气门线各具 1 个淡黄色斑点。全蛹长约 26 毫米，宽约 15 毫米。

(1)成虫

(2)幼虫

图 2 – 1 – 6　黑脉蛱蝶

生物学特性： 华东地区的黑脉蛱蝶 1 年发生 3 代，冬天以幼虫形态越冬。11 月，幼虫会从树上爬下来，躲进地上的落叶里，此时它们会变成跟落叶一样的枯黄色，头上的角也变短。越冬期长达 5 个月，直至次年 4 月幼虫才会解除休眠，爬上树化蛹。它的蛹也是拟态了树叶的造型。

防治方法： 参考柑橘凤蝶、黄钩蛱蝶的防治方法。

7. 茸毒蛾[*Calliteara pudibunda*]

茸毒蛾又名“丽毒蛾”“苹毒蛾”“苹叶纵纹毒蛾”。

危害： 茸毒蛾是一种广布性害虫。国内分布于黑龙江、吉林、辽宁、河北、山西、山东、河南、陕西、浙江、台湾等地。该虫寄主广泛、食性杂、繁殖快，给林业生产带来了较大损失。

寄主： 桦树、栎树、橡树、榛树、槭树、椴树、鹅耳枥、山毛榉、梧桐、棕榈、栗、柳树、杨树、蔷薇、李树、山楂树、苹果树、梨树、樱桃等多种林木，以及多种草本植物。

形态特征：

成虫： 体长 14 ~ 18 毫米，圆锥形。雄虫翅展 35 ~ 45 毫米，雌虫翅展 45 ~ 60 毫米。头、胸部灰褐色，触角干灰白色，栉齿黄棕色；下唇须白灰色，外侧黑褐色；复眼四周黑色；足白黄色，胫节、跗节上有黑斑。腹部灰白色。雄蛾体褐色，前翅灰白色，分布黑色和褐色鳞片，亚基线黑色略带波浪形，内横线具黑色宽带，横脉纹灰褐色有黑边，外横线黑色双线，大波浪形，缘线具一列黑褐色点，缘毛灰白色，有黑褐色斑；后翅白色带黑褐色鳞片，缘毛灰白色。雌蛾色浅，前翅灰白色，翅基前缘有一黑点，内、外横线及亚外缘线均为灰褐色波状纹，后翅白色。足白色，跗节背面有 4 个黑点。

（1）成虫

（2）幼虫

图 2－1－7　茸毒蛾

卵： 扁圆形，黄青绿色至浅褐色，中央具 1 凹陷。

幼虫： 老熟幼虫体长 52 毫米左右，体黄绿色或黄褐色，头部黄色，第 1 ~ 5 腹节间黑色,第 5 ~8 腹节间微黑色,亚背线在第 5 ~8 腹节为间断的黑带,体腹面黑灰色,前胸两侧有向前伸的黄色毛束,第 1 ~4 腹节背面各有一褐黄色毛刷,四周生白毛,第 8 腹节背面有一紫红色毛束。足黄色,跗节上有长毛。腹足基部黑色,外侧有长毛,气门灰白色。

蛹:浅褐色,背生长毛束,腹面光滑,臀棘短圆锥形,末端具多个小钩。

茧:黄褐色,外附幼虫体毛。

生物学特性:东北 1 年发生 1 代,以幼虫在树皮缝、杂草丛和落叶中越冬。长江下游地区 1 年发生 3 代,以蛹在树皮缝、杂草丛、屋檐下等处越冬。次年 4 月中下旬成虫羽化,多在 21 时后羽化、交尾、产卵。成虫具趋光性,雄性较雌性趋光性强,昼伏夜出,白天静伏于叶子背面、树木伤疤、裂缝处。成虫寿命 4 ~7 天。越冬代成虫产卵于树皮上,其他代成虫产卵于叶片上,成块状排列。卵历期 10 天左右。5 月上旬出现第一代幼虫,6 月下旬出现第 2 代幼虫,8 月中旬出现第 3 代幼虫,9 月上旬幼虫开始化蛹,进入越冬期。幼虫共 5 龄,1 ~2 龄期群集生活,啃食叶肉。进入 3 龄期,分散取食。进入 5 龄期,食量大增,可将叶片食光。3 龄以后的幼虫较活跃,善于爬行。受惊后体蜷曲,收缩、假死落地片刻后,迅速爬行。幼虫期体色黑黄、浅黄等色多变。第 1、2 代幼虫化蛹多在树皮缝、枝杈、伤疤、丛枝中。茸毒蛾靠成虫迁飞传播,靠交通工具携带幼虫远距离传播。纯林受害重,混交林受害轻。

防治方法:

(1)林业技术防治。营造混交林,改造纯林。加强栽培管理,增强树势,提高植株抵抗力。提高林木对害虫的自控能力,及时清理杂草、枯枝,减少虫源。

(2)物理防治。利用幼虫期假死习性,在虫害发生时猛击树干,幼虫振落后集中杀灭。用成虫趋光性,在成虫发生期悬挂黑光灯或频振式杀虫灯进行诱杀。

(3)化学防治。幼虫发生初期及时喷施杀虫剂,可选用 40% 乐果 1500 倍液、98% 巴丹 1000 倍液、2.5% 敌杀死 8000 倍液,20% 除虫脲悬浮剂 2000 倍液、2.5% 溴氰菊酯 3000 ~6000 倍液、90% 敌百虫 800 ~ 1000 倍液。大面积林木可用飞机喷洒 25% 灭幼脲。同时也可选用钻孔注药的方法,在树干基部钻孔,根据树木胸径粗细钻 2 ~5 个孔,可选用 50% 甲胺磷或 40% 氧化乐果注原液,每孔注 2 ~3 毫升,兼防天牛等蛀茎害虫及多种食叶类害虫。

(4)生物防治。保护和利用天敌,林间天敌种类丰富,自然寄生率较高,应该大力保护利用使其充分发挥生态系统的自控能力。也可在成虫产卵高峰期释放赤眼蜂,在幼虫发生期可撒施白僵菌、绿僵菌,均可取得较好的防治效果。

8. 双齿绿刺蛾[*Latoia hilarata* Staudinger]

危害:双齿绿刺蛾低龄幼虫多群集叶背取食叶肉,3 龄后分散食叶成缺刻或孔洞,白天静伏于叶背,夜间和清晨活动、取食,严重时常将叶片吃光。

寄主:主要为海棠、紫叶李、桃树、山杏、柿树、白蜡等。

形态特征:

成虫:体长 7 ~ 12 毫米,翅展 21 ~ 28 毫米,头部、触角、下唇须褐色,头顶和胸背绿色,腹背苍黄色。前翅绿色,基斑和外缘带暗灰褐色,基斑在中室下缘呈角状外突,略呈五角形;外缘带较宽与外缘平行内弯。后翅苍黄色,外缘略带灰褐色,臀色暗褐色,缘毛黄色。足密被鳞毛。雌虫触角丝状,雄虫触角栉齿状。

卵:长 0.9 ~ 1.0 毫米,宽 0.6 ~ 0.7 毫米,椭圆形扁平、光滑。初产乳白色,近孵化时淡黄色。

幼虫:体长 17 毫米左右,蛞蝓形,头小,大部缩在前胸内,胸足退化,腹足小。体黄绿至粉绿色,前胸背板有 1 对黑斑,背线天蓝色,两侧有蓝色线,亚背线宽,杏黄色。各体节均有 4 个瘤状突起,丛生粗毛,中、后胸背面及腹部第 6 节背面上的刺毛为黑色,腹末并排有 4 个黑色绒球状毛丛。

蛹:长 10 毫米左右,椭圆形,肥大,初乳白至淡黄色,渐变淡褐色,复眼黑色,羽化前胸背淡绿色,前翅芽暗绿色,外缘暗褐色,触角、足和腹部黄褐色。

茧:扁椭圆形,长 11 ~ 13 毫米,宽 6.3 ~ 6.7 毫米,钙质较硬,色多同寄主树皮色,一般为灰褐色至暗褐色。

(1)成虫

(2)幼虫

(3)为害状 1

(4)为害状 2

图 2 - 1 - 8　双齿绿刺蛾

生物学特性：1 年发生 2 代，以蛹在树体上越冬。4 月下旬开始化蛹，蛹期 25 天左右，5 月中旬开始羽化，越冬代成虫发生期为 5 月中旬至 6 月下旬。成虫昼伏夜出，有趋光性，对糖醋液无明显趋性。卵多产于叶背中部、主脉附近，块生，形状不规则，多为长圆形，每块有卵数十粒，单雌产卵量百余粒。成虫寿命 10 天左右。卵期 7 ~ 10 天。第 1 代幼虫发生期为 8 月上旬至 9 月上旬，第 2 代幼虫发生期为 8 月中旬至 10 月下旬。幼虫在 10 月上旬陆续老熟，爬到枝干上结茧越冬，以树干基部和粗大枝杈处较多，常数头至数十头群集在一起。

防治方法：

(1) 防治应掌握好时机，秋冬季人工挖虫茧烧毁。幼虫群集时，摘除虫叶，人工捕杀幼虫。

(2) 成虫发生期，利用黑光灯诱杀成虫。

(3) 幼虫 3 龄前，可选用生物或仿生农药，如可施用每毫克 16000 国际单位苏云金杆菌可湿性粉剂 500 ~ 700 倍液、20% 除虫脲悬浮剂 2500 ~ 3000 倍液等。幼虫大面积发生时，可喷施 50% 辛硫磷乳油 1000 ~ 1500 倍液、20% 菊杀乳油 1000 ~ 1500 倍液进行防治。

(4) 保护天敌，如刺蛾广肩小蜂、绒茧蜂、螳螂、蝽等。

9. 丝棉木金星尺蠖［*Calospilos suspecta* Warren］

丝棉木金星尺蠖又名“丝棉木金星尺蛾”。

危害：食叶害虫，常暴发成灾，短期内将叶片全部吃光。引起小枝枯死，或者幼虫到处爬行，既影响绿化效果，又有碍市容市貌。

寄主：丝棉木、大叶黄杨、扶芳藤等。

形态特征：

成虫：雌虫体长 12 ~ 19 毫米，翅展 34 ~ 44 毫米。翅底银白色，具淡灰色及黄褐色斑纹，前翅外缘有 1 行连续的淡灰色纹，外横线成 1 行谈灰色斑，上端分叉，下端有 1 个红褐色大斑；中横线不成行，在中室端部有 1 大灰斑。翅基有 1 深黄、褐、灰三色相间花斑；后翅外缘有 1 行连续的淡灰斑，外横线成 1 行较宽的淡灰斑，中横线有断续的小灰斑。斑纹在个体间略有变异。前后翅平展时，后翅上的斑纹与前翅斑纹相连接，似由前翅的斑纹延伸而来。前后翅反面的斑纹同正面，唯无黄褐色斑纹。腹部金黄色，有由黑斑组成的条纹 9 行，后足胫节内侧无丛毛。雄虫体长 10 ~ 13 毫米，翅展 32 ~ 38 毫米；翅上斑纹同雌虫；腹部亦为金黄色，有由黑斑组成的条纹 7 行，后足胫节内有 1 丛黄毛。

卵：椭圆形，长 0.8 毫米，宽 0.6 毫米，卵壳表面有纵横排列的花纹。初产时灰绿色，近孵化时呈灰黑色。

幼虫：老熟幼虫体长 28 ~ 32 毫米；体黑色，刚毛黄褐色，头部黑色。前胸背板黄色，有3个黑色斑点，中间的为三角形。背线、亚背线、气门上线、亚腹线蓝白色，气门线、腹线黄色较宽；臀板黑色，胸部及腹部第6节以后的各节上有黄色横条纹。胸足黑色，基部淡黄色。腹足趾钩为双序中带。

蛹：纺锤形，体长9~16毫米，宽3.5~5.5毫米，初化蛹时头、腹部黄色。胸部淡绿色，后逐渐变为暗红色。腹端有1分叉的臀刺。

(1)成虫

(2)幼虫

图2-1-9　丝棉木金星尺蠖

生物学特性：1年发生4代。以蛹在土中越冬。次年3月中下旬越冬成虫羽化，第1代成虫5月下旬至7月上旬发生，第2代成虫7月中旬至9月上旬发生，第3代成虫9月中旬至10月中旬发生。10月下旬以第4代老熟幼虫入土化蛹越冬。成虫多在夜间羽化，白天较少。成虫白天栖息于树冠、枝、叶间，遇惊扰做短距离飞翔，夜间活动，有弱趋光性。成虫无补充营养习性，一般于夜间交尾，少数在白天进行，持续6~7小时。不论雌雄成虫，一生均只交尾1次。交尾分离后，于当天傍晚即可产卵，多成块产于叶背，沿叶缘成行排列，少数散产。每雌产卵2~7块，每块有卵1~195粒不等。平均每雌产卵258粒左右，遗腹卵15粒左右。幼虫共5龄，初龄幼虫活泼，迅速爬行扩散寻找嫩叶取食，受惊后立即吐丝下垂，可飘移到周围枝条上。幼虫在背光叶片上取食，1~2龄幼虫取食嫩叶叶肉，残留上表皮，或咬成小孔，有时亦取食嫩芽；3龄幼虫从叶缘取食，食成大小不等的缺刻；4龄幼虫取食整个叶片仅留叶柄；5龄幼虫不仅可取食叶柄，还可啃食枝条皮层和嫩茎。幼虫昼夜取食，每次蜕皮均在3~9时进行，往往蜕皮后幼虫食尽蜕下的皮蜕，仅留下硬化的头壳。幼虫老熟后大部沿树干下爬到地，少数吐丝下坠落地，而爬行到树干基部周围疏松表土3厘米中或地被物下化蛹，经2~3天预蛹期，最后蜕皮化蛹。

防治方法：

(1)人工防治。冬、春季节加强管理，松土灭蛹。利用幼虫吐丝下垂习性，可振落收集幼虫捕杀。

(2)生物防治。幼虫发生期，喷洒每克含孢子100亿的苏云金杆菌可湿性粉剂的100

倍液,杀虫效果达85%以上。保护和利用天敌,如凹眼姬蜂、细黄胡蜂、赤眼蜂、两点广腹螳螂、白僵菌等多种天敌。也可释放赤眼蜂(卵寄生蜂),其寄生率为40% ~77%。

(3)化学防治。幼虫发生期,喷90%晶体敌百虫、50%杀螟松乳油、80%敌敌畏乳油1000倍液,或45%丙溴辛硫磷1000倍液,或20%氰戊菊酯1500倍液加乐克(5.7%甲维盐)2000倍混合液,杀虫效果可达95%以上。

(4)物理防治。采用黑光灯诱杀成虫。

10. 霜天蛾[*Psilogramma menephron* (Gramer.)]

霜天蛾又名"泡桐灰天蛾""梧桐天蛾""灰翅天蛾"。

危害: 幼虫取食植物叶片,使受害叶片出现缺刻、孔洞,甚至将全叶吃光。

寄主: 主要为白蜡、金叶女贞和泡桐,其次为丁香、悬铃木、柳树、梧桐树等多种园林植物。

形态特征:

成虫: 头灰褐色,体长45 ~50毫米,体翅暗灰色,混杂霜状白粉。翅展90 ~130毫米。胸部背板有棕黑色似半圆形条纹,腹部背面中央及两侧各有1条灰黑色纵纹。前翅中部有2条棕黑色波状横线,中室下方有2条黑色纵纹。翅顶有1条黑色曲线。后翅棕黑色,前、后翅外缘由黑白相间的小方块斑连成。

卵: 球形,初产时绿色,渐变黄色。

幼虫: 绿色,体长75 ~96毫米,头部淡绿,胸部绿色,背有横排列的白色颗粒8 ~9排;腹部黄绿色,体侧有白色斜带7条;尾角褐绿色,上面有紫褐色颗粒,长12 ~13毫米,气门黑色,胸足黄褐色,腹足绿色。

蛹: 红褐色,体长50 ~60毫米。

(1)成虫

(2)幼虫

图2 -1 -10 霜天蛾

生物学特性: 霜天蛾每年发生1 ~3代,以蛹在土室中越冬。成虫散产卵于寄主叶部,每处1粒。成虫6 ~7月出现,白天隐藏于树丛、枝叶、杂草、房屋等暗处,黄昏飞出活动，交尾、产卵在夜间进行。成虫的飞翔能力强，并具有较强的趋光性。卵多散产于叶背面，卵期 10 天。幼虫孵出后，多在清晨取食，白天潜伏在背阴处，先啃食叶表皮，随后蚕食叶片，咬成大的缺刻和孔洞，甚至将全叶吃光，以 6～7 月为害严重，地面和叶片可见大量虫粪。10 月后，老熟幼虫入土化蛹越冬。

防治方法：

（1）冬季翻土，杀死越冬虫蛹。

（2）杀虫灯诱杀成虫。

（3）根据地面和叶片的虫粪、碎片，人工捕杀幼虫。

（4）幼虫 3 龄前，可施用每毫克 16000 国际单位苏云金杆菌可湿性粉剂 1000 倍液、25% 灭幼脲 2000～2500 倍液、20% 米满悬浮剂 1500～2000 倍液、50% 锌硫磷 2500 倍液、80% 敌敌畏乳油 800～1000 倍液、2.5% 溴氰菊酯 2000～3000 倍液等药物，防治效果较好。

（5）保护螳螂、胡蜂、茧蜂、益鸟等天敌。

11. 黄褐天幕毛虫［*Malacosoma neustria testacea* Motschulsky］

黄褐天幕毛虫为枯叶蛾科天幕毛虫属的害虫，因为幼虫吐出的丝织成的网幕很大，很像帐篷，所以也叫“天幕毛虫”。

危害：喜欢取食阔叶树的叶子，大发生时，将整片林木树叶吃光，严重影响树木生长和景观，是林木重要食叶害虫。

寄主：梨树、苹果树、海棠、桃树、李树、杏树等果树和杨树、柳树、榆树等。

形态特征：

成虫：雌雄差异很大。雌虫体长约 20 毫米，翅展约 40 毫米，全体棕黄色。触角锯齿状。前翅中央有深褐色宽带，宽带两边各有 1 条黄褐色横线。雄虫体长 15～17 毫米，翅展约 32 毫米，全体淡黄色，触角羽毛状，前翅具 2 条褐色细横线。

卵：圆筒形，灰白色，高约 1.3 毫米。每 200～300 粒紧密黏结在一起环绕在小枝上，如“顶针”状。

（1）幼虫　　（2）网幕

图 2-1-11　黄褐天幕毛虫

幼虫：低龄幼虫身体和头部均黑色，4 龄以后头部蓝黑色。老熟幼虫体长 50 ~ 55 毫米，暗青色或蓝黑色，背线黄白色，两侧各有 2 条橙黄色条纹。腹部各节背面具黑色毛瘤数个，其上生许多黄白色长毛，腹面暗褐色。腹足趾钩双序缺环。

蛹：体长 17 ~ 20 毫米，黄褐色至黑褐色。蛹体有淡褐色短毛。化蛹于黄白色丝质茧中。

生物学特性：1 年发生 1 代，以完成胚胎发育的小幼虫在卵壳内越冬。春季花木发芽时，幼虫钻出卵壳，为害嫩叶，以后转移到枝杈处吐丝结网，1 ~ 4 龄幼虫白天群集在网幕中，晚间出来取食叶片，5 龄幼虫离开网幕分散到全树暴食叶片，5 月中、下旬陆续老熟，爬到树皮缝隙、阔叶树叶或枝上、灌木或杂草丛中结茧化蛹。6 ~ 7 月为成虫盛发期，成虫晚间活动，产卵于当年生小枝上，幼虫胚胎发育完成后不出卵壳即越冬。

防治方法：

（1）人工防治。在树木冬剪时，注意剪掉小枝上的卵块，集中烧毁。如认真执行，收效显著。春季，幼虫在树上结的网幕显而易见，在幼虫分散以前，及时捕杀。分散后的幼虫，可振树捕杀。

（2）物理防治。成虫有趋光性，可放置黑光灯或高压汞灯防治。

（3）生物防治。保护卵寄生蜂，将卵块放入天敌保护器中，使卵寄生蜂羽化后飞回林间。

（4）药剂防治。尽量选择在低龄幼虫期防治。此时虫口密度小，为害小，且虫的抗药性相对较弱。常用药剂有 80% 敌敌畏乳油 1500 倍液、52.25% 农地乐乳油 2000 倍液、90% 敌百虫晶体 1000 倍液、50% 辛硫磷乳油 1000 倍液、25% 爱卡士乳油或 50% 混灭威乳油或 50% 对硫磷乳油 1500 倍液、50% 杀螟松乳油或 50% 马拉硫磷乳油 1000 倍液、10% 溴马乳油和 20% 菊马乳油 2000 倍液、2.5% 功夫或 2.5% 敌杀死乳油 3000 倍液、10% 天王星乳油 4000 倍液。

12. 旋花天蛾 [*Herse convolvuli* Linnaeus]

旋花天蛾又名“白薯天蛾”“甘薯叶天蛾”。

危害：该虫食量很大，严重时能把叶片食光，影响产量甚大。第 1 代幼虫为害春薯，第 2、3 代为害春、夏薯，第 4 代为害夏薯，全年以 8 ~ 9 月为害最重。

寄主：烟草、甘薯、蕹菜、牵牛花、月光花等植物以及芋艿、葡萄、楸树、扁豆和赤小豆等。

形态特征：

成虫：体长 43 ~ 52 毫米，翅展 100 ~ 120 毫米。体、翅暗灰色。中胸有钟状的灰白色斑块。腹部背面有灰色纵带，各节两侧有白、粉红、黑色横带 3 条。前翅内、中、外横线各为双条黑褐色波状线，顶角有黑色斜纹。后翅有 4 条黑褐色横带，缘毛白色与暗褐色相杂。

卵：球形，直径约2毫米，初产时蓝绿色，孵化前黄白色。

幼虫：初孵幼虫淡黄白色，头乳白色，1～3龄体黄绿至绿色；4～5龄体色多变，主要有3种色型。第1种色型：体绿，头黄绿色，两侧各具2条棕色斜纹，气门杏黄色，中央及外围棕色。第2种色型：似前型，唯腹部两侧斜纹为黄白色。第3种色型：体暗褐色，密布黑点，头黄褐色，两侧各有2条黑纹，腹部斜纹黑褐色，气门黄色，尾角杏黄色，末端黑色。末龄幼虫体长83～100毫米，中、后胸及第1～8腹节背面有许多横皱，形成若干小环。

蛹：体长约56毫米，红褐色。喙长，卷曲呈象鼻状。后胸背面有粗糙刻纹1对，腹部前8节各节背面近前缘也有刻纹。臀棘三角形，表面有许多颗粒状突起。

(1)成虫

(2)幼虫

图2-1-12　旋花天蛾

生物学特性：北方1年1～2代，南方1年3～4代。以蛹在土中越冬。次年6～7月成虫出现。成虫昼伏夜出，白天隐藏于植物叶下、草丛、树冠及其他隐蔽处，黄昏后外出觅食、求偶交配和产卵。成虫喜取食棉花、烟草、瓜类、芝麻、葱、木槿等多种植物的花蜜补充营养。羽化后1天，多在20～22时进行交配。交配后2～6小时或隔天开始产卵。卵散产，多产在甘薯叶背边缘处，少数产在叶正面和叶柄上。成虫产卵有明显的选择性，以叶色浓绿、生长茂盛的薯田产卵量多，单作薯田比间作薯田产卵量多，如单作薯田较与玉米间作的薯田卵量多1～4倍。单雌产卵1000～1500粒，最高可达2800多粒。成虫具强趋光性，以下半夜黑光灯诱集最多。成虫飞翔力强，干旱时向低洼潮湿地带或降雨地区迁飞；若连续降雨，湿度过大，则迁向高地，故常形成局部地区严重发生。

初孵幼虫先食卵壳，继而爬至叶背剥食叶肉成若干小"窗"斑，1～2日后将叶片吃成小孔洞，2～3龄后蚕食叶缘成缺刻。1～4龄食量较小，仅占总食量的8%～12%；5龄为暴食期，1头可食叶29～38片，占总食量的88%～92%。当平均每平方米有老龄幼虫15头以上时，能在3天内将薯田叶片吃光，造成严重减产。薯田叶片食尽后，幼虫常成群迁至邻近薯田为害。在食料不太缺乏情况下，老熟幼虫亦四处爬行寻找化蛹场所，有些甚至爬至田埂和附近的作物田、路边、沟边或荒地，钻入土层内作土室化蛹。一般在较松软的土里化蛹多，有时入土困难，便在薯叶或枯草下化蛹。

防治方法：

(1)药剂防治。发生严重地区，于3龄前喷洒30%克虫神乳油1500倍液，或2.5%溴氰菊酯乳油2000倍液，或苏云金杆菌乳剂600倍液。成虫激增日以后13~14天即为3龄幼虫盛期，也是防治适期。平均百叶有幼虫2头的山芋地可施药防治。用2.5%敌百虫粉每亩喷1.5~2千克，或用90%晶体敌百虫2000倍液，或80%敌敌畏2000倍液喷雾，效果较好。

(2)消灭越冬蛹。冬春山芋田多犁多耙，杀伤越冬蛹，恶化其越冬环境，增加越冬蛹的死亡率，减少越冬虫源。

(3)人工捕杀。结合田间管理捕捉幼虫，或者于成虫盛发期间的傍晚，在棉花、南瓜等蜜源植物上捕杀成虫，或用黑光灯诱杀。

13. 杨毒蛾[*Stilpnotia candida* Staudinger]

危害：是杨树、柳树的主要害虫之一，可将叶片吃光，影响树木生长甚至导致死亡。在北方一些地区，常与柳毒蛾伴随发生。猖獗时，短期内就能将整个林木叶片吃光。

寄主：杨树、柳树、白桦、榛子等。

形态特征：

成虫：雄成虫翅展35~42毫米，雌成虫翅展48~52毫米，体、翅均白色。翅有光泽，不透明。触角雌蛾为栉齿状，雄蛾为羽状，主干黑色，有白色或灰白色环节。下唇须黑色。足黑色，胫节和跗节有白环。

卵：馒头形，灰褐色至黑褐色，卵块上被灰色泡沫状物。

幼虫：老熟幼虫体长30~50毫米；头棕色，有2个黑斑，刚毛棕色；体黑褐色，背部中线黑色，亚背线橙棕色，其上密布黑点；第1、2、6、7腹节上有黑色横带，将亚背线隔断，气门上线和下线黄棕色有黑斑；腹面暗棕色；每体节都有黑色或棕色毛瘤8个，形成一横列，其上密生黄褐色长毛及少量黑色短毛；足均棕色；翻缩腺浅红棕色。

蛹：长20~25毫米，棕黑色，有棕黄色刚毛，表面粗糙。

(1)成虫

(2)幼虫

图2-1-13　杨毒蛾

生物学特性：东北1年发生1代，华北、华东、西北1年发生2代，以2～3龄幼虫在枯枝落叶、树皮裂缝、树干伤疤、杂草丛等处群居越冬。次年5月上旬，杨树、柳树展叶时上树为害。杨毒蛾幼虫在夜间活动，但当早春夜间过于寒冷时，白天也外出取食。幼虫为害时常常吐丝拉网隐蔽。幼虫5龄。幼虫有强烈的避光性，老熟幼虫更为明显，晚间上树取食，白天下树荫蔽潜伏。有群集性，白天下树潜伏或荫蔽及蜕皮，多集中在树洞内或干基周围30厘米之内的枯枝落叶层下，有的成团潜伏在一起，并喜阴湿。6月上旬幼虫老熟。杨毒蛾幼虫在树洞或土内化蛹，6月中旬开始羽化。卵产在树叶或枝干上，成块，其上覆被一层雌蛾性腺分泌物。初孵幼虫发育慢，并能吐丝悬垂被风吹动。8月下旬至9月上旬，幼虫开始下树，导找隐蔽处越冬。成虫有趋光性。杨柳干基有萌芽条及覆盖物多时，杨毒蛾发生重。

防治方法：

（1）越冬幼虫下树越冬前（9月初），用麦草在树干基部捆扎20厘米宽的草脚，次年3月检查幼虫量并烧毁。

（2）根据杨毒蛾白天下树隐藏、晚间上树为害习性，可采取在树干上涂（绑）闭合毒环、毒绳的办法来进行防治。具体做法是：用25%敌杀死、氧化乐果、废机油按1∶1∶10的比例（体积比）配成药油混合液，充分搅拌均匀后，在树干高1.2米处涂毒环，环宽15厘米为宜。也可用2.5%溴氰菊酯与废机油按1∶1比例配成药油混合液，浸泡包装用纸绳制成毒绳，在树干胸径处缠绕2周。

（3）4月上旬，在树干上喷施2.5%敌杀死、20%速灭杀丁或5%高效氯氰菊酯2000～8000倍液，阻杀上树幼虫，防治效果可达85%以上。大面积片林可在4月中、下旬用敌马烟剂防治。

（4）低龄幼虫期，用1%苦参碱可溶性液剂800倍、25%灭幼脲Ⅲ号3000倍液、1.8%阿维菌素乳油1000～2000倍液、35%吡虫啉乳油1000～2000倍液、苏云金杆菌乳剂500倍液树冠喷雾。

（5）成虫期用杀虫灯诱杀。也可用性诱捕器诱杀，每隔3～5棵挂1个诱捕器，可诱杀10米以内的成虫。

14. 榆凤蛾［*Epicopeia mencia* Moore］

危害：以幼虫蚕食榆树叶片。

寄主：榔榆、白榆、刺榆、黑榆、大果榆和垂枝榆等各种榆树。

形态特征：

成虫：体长为20毫米左右，翅展为80毫米左右，形态似凤蝶，体翅灰黑或黑褐色。触角栉齿状，腹部各节后缘为红色。前翅外缘为黑色宽带，后翅有1个尾状突起，有2列不规则的斑，斑红色或灰白色。

卵：近圆形，顶部较平，其中央微凹。直径约 1 毫米。初产时淡黄色，后转变为黄色，有光泽。表面具许多细如蛛丝的纵横脊纹。

幼虫：老熟时体长 55 毫米左右，体浅绿色。背中浅黄色，各节有黑褐色斑点。全身被盖厚厚一层白色蜡粉，其蜡粉不平整，形成凸凹状，有时辨认不出虫体本身。

蛹：黑褐色，土茧椭圆形。

(1)成虫

(2)幼虫

图 2-1-14 榆凤蛾

生物学特性：河北、山东地区 1 年发生 1 代，河南、湖北地区 1 年发生 2 代，均以蛹在土壤中越冬。次年 5～7 月成虫羽化，成虫白天飞翔与交配，晚上休息，有趋光性。雌虫产卵于树梢嫩枝叶背面。卵排列较整齐，卵间有少许空隙。每一卵块有卵粒 16～144 粒，一般 50 粒左右。卵期约 8 天。初孵幼虫只食叶肉，大龄幼虫蚕食叶片。幼虫喜欢在枝梢上为害，严重时常常数十头堆积在一起。幼虫白天静伏在枝上，夜间大量取食。山东、河北地区以 7～8 月为害最严重，9 月开始老熟，入土结茧化蛹。中国南方 2 代区有世代重叠现象。

防治方法：

(1)灯光诱杀。成虫羽化期利用黑光灯诱杀。

(2)人工防治。结合养护管理摘除卵块，初孵幼虫群集时集中消灭，消灭越冬幼虫及越冬虫茧。

(3)生物防治。保护和利用土蜂、马蜂、麻雀等天敌。于榆凤蛾卵期释放赤眼蜂，寄生率达 60%～70%。于低龄幼虫期喷洒 25% 灭幼脲Ⅲ号悬浮剂 1500～2000 倍液防治，于高龄幼虫期喷洒每毫升含孢子 100 亿以上苏云金杆菌乳剂 400～600 倍液防治。

(4)化学防治。幼虫盛发期，喷洒 20% 灭扫利乳油 2500～3000 倍液或 20% 杀灭菊酯乳油 2000 倍液。

15. 松阿扁叶蜂[*Acantholyda posticalis* Matsumura]

松阿扁叶蜂又名“松扁叶蜂”。

危害：以幼虫取食针叶，大发生时针叶受害率达80%以上，枝梢上布满残渣和粪屑，林分似火烧一般，严重影响树木生长。

寄主：油松、赤松、樟子松等。

形态特征：

成虫：雌虫体长13～15毫米，体黑色，具光泽；翅淡灰黄色，透明，翅脉黑褐色；头部褐色，有6个黄斑；前胸背部隆起呈心脏形，中胸有2个、后胸有1个黄褐色三角形小斑；腹部两侧较扁，腹面黄褐色；雄虫稍小，头部正面和侧面黄色，顶黑色。

卵：半月形或舟形，长3毫米，初乳白色，孵化前变为肉红色。

幼虫：体扁平，胸足3对，无腹足，腹部第8节两侧各具1肉突，似尾足，体长17～25毫米，绿色，背深绿色，头褐色，越冬后部分变成淡绿色，侧脊泛红。

蛹：雌蛹棕黄色，长15～19毫米；雄蛹浅黄色，长11～13毫米，蛹羽化前呈黑色。

(1)成虫

(2)幼虫

图2－1－15　松阿扁叶蜂

生物学特性：1年发生1代。以老熟幼虫入土越冬，次年3月中、下旬化蛹，4月上旬为化蛹盛期，中旬可见成虫，下旬达羽化盛期；5月上旬出现幼虫，中旬达孵化盛期，6月上旬幼虫陆续老熟、吐丝、下垂，入土越夏、越冬。成虫多在晴天羽化，常在树冠中上部活动，产卵于2年生针叶上，单粒散产，一般1针叶1～2粒。初孵幼虫取食当年生针叶，3龄后转移到老针叶上吐丝，缀合针叶做虫巢，取食老针叶，食量逐渐增加，可将针叶吃成光秃，只留残茬。虫巢内虫粪很多，极易发现。老熟幼虫坠落地面入土越夏、越冬。入土深度与坡向、土壤结构、覆盖物多少有关：阳坡、土硬、覆盖物多，入土较浅，反之则深。

防治方法：

(1)药物防治。在4月成虫羽化高峰、产卵盛期前，在林区内25米×26米间距布置放烟点，每亩用敌马烟剂1千克，于10时以前或16时以后组织放烟防治。也可用1.2%苦参碱·烟碱乳油1000倍液、1.8%阿维菌素乳油8000倍液、40%氧化乐果乳油1000～2000倍液喷雾杀幼虫。

(2)生物防治。白僵菌、绿僵菌及细菌感染的越冬幼虫死亡率约20%;越冬期鸟类及其他哺乳动物刨食幼虫,有的树下几乎全部被翻过,绝大部分幼虫被捕食;黑蚂蚁可取食虫卵。保护天敌生物,可增强对该虫的控制能力。

(3)科学营林。华山松、黑松具有抗虫性,可营造混交林。加强天然次生林的抚育管理,提高郁闭度;对大面积油松纯林,要营造防虫、防火林带,补种阔叶树种,改善林分结构,提高抗虫害能力。

16. 春尺蠖[*Apocheima cinerarius* (Erschoff)]

春尺蠖又名"杨尺蠖""沙枣尺蠖"。

危害:春尺蠖以幼虫为害树木幼芽、幼叶、花蕾,严重时将树叶全部吃光。此虫发生期早,幼虫发育快,食量大,常暴食成灾。轻则影响寄主生长,严重时则枝梢干枯,树势衰弱,导致蛀干害虫猖獗发生,引起林木大面积死亡。

寄主:杨树、柳树、榆树、槐树、苹果树、梨树、沙枣树等多种林木。

形态特征:

成虫:雄成虫翅展28~37毫米,体灰褐色,触角羽状。前翅淡灰褐至黑褐色,有3条褐色波状横纹,中间1条常不明显。雌成虫无翅,体长7~19毫米,触角丝状,体灰褐色,腹部背面各节有数目不等的成排黑刺,刺尖端圆钝,臀板上有突起和黑刺列。因寄主不同体色差异较大,可由淡黄至灰黑色。

卵:长圆形,长0.8~1毫米,灰白或赭色,有珍珠样光泽,卵壳上有整齐刻纹。

幼虫:老熟幼虫体长22~40毫米,灰褐色。腹部第2节两侧各有1瘤状突起,腹线均白色,气门线淡黄色。

蛹:长8~18毫米,灰黄褐色,臀棘分叉,雌蛹有翅的痕迹。

(1)雌成虫　(2)雄成虫　(3)幼虫

图2-1-16　春尺蠖

生物学特性:1年发生1代,以蛹在干基周围土壤中越夏、越冬。2月底、3月初或稍晚,当地表3~5厘米处地温达0℃左右时开始羽化;3月上、中旬或稍迟见卵;4月上、中旬或4月下旬至5月初开始孵化;5月上、中旬或5月下旬、6月上旬幼虫开始老熟,入土化蛹越夏、越冬。成虫多在下午和夜间羽化出土,雄虫有趋光性,白天多潜伏于树干缝隙及枝杈处,夜间交尾,卵成块产于树皮缝隙、枯枝、枝杈断裂等处,一般产200~300粒。初孵幼虫活动能力弱,取食幼芽和花蕾,较大则食叶片;4~5龄幼虫具有相当强的耐饥能力,可吐丝借风飘移传播到附近林木为害,受惊扰后吐丝下坠,旋又收丝攀附上树;老熟后下地,在树冠下的土壤中分泌黏液硬化土壤作土室化蛹,入土深度以16~30厘米处为多,约占65%,最深达60厘米,多分布于树干周围,低洼处尤多。

防治方法:

(1)春季成虫未羽化前,在干基周围挖深、宽各约10厘米环形沟,沟壁要垂直光滑,沟内撒毒土0.5千克(细土1份混合杀螟松1份),阻杀成虫上树。成虫羽化初期,也可在树干基部缠1圈6~8厘米的塑料膜带,下部用湿土培堆压实,每日清晨在膜带下扑杀集中的雌虫。还可以在树干1.5米以下至树盘内,喷洒20%氰戊菊酯乳油1000~2000倍液,毒杀和阻止春尺蠖的雌成虫上树。

(2)4龄前幼虫:①常规喷雾。所用药剂有:3%高渗苯氧威乳油2000~5000倍液、1%苦参碱可溶性液剂2000倍液、80%敌敌畏乳油1000~1500倍液、90%敌百虫晶体800~2000倍液、2.5%溴氰菊酯乳油2000~3000倍液、20%速灭杀丁乳油15000倍液。②超低容量喷雾。50%敌敌畏乳油、柴油1:2混合液每公顷6千克。

(3)利用杨尺蠖核型多角体病毒(AciNPV,PIB)防治。当1~2龄占85%,最晚不迟于2~3龄虫占85%左右时,地面喷洒为3.0×10^{11}~6.0×10^{11} PIB/公顷,不得低于2.03×10^{11} PIB/公顷,飞机喷洒为3.75×10^{11} PIB/公顷,不得低于1.88×10^{11} PIB/公顷。以16时至20时应用效果最佳,4:30~8:30亦可。

17. 杨扇舟蛾[*Clostera anachoreta* (Denis et Schiffermüller)]

杨扇舟蛾又名“杨树天社蛾”。

危害:以幼虫取食杨树、柳树的叶片,严重时把树叶吃光,影响树木生长。1~2龄幼虫仅啃食叶的下表皮,残留上表皮和叶脉;2龄以后吐丝缀叶,形成大的虫苞,白天隐伏其中,夜晚取食;3龄以后可将全叶食尽,仅剩叶柄。

寄主:杨树、柳树。

形态特征:

成虫:体长13~20毫米,翅展28~42毫米。虫体灰褐色。头顶有1个椭圆形黑斑。臀毛簇末端暗褐色。前翅灰褐色,翅面有4条灰白色波状横纹,前翅顶角处有1个暗褐色扇形斑,扇形斑下方有1个黑色圆点。外横线前半段穿过扇形斑,呈斜伸的双齿形,外横线外方衬有2~3个黄褐色带锈红色斑点。亚端线由一列脉间黑点组成,其中以2~3脉间一点较大而显著。后翅灰白色,中间有一横线。

卵：直径约 1 毫米，初产时橙红色，孵化时暗灰色，馒头形。

幼虫：老熟时体长 35～40 毫米。头黑褐色。全身密披灰黄色长毛，身体灰赭褐色，背面带淡黄绿色，每个体节两侧各有 4 个赭色小毛瘤，环形排列，其上有长毛，两侧各有 1 个较大的黑瘤，上面生有白色细毛一束。第 1、8 腹节背面中央有一大枣红色瘤，两侧各伴有 1 个白点。

蛹：体长 13～18 毫米，褐色，尾部有分叉的臀棘。

茧：椭圆形，灰白色。

（1）成虫

（2）成虫和卵

（3）幼虫

图 2－1－17　杨扇舟蛾

生物学特性：1 年发生数代。辽宁、吉林 1 年发生 2～3 代，河北、河南 1 年发生 3～4 代，安徽、陕西 1 年发生 4～5 代，江西、湖南 1 年发生 5～6 代。以蛹在落叶、墙缝、树下表土中越冬。成虫出现的时间各地不一。随着分布区南移，出现期也渐次提前。在河南，越冬代和第 1、2、3 代成虫出现的时间分别在 4 月初、6 月、7 月、8 月。幼虫出现期较成虫晚 1～2 周，少数为害至 10 月。成虫昼伏夜出，多栖息于叶背面，趋光性强。一般上半夜交尾，下半夜产卵直至次日晨。雌蛾产卵于叶背面和嫩枝上，其中，越冬代成虫多产卵于枝上，以后各代主要产卵于叶背面。卵单层排列成块状，每个卵块有卵粒 9～600 粒，每雌产卵 100～600 粒。卵期 7～11 天。幼虫共 5 龄，幼虫期 33～34 天。初孵幼虫群栖，2 龄幼虫吐丝将 2～3 个叶片粘在一起，形成大的虫苞，在苞内群集为害，啃食叶肉、下表皮，仅留上表皮及网状叶脉，造成叶片干枯。3 龄以后分散取食，可将全叶吃尽，仅剩叶柄。虫口密度大时，可将整株叶片食光。老熟幼虫在叶苞内结茧化蛹。末代幼虫为害至 9 月底陆续下树，在树皮裂缝、枯叶下、树干旁或表土内结茧化蛹越冬。个别幼虫至 10 月上旬化蛹。

防治方法：

（1）林业技术防治。人工收集地下落叶或翻耕土壤，可减少越冬蛹的基数。根据初龄幼虫群集虫苞的特点，组织人力摘除虫苞，可杀死大量幼虫。也可以利用幼虫受惊后吐丝下垂的习性，通过振动树干捕杀下落的幼虫。

（2）物理防治。成虫羽化盛期，应用杀虫灯（黑光灯）进行诱杀，可有效降低下一代的虫口密度。

(2)生物防治。卵期释放赤眼蜂,放蜂时间为产卵初期,每公顷设 50 个放蜂点,放蜂量 25 万~150 万头/公顷。

(3)药剂防治。在幼虫 3 龄期前,用苏云金杆菌乳剂 2000 倍液、青虫菌稀释液 1 亿~2 亿孢子/毫升、0.2% 阿维菌素 2000~3000 倍液、25% 灭幼脲 800~1000 倍液、1.2% 烟参碱乳油 1000~2000 倍液树冠喷雾。也可用打孔注药的方法防治:对于发生严重、喷药困难的高大树体,利用打孔注药机在树胸径处不同方向打 3~4 个孔,注入输导性强的 40% 氧化乐果乳油等。用药量为 2~4 毫升/10 厘米胸径,浓度为 1 倍稀释液。注药后,注意封好注药口。

(4)用烟雾机防治片林害虫。成虫或幼虫发生期,在片林内用烟雾机喷烟防治。药剂配比为氯氰菊酯∶敌敌畏∶柴油 =1∶1∶10,每桶次可防治 30~40 亩(2~2.67 公顷)。喷烟时选择无风或微风的天气,以 4~6、16~20 为好。

18. 杨小舟蛾[*Micromelalopha troglodyta* (Graeser)]

杨小舟蛾又名"杨褐天社蛾"。

危害:以幼虫取食寄主叶片,常群集为害,严重时把树叶食光,影响树木生长。

寄主:杨树、柳树等。

形态特征:

成虫:体长 11~14 毫米,翅展 24~26 毫米。体色变化较多,有黄褐、红褐和暗褐等色。前翅有 3 条具暗边的灰白色横线,内横线似 1 对小括号"()",中横线似"八"字形,外横线呈倒"八"字的波浪形。横脉为 1 个小黑点。后翅臀角有 1 个褐色或红褐色小斑。

卵:扁圆形,直径 0.6 毫米,鱼白色,半透明,黏着性不强。

幼虫:老熟幼虫体长 21~23 毫米,体色变化大,灰褐色、灰绿色,微具紫色光泽,体侧各具 1 条黄色纵带,体上生有不显著的肉瘤,以腹部第 1 节和第 8 节背面的较大。

蛹:深褐色,纺锤形。臀棘上的钩刺叉状,长约 13 毫米。

生物学特性:1 年发生 3~4 代。以蛹在树洞、落叶、地下植被物松土内越冬。4 月中旬羽化成虫。成虫有趋光性,夜晚活动、交尾、产卵,多将卵产于叶片上。各代幼虫的出现期为:第 1 代为 5 月上旬,第 2 代为 6 月中旬至 7 月上旬,第 3 代为 7 月下旬至 8 月上旬,第 4 代为 9 月上、中旬。初孵幼虫群集啃食叶表皮,稍大后分散,7~8 月高温多雨季节发生严重,可将叶片食光,仅留下叶表皮及叶脉。幼虫行动迟缓,在夜晚取食,老熟幼虫吐丝缀叶化蛹。10 月进入越冬期。

防治方法:

(1)化学防治。①5 月上旬,6 月中旬至 7 月上旬,7 月下旬至 8 月上旬,9 月上、中旬幼虫发生期,使用 25% 灭幼脲Ⅲ号悬浮剂 1500 倍液 +2.5% 溴氰菊酯乳油 5000 倍液,或0.9%阿维菌素乳油2000~3000倍液等,进行喷雾防治。②使用氯氰菊酯、胺菊酯、苄呋菊酯等药剂,进行飞防。③对3年生以上的或树高超过10米的大树,采用打孔注药法防治。在杨树胸径处用打孔机打孔,然后使用40%氧化乐果乳油10~50倍液注入。打孔注药时,树木胸径有几厘米,则注几毫升药液。④对3年生以上的或树高超过10米的大树,进行树干涂药环防治。使用40%氧化乐果2倍液,在胸高处将配好的上述药液绕树干涂一药环,环宽15~20厘米,药量以微见药液下流为宜。树皮光滑的小树直接涂药,树皮粗糙的大树要先将粗糙皮刮去后再涂药。⑤郁闭度0.7以上的林分,使用氯氰菊酯或1.2%苦参碱·烟碱(苦·烟)乳油等进行烟雾防治。进行烟雾防治时,选择无风或微风天气,以4~6、16~20为好。使用药剂喷雾、打孔注药、飞防、烟雾防治时,应在每代幼虫3龄前施药,并均匀周到。

(1)成虫

(2)卵

(3)幼虫

(4)蛹

图2-1-18 杨小舟蛾

(2)物理防治。4月中、下旬,5月下旬至6月上旬,7月中、下旬成虫发生期,设置杀虫灯或性信息素诱杀成虫。应在成虫羽化前设置。

(3)林业技术防治。营造混交林,寄主树种、抗性树种与非寄主树种相间栽植;林地深翻。

(4)生物防治。幼虫发生期，使用青虫菌1亿~2亿孢子/毫升稀释液，或苏云金杆菌乳剂2000倍液进行喷雾防治。注意保护利用舟蛾赤眼蜂、黑卵蜂、广腿小蜂、麻雀、家燕、灰喜鹊、灰椋鸟、杜鹃、黄鹂等天敌。

19. 杨二尾舟蛾[*Cerura menciana* Moore]

杨二尾舟蛾又名“杨双尾天社蛾”“杨双尾舟蛾”，俗名“杨二叉”。

危害：杨二尾舟蛾以幼虫取食叶片为害，受害叶片呈缺刻状，常将整株叶片食光。老熟幼虫在枝干上分泌黏质物，将咬碎的树皮黏合成椭圆形硬茧壳。

寄主：多种杨树、柳树。

形态特征：

成虫：体长28~30毫米，翅展75~80毫米，全体灰白色。前、后翅密布黑色或褐色脉纹，上有整齐的黑点和黑波纹。后翅灰白色，横脉纹黑色，外缘有7个黑点。

卵：赤褐色，直径3毫米，馒头形，中央有1个黑点。

幼虫：体长50毫米，光滑无毛，体绿色。前胸背板大而坚硬，前缘两侧下方各有1个黑点；后胸背面呈峰状突起，腹部背面有三角形紫红色大斑。1对臀足退化成长尾状，其上密生红褐色小刺，受惊时尾角端部可伸出细长的红色翻缩腺。

蛹：赤褐色，长25毫米，腹末有颗粒状突起。蛹外有坚硬的与寄主树皮颜色相近的灰褐色椭圆形茧，上端有1个胶质密封的羽化孔。

(1)成虫　　(2)幼虫

图2－1－19　杨二尾舟蛾

生物学特性：1年发生2代。幼虫老熟后，在树干基部、树枝分叉处咬成凹窝，吐丝结成坚实的茧，化蛹越冬。次年5月羽化成虫，6月上旬幼虫出现。7月上、中旬第2代成虫出现，7月下旬至8月初有幼虫出现。成虫羽化后5~8小时就可交尾，将卵散产在叶面，每叶产卵1~3粒，产卵量200~400粒。卵初产时暗绿色，渐变为赤褐色。成虫有趋光性，昼伏夜出。初孵幼虫体黑色，老熟后紫褐色或绿褐色，体较透明，幼虫孵化后3小时才开始取食，3龄前食量较小，3龄以后食量增大。幼虫活泼，受惊时尾突翻出红色管状物，并左右摆动。老熟幼虫在树杈处或树干基部把树皮咬碎并分泌黏液，做成坚硬的茧壳在内化蛹。幼虫期天敌有绒茧蜂，预蛹期天敌有啄木鸟，蛹期天敌有金小蜂。

防治方法：幼虫为害期用高压喷雾器进行叶面喷雾。可选用阿维菌素或菊酯类药剂 2000 ~ 3000 倍液喷雾。

(1)保护和利用天敌。

(2)利用成虫的趋性，在成虫盛发期设置黑光灯诱杀成虫。

(3)在幼虫 3 龄期前，喷施生物农药防治。所用药剂有：苏云金杆菌乳剂 600 倍液、青虫菌乳剂 1 亿 ~ 2 亿孢子/毫升。

(4)化学防治。害虫发生盛期，用 45% 丙溴辛硫磷 1000 倍液、20% 氰戊菊酯 1500 倍液加乐克(5.7% 甲维盐)2000 倍液组合、25% 灭幼脲悬浮剂 1500 倍液加 2.5% 溴氰菊酯乳油 5000 倍液、0.2% 阿维菌素 2000 ~ 3000 倍液等喷雾，防治幼虫。

(5)害虫发生严重时，对于喷药困难的高大树体，利用打孔注药机在树胸径处不同方向打 3 ~ 4 个孔，注入内吸性强的 40% 氧化乐果乳油、50% 甲胺磷乳油、40% 久效磷乳油、25% 杀虫双水剂。用药量为 2 ~ 4 毫升/10 厘米胸径，浓度为原药或 1 倍稀释液。注药后注意封好注药口。

20. 柳毒蛾[*Stilpnotia salicis* (Linnaeus)]

柳毒蛾又名“雪毒蛾”，属于鳞翅目毒蛾科。

危害：柳毒蛾以幼虫啃食叶片为害，低龄幼虫只啃食叶肉，留下表皮，长大后咬食叶片呈缺刻或孔洞状，严重时叶片被食光。影响树木生长及叶片的光合作用。

寄主：杨树、柳树、槭、白蜡、榛等。

形态特征：

成虫：体中型，长 12 ~ 13 毫米，雄成虫翅展 35 ~ 45 毫米，雌成虫翅展 45 ~ 60 毫米。体翅白色，具光泽。雌蛾触角短双栉齿状，触角干白色，雄蛾触角羽毛状，干棕灰色。下唇须、复眼外侧黑色。足白色，胫节和跗节有黑环。前翅稀布鳞片，微带透明光泽，前缘和基部微带黄色。

卵：直径 0.8 ~ 1 毫米，扁圆形，绿色至褐色，卵块上被灰色泡沫状物。

幼虫：老熟幼虫体长 35 ~ 50 毫米；头部灰黑色，有棕白色毛；体黄色，背面为黄白色带，两侧各具 1 条黑色纵条，上着生红色毛瘤，气门上线和下线由黑点组成；体腹面和胸足暗黄色，腹足灰黑色；瘤棕黄色，有黄白色刚毛；翻缩腺粉褐色。

蛹：体长 15 ~ 25 毫米，灰褐黑色带黄白色斑，气门棕黑色；刚毛黄白色。

(1)成虫

(2)幼虫

图 2－1－20　柳毒蛾

生物学特性：1 年发生 2 代，以幼虫在树皮缝及枯枝落叶中结茧越冬。次年 3～4 月越冬幼虫开始活动，5 月中旬老熟幼虫在树皮裂缝内吐丝结黄褐色薄茧并在其中化蛹。6 月越冬代成虫大量出现，7～8 月第 1 代成虫出现，直到 9 月底。成虫有趋光性，雌虫较明显，夜间活动，多将卵产在树皮或叶片上，堆积成大的灰白色卵块。成虫有趋光性，羽化后产卵于枝干皮上。9 月初第 2 代幼虫孵化，初孵幼虫多隐蔽阴暗处，一段时间后上树取食为害。1～2 龄幼虫有群集性，可吐丝下垂借风传播，幼虫夜间上树取食，第 2 代幼虫为害至 10 月间，以后陆续钻入树皮缝中潜伏越冬。

防治方法：

(1)保护和利用天敌。

(2)因地制宜地选择较抗虫品种栽培。

(3)利用成虫有趋光性，用黑光灯诱杀。

(4)9 月初，幼虫下树越冬前，用麦草在树干基部捆扎 20 厘米宽的草脚，次年 3 月检查幼虫量并烧毁。若幼虫密度过大，要考虑药剂防治。

(5)幼虫发生期，用 2×10^{8} 孢子/毫升青虫菌液喷雾。

(6)化学防治。用 45% 辛硫磷 1000 倍液，或 20% 氰戊菊酯 1500 倍液加 5.7% 甲维盐 2000 倍液，或 1% 苦参碱可溶性液剂 800 倍液，或 25% 灭幼脲Ⅲ号 3000 倍液，或 1.8% 阿维菌素乳油 1000～2000 倍液，或 35% 吡虫啉乳油 1000～2000 倍液喷杀幼虫。或者在 4～5 月，用 25% 敌杀死、氧化乐果、废机油按 1∶1∶10 比例(体积比)配成药油混合液，充分搅拌均匀后，在树干高 1.2 米处涂毒环，环宽 15 厘米为宜。也可用 2.5% 溴氰菊酯与废机油按 1∶1 比例混合，配成药油混合液，浸泡包装用纸绳制成毒绳，在树干胸径处绑缚。在老熟幼虫开始活动后，树下喷洒 45% 辛硫磷乳油 300～500 倍液，可杀死下树昼伏幼虫。

21. 舞毒蛾[*Lymantria dispar* Linnaeus]

危害：以幼虫为害寄主叶片，食量大，食性杂，严重时食光全树叶片。

（1）雄成虫　（2）雌成虫　（3）卵块　（4）大龄幼虫　（5）蛹

图 2－1－21　舞毒蛾

寄主：杨树、柳树、槭树、榆树、核桃、李树、苹果树、梨树、杏树、樱桃、山楂、柿、桑树等 500 余种植物。

形态特征：

成虫：雌雄异型。雄成虫体长约 20 毫米，前翅茶褐色，有 4～5 条波状横带，外缘呈深色带状，中室中央有 1 个黑点。雌成虫体长约 25 毫米，前翅灰白色，每 2 条脉纹间有 1 个黑褐色斑点。腹末有黄褐色毛丛。

卵：圆形稍扁，直径1.3 毫米，初产为杏黄色，数百粒至上千粒产在一起成卵块，其上覆盖有很厚的黄褐色绒毛。

幼虫：老熟时体长 50～70 毫米，头黄褐色，有“八”字形黑色纹。前胸至腹部第 2 节的毛瘤为蓝色，腹部第 3～9 节的 7 对毛瘤为红色。

蛹：体长 19～34 毫米，雌蛹大，雄蛹小。体色红褐或黑褐色，被有锈黄色毛丛。

生物学特性：1 年发生 1 代。以完成胚胎发育的幼虫在卵内越冬。卵块附着于树干、树皮缝、枝桠处。4 月下旬或 5 月上旬幼虫孵化。幼虫孵化后群集在卵块上，气温转暖后上树取食幼芽，以后蚕食叶片。1 龄幼虫能借助于风力远距离传播。2 龄幼虫白天藏于树皮缝或树干基部石块下，夜间上树取食。后期幼虫食量大，有较强的爬行转移为害能力，能食光树叶。幼虫历期 1.5 个月。雄幼虫 5 龄，雌幼虫 6 龄，有时可出现 7 龄幼虫。6 月中旬幼虫老熟，于枝叶间、树皮裂缝处及树洞里吐少量丝化蛹。6 月下旬至 7 月上旬化蛹最多。蛹期 12～17 天。成虫自 6 月底开始羽化，7 月中、下旬为盛期。雄蛾白天常做旋转飞舞，故得名“舞毒蛾”。雌蛾不大活动，常静伏于枝梢、树干或草丛中产卵,所产的卵聚集成卵块,上覆一层雌蛾腹部末端的体毛,因而明显可见。卵块能忍受低温和水的长期浸淹,具较强的抗逆性。成虫具有趋光性。

防治方法:

(1)化学防治。4月下旬至6月下旬幼虫发生期,幼虫3龄期开始分散取食前,使用20%灭幼脲Ⅲ号悬浮剂(用药量450~600毫升/公顷),或25%杀铃脲悬浮剂(用药量150~300毫升/公顷),或5亿孢子/克浓度苏云金杆菌乳剂(用药量750毫升/公顷),或1.8%阿维菌素乳油(用药量105~150毫升/公顷)等,进行喷雾防治。幼虫3龄前,使用1.8%阿维菌素乳油,或0.9%的阿维菌素乳油等生物农药,进行喷烟防治。幼虫4~6龄期,使用2.5%溴氰菊酯3000~5000倍液,或20%杀灭菊酯1000倍液,或50%杀螟松乳油1000倍液等,进行喷雾防治。

(2)物理防治。①6月末至7月末成虫发生期,利用黑光灯、频振灯配高压电网或性诱捕器进行诱杀。设灯时应以2台以上为一组,灯与灯间的距离为500米。使用性诱捕器时,每隔3~5棵挂1个诱捕器,诱杀10米以内的成虫。②7月至次年4月卵发生期,人工刮除树干上或石块下的卵块,集中销毁。

(3)林业技术防治。合理密植,加强林地、果园管理,清除杂草,及时剪除枯枝、残枝、病虫害枝,并集中销毁。

(4)生物防治。保护舞毒蛾天敌资源,减少化学杀虫剂的使用频率和范围,使舞毒蛾种群数量变动受到天敌的有效制约。

22. 杨白纹潜蛾[*Leucoptera susinella* Herrich - Schaffer]

杨白纹潜蛾又名“杨白潜叶蛾”“杨白潜蛾”“潜叶虫”。

危害:以幼虫食害叶片,叶片被潜食处形成中空的大黑褐色斑,发生严重时大部分叶片变黑且呈焦枯状,易早落,常发生在苗圃中。

寄主:杨属植物。

形态特征:

成虫:体长3~4毫米,翅展8~10毫米。头、胸、足、翅等白色,头顶微呈乳黄色,有1丛竖立的白色长毛簇;触角银白色,其基部形成大的“眼罩”。前翅银白色,近端部有4条褐色纹,1~2条、3~4条之间呈淡黄色,2~3条之间呈银白色,臀角上有1条黑色三角形斑纹,斑纹中间有银色凸起;后翅披针形,银白色,缘毛极长。

卵:扁圆形,长约0.3毫米,暗灰色,表面具网状刻纹。

幼虫:老熟幼虫体长6.5毫米,体扁平,黄白色。头部较小,头部及胴部每节侧方生有长毛3根。口器褐色,向前伸;前胸扁平,背板乳白色。体节明显,移动时靠体节伸缩,以腹部第3节最大,后方各节逐渐缩小。

蛹:浅黄色,梭形,体长约3毫米,蛹外有“H”形白色丝茧。

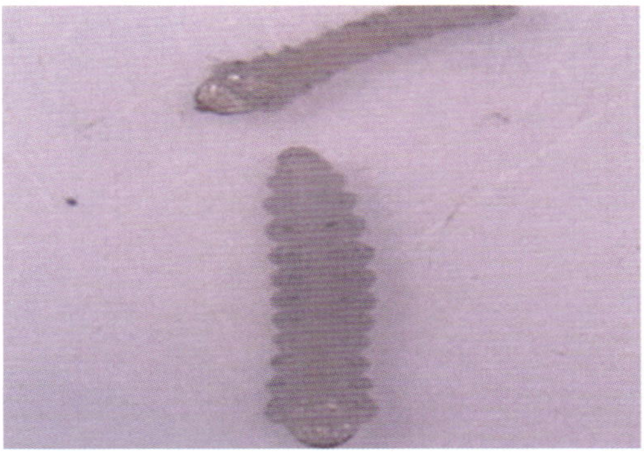

(1)幼虫

(2)为害状及在叶面作茧化蛹状

图 2-1-22　杨白纹潜叶蛾

生物学特性：1 年发生 4 代，以蛹在树干皮缝或落叶等处的“H”形白色薄茧内越冬。次年 5 月中、下旬羽化成虫，成虫喜停留在杨树叶片基部的腺点上。成虫有趋光性，卵多 3～5 粒产于叶面主、侧脉两边，数粒成行。幼虫孵化后从卵壳底部咬孔潜蛀入叶内的上下表皮之间取食叶肉，常有多条幼虫同时蛀食，蛀道扩大连成一片，连同里面的虫粪，叶面呈现大的黑斑块，严重时造成大量落叶。幼虫不能穿过主脉，但近老熟幼虫可穿过侧脉取食。幼虫老熟后在叶背吐丝结茧，但越冬茧则多在树干缝隙、疤痕等处。

防治方法：

(1)冬春清扫落叶，集中烧掉，以杀灭落叶中蛹，或者树干涂白，杀死越冬蛹。

(2)利用成虫的趋光性，进行灯光诱杀。

(3)幼虫为害期(5～9 月)，叶面喷洒蛀虫清内渗性杀虫剂 500～800 倍液，或 25% 灭幼虫脲 1000 倍液，或 10% 吡虫啉 2000 倍液，喷杀幼虫及成虫。

23. 杨银潜叶蛾[*Phyllocnistis saligna Zeller*]

分布：东北、华北、华东等地和河南、甘肃、宁夏、四川。

危害：幼虫在叶肉内潜食，叶面出现潜道斑，严重时整个叶片布满弯曲的潜道痕，造成全株枯黄，常引起提早落叶，是苗木和幼树上重要害虫之一，影响苗木正常生长与光合作用。

图 2-1-23　杨银潜叶蛾为害状

寄主：杨树。

形态特征：

成虫：体长 3.5 毫米，纤细，银白色。头顶光滑。前翅中央有褐色纵纹

2条，其间呈金黄色，上方纵纹外方有源于前缘的短纹1条，下方纵纹末端有向前弯曲的褐色弧形纹1条，前缘角内方有斜纹2条，在外侧缘斜纹下方有三角形黑斑1个，斑下侧有向后缘弯曲的斜纹1条，其内方金黄色，由此发出放射状缘毛。后翅窄长，端细，缘毛细长灰白。

卵：扁椭圆形，灰白色。

幼虫：老熟幼虫体长6毫米，浅黄绿色，光滑，有透明感，体节明显；头、胸扁平，头部狭小；中胸及第3腹节最宽，各腹节背、腹面有凹陷，第11、12腹节侧方各生肉质凸起1个，腹末细长如尾，分成二叉；足退化。

蛹：浅褐色，头顶有钩，侧方有凸起。

生物学特性：华北地区1年发生4代，以成虫在地表缝隙及枯枝落叶层中越冬，或以蛹在被害叶中越冬。杨树从放叶到封顶，每展叶1次，都有成虫产卵，卵散产于顶梢新展的叶面，每叶1~3粒，每雌产卵约20粒，卵期4~5天，幼虫孵出即潜叶蛀食，潜痕弯曲，幼虫期6~10天，蛹、茧都在中、下部叶的蛀道末端，蛹期10~13天，成虫寿命7~8天，完成1代约30天。

防治方法：

（1）冬初清除绿地内残叶，杀灭越冬虫蛹。

（2）灯光诱杀。根据成虫具有趋光性的特点，可在4月底前架设黑光灯诱杀。

（3）成、幼虫期间，向叶面喷洒10%吡虫啉可湿性粉剂2000倍液、3%啶虫脒2000~2500倍液、50%杀螟松乳油1500~2000倍液。

24. 柳厚壁叶蜂[*Pontania bridgmannii* Cameron]

柳厚壁叶蜂又名“柳瘿叶蜂”。

寄主：柳树。

形态特征：

成虫：体长6毫米左右，翅展16毫米左右。体土黄色，有黑色斑纹，头土黄色，正中有黑色纵带，前胸背板，腹部侧边缘，第6、7节背板的后缘及第8、9节均土黄色，其余黑色。

卵：椭圆形，灰白色，长0.5~0.6毫米。

幼虫：污白色，体长12毫米左右，有腹足8对，胸足3对。

蛹：黄白色。茧为长椭圆形。

图2-1-24　柳厚壁叶蜂为害状

生物学特性：1 年发生 1 代，以老熟幼虫在土中结茧越冬。次年 4 月中、下旬成虫羽化，产卵于柳叶边缘的组织内，一处一粒。幼虫孵化后，在叶内啃食叶肉，受害部位逐渐肿起。4 月下旬叶边缘开始出现红褐色小虫瘿，幼虫藏在其中取食。虫瘿一般在叶缘与主脉之间，逐渐增大加厚，上下鼓起，呈肾形或椭圆形，大者可长达 12 毫米左右，宽 6 毫米左右，绿色或紫褐色。一片叶上有一至数个虫瘿，严重时，在树下举目可见到虫瘿。带瘿叶提早变黄，影响树木生长和观赏。幼虫在瘿内一直为害到 11 月，随落叶落在地面，从瘿内爬出钻入土中或铺装地面砖缝土中作茧越冬。

防治方法：

(1) 于秋季开始落叶时，随时扫除落叶并处理，消灭瘿内幼虫。

(2) 对低矮幼树可及时摘除虫瘿叶，消灭幼虫，防止逐年增多。

(3) 虫量多而严重的树，可于 4 月下旬至 5 月中旬幼虫全部孵化，虫瘿刚鼓起至形成黄豆粒大的红色虫瘿时，喷 40% 氧化乐果乳油 1000 倍液，或 50% 杀螟松乳油 800 倍液，或 20% 菊杀乳油 1500 倍液，杀幼虫效果较好。最好在傍晚时喷药。

(4) 对受害严重的幼树，可在根部埋施 15% 涕灭威颗粒剂，内吸杀虫，干径每厘米用药 1.5 ~ 2.0 克；在树干周围须根最多处挖 3 ~ 5 个弧形沟，沟底要平，将药均匀撒在沟底并覆土，然后浇足水，药效期 1 个多月。对于大树，可于 4 月下旬至 7 月中旬，用高压注射器在周围根上或树干基部周围，往树体内注射 40% 氧化乐果乳油 10 倍液。干径每厘米用稀释好的药液 15 ~ 20 毫升。一般干径 15 厘米以下的树打 2 针，干径每增加 7 ~ 12 厘米增打 1 针。打针位置要分布均匀，并尽量对着树冠上的大主枝。打针深度因树大小不同，一般 6 厘米左右。往里注药时，使药液缓慢进入即可，不能急于加压过大，以免使针孔附近的树皮胀裂。

25. 枣奕刺蛾 [*Phlossa conjuncta* (Walker)]

枣奕刺蛾又名“枣刺蛾”。

危害：低龄幼虫取食叶肉，稍大后即可取食全叶。

寄主：枣树、柿树、核桃、苹果树、梨树、杏树。

形态特征：

成虫：雌蛾翅展 29 ~ 33 毫米，触角丝状；雄蛾翅展 28 ~ 31.5 毫米，触角短双栉状。全体褐色。头小，复眼灰褐色。胸背上部鳞毛稍长，中间微显褐红色，两边为褐色。腹部背面各节有似“人”字形的褐红色鳞毛。前翅基部褐色，中部黄褐色，近外缘处有 2 块近似菱形的斑纹彼此连接。靠前缘 1 块褐色，靠后缘 1 块红褐色，横脉上有 1 个黑点。后翅灰褐色。

卵：椭圆形，扁平，长 1.2 ~ 2.2 毫米，宽 1.0 ~ 1.6 毫米。初产时鲜黄色，半透明。

幼虫：初孵幼虫体长 0.9 ~ 1.3 毫米，筒状，浅黄色，背部色深，头部及第 1、2 节各有1对较大的刺突，腹末有2对刺突。老熟幼虫体长21毫米，头小，褐色，缩于胸前。体为浅黄绿色，背面有绿色云纹，胸背3节上有3对、体中部有1对、腹末有2对红色长枝刺，各体节两侧各有红色短刺毛丛1对。

蛹：椭圆形，长12～13毫米。蛹初期黄色，渐变为浅褐色，羽化前变为褐色，翅芽为黑褐色。

茧：椭圆形，比较坚实，土灰褐色，长11～14.5毫米。

(1)成虫

(2)幼虫

图2－1－25　枣奕刺蛾

生物学特性：1年发生1代，以老熟幼虫在树干基部周围表土层7～9厘米的深处结茧越冬。次年6月上旬越冬幼虫化蛹。蛹期17～31天，平均21.9天。成虫6月下旬开始羽化，有趋光性，寿命1～4天。白天静伏于叶背，晚间活动、交尾，交尾后次日即可产卵，卵聚集成块状，多产于叶背面。卵期7天，初孵化幼虫短时间内聚集取食，然后分散在叶片背面为害，初期取食叶肉，稍大后取食全叶。7月下旬至8月中旬为严重为害期。8月下旬开始，老熟幼虫逐渐下树，入土结茧越冬。

防治方法：

(1)人工防治。被害叶常显现白色或半透明斑块，及时摘除带虫枝、叶。老熟幼虫常沿树干下行至干基或地面结茧，可采取树干绑草等方法及时予以清除，也可以人工挖掘土壤，清除虫茧。

(2)灯光诱杀。在成虫羽化期，于19～21时用灯光诱杀。

(3)药剂防治。可采用80%敌敌畏乳油1000倍液、2.5%溴氰菊酯乳油4000倍液、20%虫酰肼悬浮剂1500～2000倍液、5%氟虫脲可分散液剂1500～2000倍液、20%丁硫克百威乳油2000～2500倍液、90%晶体敌百虫1000～1500倍液、50%辛硫磷乳油1500～2000倍液、80%敌敌畏乳油800～1000倍液、25%灭幼脲悬浮剂1500～2000倍液、4.5%高效氯氰菊酯乳油2500～3000倍液、20%氰戊菊酯乳油1500～2000倍液。

(4)生物防治。保护利用刺蛾幼虫的天敌：白僵菌、青虫菌、枝型多角体病毒等。

26. 缀叶丛螟[*Locastra muscosalis* (Walker)]

缀叶丛螟又名"核桃缀叶螟"。

危害：以幼虫为害黄栌、核桃叶片，发生严重的年份可把树叶吃光。植株被害后枝残叶碎，冠顶光秃，形似火烧。枝条上留下雀巢般的虫窝，严重影响树势生长。

寄主：黄栌、核桃。

形态特征：

成虫：体长14~20毫米，翅展35~50毫米，全体黄褐色。前翅色深，稍带淡红褐色，有明显的黑褐色内横线及曲折的外横线，横线两侧靠近前缘处各有黑褐色斑点1个。前翅前缘中部有1个黄褐色斑点，后翅灰褐色，越接近外缘颜色越深。

卵：球形，密集排列成鱼鳞状，每个卵块有卵200粒左右。

幼虫：老熟幼虫体长20~30毫米。头部黑色，有光泽。前胸背板黑色，前缘有6个黄白色斑。背中线宽，杏黄色，亚背线、气门上线黑色，体侧各节有黄白色斑，腹部腹面黄褐色，疏生短毛。

蛹：长约16毫米，深褐色至黑色。

茧：深褐色，扁椭圆形，长约20毫米，宽约10毫米，硬似牛皮纸。

(1)成虫

(2)幼虫

(3)为害状(寄主:黄栌)

图2-1-26　缀叶丛螟

生物学特性：1年发生1代，以老熟幼虫在根的附近及距树干1米范围内的土中结茧越冬，入土深度10厘米左右。次年6月上旬为越冬代幼虫的化蛹期，盛期在6月底至7月中旬，成虫产卵于叶面。7月上旬至8月中旬为幼虫孵化期，盛期在7月底至8月初。初龄幼虫常群居在叶面上吐丝结网，舔食叶肉，先是缠卷1张叶片呈筒形，随着虫体的增大，2、3龄后开始分散，1头幼虫缠卷3~4片叶子为害。幼虫白天静伏于叶筒内，夜间取食。受害叶多位于树冠上部及外围。从8月中下旬开始，老熟幼虫开始入土作茧越冬。成虫昼伏夜出，善于飞翔，寿命很短，常为2~4天，有趋光性，多夜间羽化。羽化后，静伏片刻，待翅膀舒展，就飞上树，多栖于树冠外围的向阳面。交尾后1天左右，雌成虫开始产卵，卵产在树冠外围的叶面主脉两侧上。1头雌成虫一生产卵1000~1200粒，每70~100粒聚集排列成鱼鳞状。

防治方法：

(1)林业技术防治。幼虫群居为害时，摘除虫包，集中烧毁。虫茧在树根旁边及松软的土里比较集中，可在秋季封冻前或春季解冻后挖除虫茧。

(2)化学防治。于7月中、下旬幼虫为害初期，喷洒40%乐果乳油2000倍液，或25%西维因可湿性粉剂500～800倍液、45%高效氯氰聚酯水乳剂1000倍液，或20%除虫脲水剂800倍液，或25%灭幼脲乳油800倍液，防治效果好。也可利用老熟幼虫下树越冬的习性，于8月中、下旬在盐肤木等树干上设置药环带，阻隔其下树越冬，从而降低次年的虫口数量。

(3)物理防治。利用成虫的趋光性，在成虫羽化盛期设置黑光灯诱杀成虫。

(4)生物防治。缀叶丛螟的天敌资源丰富。蛹期可用真菌寄生；卵期天敌有螳螂、瓢虫、蚂蚁等；幼虫寄生性天敌有茧蜂、姬蜂等；捕食性天敌有麻雀、灰喜鹊、画眉、黄鹂、白头翁等鸟类。也可用白僵菌等生物制剂防治不同虫龄幼虫。

27. 苹掌舟蛾[*Phalera flavescens* (Bremer et Grey)]

苹掌舟蛾又名“苹果天社蛾”“舟形毛虫”。

危害：幼虫为害叶片，严重时可吃光叶片。

寄主：柳树、海棠、榆叶梅、樱花、紫叶李、山楂。

形态特征：

成虫：体长22～25毫米，翅展49～52毫米，头胸部淡黄白色，腹背雄蛾淡黄褐色，雌蛾土黄色，末端均淡黄色，复眼黑色，球形。触角黄褐色，丝状，雌蛾触角背面白色，雄蛾各节两侧均有微黄色茸毛。前翅银白色，在近基部生1个长圆形斑，外缘有6个椭圆形斑，横列成带状，各斑内端灰黑色，外端茶褐色，中间有黄色弧线隔开；翅中部有淡黄色波浪状线4条；顶角上具2个不明显的小黑点。后翅浅黄白色，近外缘处生1条褐色横带，有些雌虫消失或不明显。

卵：圆球形，直径约1毫米，初产时淡绿色，近孵化时变灰色或黄白色，卵粒排列整齐而成块。

幼虫：5龄，老熟幼虫体长50毫米左右。初为黄褐色，后变为紫红色，老熟时为紫黑色。全体密被灰黄长毛。头黑色，有光泽；胸部背面紫黑色，腹面紫红色。亚背线和气门上线灰白色，气门下线和腹线暗紫色。幼虫静止时，首尾翘起，形似小舟，故有“舟形毛虫”之称。

蛹：体长20～23毫米，纺锤形，暗红褐色。中胸背板后缘有9个缺刻，腹部末节背板光滑，前缘具7个缺刻，腹末有臀棘6根，中间2根较大，外侧2个不明显或消失。

（1）成虫

（2）幼虫

图 2－1－27　苹掌舟蛾

生物学特性：1 年发生 1 代。以蛹在树冠下的土中越冬，深 4～8 厘米的土层内数量最多。次年 7 月上旬至 8 月上旬羽化，7 月中、下旬为羽化盛期。成虫昼伏夜出，趋光性较强，常产卵于叶背，单层排列，密集成块。卵期约 7 天。8 月上旬幼虫孵化，初孵幼虫群集叶背，啃食叶肉呈灰白色透明网状，长大后分散为害，白天不活动，早晚取食，常把整枝、整树的叶子蚕食光，仅留叶柄。幼虫受惊有吐丝下垂的习性。8 月中旬至 9 月中旬为幼虫为害盛期。幼虫 5 龄，幼虫期 40 天，老熟后，陆续入土化蛹越冬。

防治方法：

（1）林业技术防治。冬、春季结合树穴深翻松土挖蛹，集中收集处理，减少虫源。

（2）物理防治。因害虫成虫具强烈的趋光性，可在 7～8 月成虫羽化期设置黑光灯，诱杀成虫。利用初孵幼虫的群集性和受惊吐丝下垂的习性，少量树木且虫量不多，可摘除虫叶、虫枝和振动树冠杀死落地幼虫。

（3）化学防治。用 48% 乐斯本乳油 1500 倍液、40% 乙酰甲胺磷乳油 1000 倍液、90% 敌百虫晶体 800 倍液、50% 杀螟松乳油 1000 倍液等喷雾。

（4）生物防治。人工释放卵寄生蜂。幼虫分散为害之前，喷洒青虫菌悬浮液 1000～1500 倍液。老熟幼虫入土期，在树冠下面撒施白僵菌，然后耙松土层，以消灭土壤内的幼虫或蛹。

28. 榆叶蜂［*Arge captive*（Smith）］

危害：幼虫食量大，发生盛期为害严重，短短几天即可将叶片食光。

寄主：榆树。

形态特征：

成虫：雌虫体长 8.5～11.5 毫米，翅展 16.5～24.5 毫米；雄虫较小，体具金属光泽。成虫头部蓝黑色，唇基上区（触角窝、唇基及额脊间的部分）具有明显的中脊；触角黑色，圆筒形，大约等于头部和胸部之和，雌虫触角长 6～8 毫米；胸部部分橘红色，中胸背板完全为橘红色，小盾片有时蓝黑色；翅体烟褐色；足全部蓝黑色。

卵： 椭圆形，长 1.5 ~2.0 毫米。初产时淡色，近孵化时变为黑色。

幼虫： 老熟幼虫体长 21 ~26 毫米，淡黄绿色，头部黑色。虫体各节具有 3 排横列的褐色肉瘤，体两侧近基部各具 1 个大的褐色肉瘤，臀板黑色。

蛹： 雌蛹体长 8.5 ~12 毫米，雄蛹较小，淡黄绿色。

茧： 淡黄色，长卵型，长 9.1 ~13.0 毫米，直径 5.0 ~6.0 毫米。

(1) 幼虫

(2) 为害状

图 2 -1 -28　榆叶蜂

生物学特性： 1 年发生 2 代，以老熟幼虫在土中 10 ~15 厘米深处结丝质茧越冬。次年 6 月初开始化蛹，6 月中、下旬开始羽化、产卵，7 月上旬幼虫孵化，为害到 7 月下旬陆续老熟，入土结茧化蛹。第 2 代成虫 8 月中下旬开始羽化、产卵。幼虫孵化后，为害到 10 月上旬，老熟幼虫入土结茧越冬。

防治方法： 幼虫发生期喷施苏云金杆菌（青虫菌、灭蛾灵等）400 倍液、2.5% 溴氰菊酯乳油 5000 倍液、25% 灭幼脲 3 号 2000 倍液、21% 全能 1500 倍液喷雾防治，均可取得良好的防治效果。

29. 榆毒蛾［*Ivela ochropoda* Eversmann］

榆毒蛾又名“榆黄足毒蛾”。

危害： 以幼虫取食寄主叶片，呈灰白色透明网状，严重时可将叶片食光，影响树木生长。

寄主： 榆树、柳树、月季等。

形态特征：

成虫： 成虫体长约 12 毫米，翅展 24 ~40 毫米。触角栉齿状，黑色，但触角干白色。体、翅白色。前翅密生大而粗的鳞毛，翅脉白色，翅顶较圆。前足腿节前半部至跗节以及中、后足胫节前半部及跗节橙黄色。

卵： 长 0.8 毫米，椭圆形，灰黄色，表面覆有灰黑色分泌物，串状排列。

幼虫：末龄幼虫体长25～35毫米，体浅黄绿色，头灰褐色。各节背面具白色毛瘤，瘤的基部四周黑色，腹部第1、2节上具较大的黑色毛丛。

(1)成虫

(2)幼虫

(3)蛹

图2－1－29　榆毒蛾

蛹：长15毫米，浅绿色，头顶具黑褐色毛束。腹面青灰色，复眼红褐色。

生物学特性：1年发生2代。以低龄幼虫在树皮缝或附近建筑物的缝隙处越冬。4月中旬榆钱刚开时幼虫开始活动。6月中旬就地吐丝作茧化蛹，蛹期15～20天。7月初成虫羽化。7月中、下旬进入1代幼虫孵化盛期，8月下旬化蛹。9月初1代成虫羽化，多把卵产在叶背或枝条上，排列成串。9月中、下旬2代幼虫孵化、为害。10月上旬幼虫钻进树皮缝处越冬。成虫有趋光性。

防治方法：

(1)化学防治。5月下旬至6月上旬和7月中、下旬幼虫发生期，使用1%苦参碱可溶性乳剂800倍液，或25%灭幼脲Ⅲ号悬浮剂3000倍液，或1.8%阿维菌素乳油1000～2000倍液，或35%吡虫啉乳油1000～2000倍液等，进行树冠喷雾防治。于幼虫盛发期防治。

(2)物理防治。6月、8～9月成虫发生期，利用杀虫灯诱杀。晚上开灯，底部距地面以1.0～1.5米为宜。无杀虫灯时用白炽灯也可。

(3)生物防治。幼虫发生期，使用100亿孢子/毫升苏云金杆菌乳剂500倍液进行树冠喷雾防治。注意保护步甲、螳螂、寄生蝇、寄生蜂、胡蜂、大腿小蜂等天敌。

(4)林业技术防治。加强管理，及时修剪枝叶，秋季彻底清理林地。

30. 盗毒蛾[*Porthesia similis* (Fueszly)]

盗毒蛾又名“桑毛虫”“桑叶毒蛾”“桑斑褐毒蛾”“黄尾毒蛾”“金毛虫”等。

危害：盗毒蛾主要是由幼虫为害嫩芽、嫩梢、叶等部位。初孵幼虫群集在叶背面取食叶肉，被害叶面形成透明斑，三龄后开始分散为害，造成叶片较大缺刻，叶面呈网格状，仅剩叶脉。受害嫩芽多由外层向内剥食。当害虫数量大、发生严重时，能将树叶吃光。人体接触毒毛常引发皮炎，有的造成淋巴发炎。

寄主：食性很杂，主要为柳树、杨树、槐树、刺槐、桦、白桦、泡桐、梧桐、枫杨、榛、桤木、山毛榉、栎类、山楂、苹果树、桃树、杏树、桑树、油茶、梅花、桂花、蔷薇、月季、牡丹、樱花、海棠、石榴、忍冬、紫藤等。

形态特征：

成虫：雌虫体长 18 ~ 20 毫米，雄虫体长 12 ~ 18 毫米，翅展 30 ~ 40 毫米。体翅均白色。触角干白色，栉齿棕黄色；下唇须白色，外侧黑褐色；头、胸、腹部基半部和足白色，微带黄色，腹部其余部分黄色；前、后翅白色，前翅后缘近臀角处有 1 ~ 2 个褐色斑纹，有的个体褐色斑不明显。前、后翅反面白色，翅前缘黑褐色。雌蛾腹部末端具金黄色毛丛。

卵：直径 0.6 ~ 0.7 毫米，圆锥形，中央稍凹陷，灰黄色。卵块长带状，被黄色毛丛。卵粒排列成块。

幼虫：老熟幼虫体长 25 ~ 40 毫米。头褐黑色，有光泽；体黑褐色，第 1、2 腹节宽。前胸背板黄色，具 2 条黑色纵线；体背面有一橙黄色带，在第 1、2、8 腹节中断，带中央贯穿 1 条红褐间断的线；亚背线白色；气门下线红黄色；前胸背面两侧各有 1 个向前突出的红色瘤，瘤上生黑色长毛束和紫褐色短毛，其余各节背瘤黑色，生黑褐色长毛和白色羽状毛，第 5、6 腹节瘤橙红色，生有黑褐色长毛；腹部第 1、2 节背面各有 1 对愈合的黑色瘤，上生白色羽状毛和黑褐色长毛；第 9 腹节瘤橙色，上生黑褐色长毛。

蛹：体长 12 ~ 16 毫米，圆筒形，黄褐色，体被黄褐色绒毛；腹部背面 1 ~ 3 节各有 4 个瘤。臀棘较长，约 30 根，排列紧密，弯曲。

茧：长 13 ~ 18 毫米，淡褐色，长椭圆形，附有幼虫蜕落的黑色体毛。

(1) 成虫

(2) 幼虫

图 2 - 1 - 30　盗毒蛾

生物学特性：山东 1 年发生 2 代，以 3 龄幼虫或 4 龄幼虫在枝干裂缝和落叶层内作薄茧越冬，次年春季 4 月下旬花木萌芽后，越冬幼虫活动为害。于 5 月下旬至 6 月中旬化蛹。6 月下旬成虫羽化，成虫白天潜伏在中下部叶背，傍晚飞出活动、交尾、产卵，把卵产在叶背，形成长条形卵块。成虫有趋光性。成虫寿命 7 ~ 17 天。每雌产卵 149 ~ 681 粒，卵期 4 ~ 7 天。初孵幼虫喜群集在叶背啃食为害，3、4 龄后分散为害叶片，有假死性，幼虫蜕皮 5 ~ 7 次，历期 20 ~ 37 天，越冬代长达 210 天。第 2 代成虫在 7 月下旬至8月上旬成虫羽化，交尾产卵，卵块表面被有黄色绒毛。10月初进入越冬期，越冬幼虫有结网群居习性。

防治方法：

(1)冬季及早春，刮除老树皮缝隙中越冬的幼虫，清除枯枝落叶及田垄间杂草并烧毁。消灭越冬幼虫，减少虫源。

(2)在成虫期，利用成虫趋光性，用黑光灯诱杀。

(3)化学防治：一是在早春害虫出蛰完毕时，喷洒50%混灭威乳油500～1000倍液或25%爱卡士乳油1000～1500倍液。二是在2龄幼虫高峰期，喷洒Bt杀虫剂、桑毛虫多角体病毒。三是在秋蚕用完叶之后，及时喷洒2.5%敌杀死乳油或20%速灭杀丁乳油3000倍液、10%天王星乳油或2.5%功夫菊酯乳油4000～5000倍液，减轻次年为害。四是在春、夏季及早秋饲蚕期间，喷洒90%晶体敌百虫1000倍液或80%敌敌畏乳油1500倍液、50%辛硫磷乳油1000倍液、60%双效磷乳油1500倍液。五是必要时，也可喷洒48%毒死蜱乳油1300倍液或10%吡虫啉可湿性粉剂2500倍液、5%锐劲特乳油1000倍液，其残效期为13天左右，对家蚕安全。

(4)保护和利用天敌。天敌主要有黑卵蜂、大角啮小蜂、矮饰苔寄蝇、桑毛虫绒茧蜂等。

31. 绿尾大蚕蛾[*Actias selene ningpoana* Felder]

绿尾大蚕蛾又名“大水青蛾”，别称“绿尾天蚕蛾”“绿翅天蚕蛾”“长尾水青蛾”“柳蚕”。

危害：绿尾大蚕蛾低龄幼虫食叶成缺刻或孔洞，稍大时可把全叶吃光，仅残留叶柄或叶脉。幼虫体型大，故食叶量大，为害严重，多发生在森林公园和风景园林区内。

寄主：柳树、加杨、悬铃木、白榆、枫杨、樟树、银杏、杜仲、山茱萸、乌桕、桤木、喜树，核桃树、苹果树、梨树、杏树、樱桃、石榴、葡萄、枣树、栗、沙果，木槿、樱花、海棠、月季、紫薇、玫瑰、冬青、桂花、玉兰、贴梗海棠、垂丝海棠、鸭脚木等。

形态特征：

成虫：成虫豆绿色，体粗大。体长32～38毫米，翅展100～135毫米。头灰褐色，头部两侧及肩板基部前缘有暗紫色横切带，触角土黄色，雄、雌均为长双栉形；体表具浓厚白色绒毛，前翅前缘暗紫色，混杂有白色鳞毛，翅脉及2条与外缘平行的细线均淡褐色，外缘黄褐色；中室端有1个眼形斑，斑的中央在横脉处呈1条透明横带，透明带的外侧黄褐色，内侧内方橙黄色，外方黑色，间杂有红色月牙形纹；后翅自M_3脉以后延伸成尾形，长达40毫米，尾带末端常呈卷折状；中室端有与前翅相同的眼形纹，只是比前翅略小些；外线单行黄褐色，有的个体不明显；胸足的胫节和跗节均浅绿色，披有长毛。一般雌蛾色较浅，翅较宽，尾突亦较短；不同世代的个体大小也有变化，一般情况下越冬代成虫体形偏小;不同个体尾突有变形。取食不同寄主的个体也有大小、深浅不同颜色的变化。

卵:球形稍扁,直径约 2 毫米,初产米黄色,孵化前淡黄褐色,卵面具胶质粘连成块。

幼虫:一般 5 龄,少数 6 龄。老熟幼虫体长平均 73 毫米,体节近 6 角形。1、2 龄幼虫体黑色,3 龄幼虫全体橘黄色,毛瘤黑色,4 龄体渐嫩绿色,化蛹前夕暗绿色。气门上线由红、黄两色组成。体各节背面具黄色瘤突,其中第 2、3 胸节和第 8 腹节上的瘤突较大,瘤上着生深褐色刺及白色长毛。胸足褐色,腹足棕褐色,上部具黑横带,尾足特大,臀板暗紫色。

蛹:长 45 ~ 50 毫米,红褐色,额区有 1 个浅白色三角形斑。蛹体外有灰褐色厚茧,茧外黏附寄主的叶片。

(1)成虫　(2)幼虫　(3)为害状

图 2 - 1 - 31　绿尾大蚕蛾

生物学特性:华北 1 年发生 2 代,华中、华东 1 年发生 2 ~ 3 代;华南 1 年发生 3 ~ 4 代。以老熟幼虫在树木枝干或附近杂草丛中结茧化蛹越冬。1 年发生 2 代的地区,次年 4 月中旬至 5 月上旬越冬蛹羽化,第 1 代幼虫 5 月中旬至 7 月为害,6 月底至 7 月结茧化蛹,并羽化为第 1 代成虫;第 2 代幼虫 7 月底至 9 月为害,9 月底老熟幼虫结茧化蛹越冬。1 年发生 3 代的地区,各代成虫盛发期分别为:越冬代 4 月下旬至 5 月上旬,第 1 代7 月上、中旬,第 2 代 8 月下旬至 9 月上旬。各代幼虫为害盛期是:第 1 代 5 月中旬至 6 月上旬,第 2 代 7 月中、下旬,第 3 代 9 月下旬至 10 月上旬。成虫昼伏夜出,有趋光性,日落后开始活动,深夜 21 ~ 23 时时最活跃,虫体大而笨拙,但飞翔力强。卵喜产在叶片边缘、叶背、叶尖或枝干上,有时雌蛾跌落树下,把卵产在土块或草上,常数粒或偶见数十粒产在一起,成堆或排开,每雌可产卵 200 ~ 300 粒。成虫寿命 7 ~ 12 天。初孵幼虫群集取食,2、3 龄后分散,1、2 龄幼虫在叶背啃食叶肉,取食量占全幼虫期食量的 5.7%。3 龄后幼虫多在树枝上,头朝上,以腹足抱握树枝,用胸足将叶片抓住取食,取食量占全幼虫期食量的 94.3%。低龄幼虫昼夜取食量相差不大,但高龄幼虫夜间取食量明显高于白天。取食时先把 1 叶吃完再为害邻叶,残留叶柄,幼虫行动迟缓,食量大,每头幼虫可食 100 多片叶子。幼虫具避光蜕皮习性,蜕皮多在傍晚和夜间,在阴雨天、白天光线微弱处也有幼虫蜕皮现象。幼虫老熟后,于枝上吐丝结茧化蛹,结茧时间多在

20 时以后。第 2 代幼虫老熟后下树,附在树干或其他植物上吐丝结茧化蛹越冬。

防治方法:

(1)林业技术防治:在各代产卵期和化蛹期,人工摘除着卵叶和茧、蛹,减少虫口数量。

(2)物理防治:在成虫发生期,设置黑光灯或高压汞灯诱杀,效果明显。

(3)生物防治:在各代幼虫 2 龄时期,喷施苏云金杆菌乳剂(含孢量 120 亿/毫升)100 倍液,防效可达 70% ~80%。

(4)化学防治:尽量选择在幼虫 3 龄前喷药防治。此时虫口密度小,为害小,且虫的抗药性相对较弱。1、2 代幼虫可用 10% 氯氰菊酯 2000 倍液、2.5% 溴氰菊酯 3000 倍液、40% 乙酰甲胺磷 1000 倍液、90% 晶体敌百虫 800 倍液、45% 马拉硫磷 1000 倍液、80% 敌敌畏乳油 1500 倍液,或 20% 速灭杀丁 5000 倍液,或 45% 丙溴辛硫磷 1000 倍液,或 20% 氰戊菊酯 1500 倍液加 5.7% 甲维盐 2000 倍混合液、40% 啶虫・毒(必治)1500 ~2000 倍液喷杀幼虫,可连用 1 ~2 次,间隔 7 ~10 天。可于傍晚时用药,采用淋洗喷雾法,使药液喷透树冠枝叶;可轮换用药,以延缓抗性的产生。

32. 葡萄天蛾[*Ampelophaga rubiginosa* Bremer et Grey]

葡萄天蛾又名"车天蛾"。

危害: 葡萄天蛾以幼虫食叶成缺刻或孔洞,高龄幼虫为害叶片后仅残留叶柄。

寄主: 葡萄。

形态特征:

成虫: 体长 45 毫米左右,翅展 90 毫米左右,体肥大,呈纺锤形,体翅茶褐色,背面色暗,腹面色淡,近土黄色。体背中央自前胸到腹端有 1 条灰白色纵线,复眼后至前翅基部有 1 条灰白色较宽的纵线。复眼球形较大,暗褐色。触角短栉齿状,背侧灰白色。前翅各横线均为暗茶褐色,中横线较宽,内横线次之,外横线较细呈波纹状,前缘近顶角处有 1 个暗色三角形斑,斑下接亚外缘线,亚外缘线呈波状,较外横线宽。后翅周缘棕褐色,中间大部分为黑褐色,缘毛色稍红。翅中部和外部各有 1 条暗茶褐色横线,翅展时前、后翅两线相接,外侧略呈波纹状。

卵: 球形、直径 1.5 毫米左右,表面光滑。淡绿色,孵化前淡黄绿色。

幼虫: 老熟时体长 80 毫米左右,绿色,背面色较淡。体表分布有横条纹和黄色颗粒状小点。头部有 2 对近于平行的黄白色纵线,分布于蜕裂线两侧和触角之上,均达头顶。胸足红褐色,基部外侧黑色,端部外侧白色,基部上方各有 1 个黄色斑点。前、中胸较细小,后胸和第 1 腹节较粗大。第 8 腹节背面中央具 1 个锥状尾角。胴部背面两侧(亚背线处)有 1 条纵线,第 2 腹节以前黄白色,其后白色,止于尾角两侧,前端与头部颊区纵线相接。中胸至第 7 腹节两侧各有 1 条由前下方斜向后上方伸的黄白色线,与体背两侧之纵线相接。第1~7腹节背面前缘中央各有1个深绿色小点，两侧各有1条黄白色斜短线，于各腹节前半部，呈“八”字形。气门9对，生于前胸和第1~8腹节，气门片红褐色。臀板边缘淡黄色。化蛹前有的个体呈淡茶色。

蛹：体长49~55毫米，长纺锤形。初为绿色，逐渐背面呈棕褐色，腹面暗绿色。足和翅脉上出现黑点，断续成线。头顶有1个卵圆形黑斑。气门处为1个黑褐色斑点。翅芽与后足等长，伸达第4腹节下缘。触角稍短于前足端部。第8腹节背面中央有1个圆痕(尾角遗痕)。臀棘黑褐色较尖。气门椭圆形黑色，可见7对，位于第2~8腹节两侧。

(1)成虫　　(2)幼虫

图2-1-32　葡萄天蛾

生物学特性：1年发生1~2代。以蛹于表土层内越冬。次年5月中旬羽化，6月上、中旬进入羽化盛期。成虫白天潜伏，夜晚活动，有趋光性，于葡萄株间飞舞。多在傍晚交配，交配后24~36小时产卵，卵多产于叶背或嫩梢上，单粒散产。成虫寿命7~10天。每雌产卵155~180粒，卵期6~8天。6月中旬始见幼虫。孵化后不食卵壳，多于叶背主脉或叶柄上栖息，夜晚取食，白天静伏，栖息时以腹足抱持枝或叶柄，头胸部收缩稍扬起。受触动时，头胸部左右摆动，口器分泌出绿水。幼虫活动迟缓，一枝上的叶片食光后再转移至邻近枝。幼虫期30~45天。7月中旬开始在葡萄架下陆续老熟入土化蛹，夏蛹具薄网状膜，常与落叶黏附在一起，蛹期15~18天。7月底、8月初可见第1代成虫，8月上旬可见第2代幼虫为害，多与第1代幼虫混在一起。为害较严重时，常把叶片食光。进入9月下旬至10月上旬，幼虫入土化蛹越冬。

防治方法：

(1)林业技术防治。①冬季翻土，可在树木周围耙土、锄草或翻地，杀死越冬虫蛹。②利用幼虫受惊易掉落的习性，在幼虫发生时将其击落，或根据地面和叶片的虫粪、碎片，人工捕杀树上的幼虫。③幼虫入土后或成虫羽化前，在寄主周围地面喷施50%辛硫磷，以毒杀土中虫蛹。

(2)物理防治。利用天蛾成虫的趋光性，在成虫发生期用黑光灯、频振式杀虫灯等诱杀成虫。

(3)生物防治。幼虫3龄前,可施用每毫克16000国际单位苏云金杆菌可湿性粉剂1000～1200倍液,让天蛾幼虫中毒后在树上慢慢死亡腐烂,不直接往下掉到地面,既保护各种天敌,又防止污染环境。

(4)化学防治。3～4龄前的幼虫,可喷施20%除虫脲悬浮剂3000～3500倍液,或25%灭幼脲悬浮剂2000～2500倍液,或20%米满悬浮剂1500 ～2000倍液等仿生农药。虫口密度大时,可喷施50%辛硫磷2500倍液,或2.5%功夫菊酯乳油2500～3000倍液,或2.5%溴氰菊酯2000 ～3000倍液等药物,均有较好的防治效果。

33. 桑褐刺蛾[*Setora postornata* (Hampson)]

桑褐刺蛾又名"褐刺蛾""红绿刺蛾""刺毛虫""毛辣子""活辣子""七辣子""八角儿丁""八家子""八角虫"。

危害:桑褐刺蛾以幼虫取食寄主植物叶肉,仅残留表皮和叶脉。体表有毒毛,粘于身上有疼痛感,且奇痒难忍。

寄主:杨树、柳树、榆树、桃树、葡萄、苹果树、梨树、柿树等多种树木。

形态特征:

成虫:雌虫体长17.5～19.5毫米,翅展38～41毫米,全体土褐色至灰褐色。前翅中线和外线暗褐色,有丝绢光泽,中线从前缘1/3处向内拱,以弧形伸至后缘基部,外线较垂直,在臀角呈梯形斑。雌蛾体色、斑纹较雄蛾浅。雄虫体长17～18毫米,翅展30～36毫米。

卵:扁椭圆形,黄色,半透明。

幼虫:老熟幼虫体长23～25毫米,体黄绿色,背线天蓝色,各节在背线前后各具1对黑点;中胸至第9腹节每节于亚背线上着生枝刺1对,中、后胸及第1、5、8、9腹节上的枝刺特别长。

蛹:灰褐色,椭圆形。茧灰褐色,坚硬,长约15毫米。

(1)成虫

(2)幼虫

图2-1-33　桑褐刺蛾

生物学特性：1 年发生 2 ~ 4 代，以老熟幼虫在树干附近土中结茧越冬。发生 3 代的地区成虫分别在 5 月下旬、7 月下旬、9 月上旬出现。成虫夜间活动，有趋光性。卵多成块产于叶背，每雌产卵 300 多粒。幼虫孵化后在叶背群集并取食叶肉，半月后分散为害，取食叶片。老熟后入土结茧化蛹。

防治方法：

(1)秋、冬、春季，翻土挖除越冬虫茧。

(2)幼虫群集为害期人工捕杀，捕杀时注意幼虫毒毛。

(3)利用黑光灯诱杀成虫。

(4)幼虫发生期施药防治。喷洒青虫菌(每克含 100 亿孢子)1000 倍液，如能混入 0.2% 中性洗衣粉，可提高防效。此外，可喷白僵菌 300 倍液，或 90% 晶体敌百虫 800 ~ 900 倍液、50% 敌敌畏乳油 900 ~ 1000 倍液、50% 杀螟松乳油 800 倍液、2.5% 功夫乳油 2000 ~ 3000 倍液。

34. 榆绿天蛾[*Callambulyx tatarinovi* (Bremer et Grey)]

榆绿天蛾又名“云纹天蛾”。

危害：榆绿天蛾以幼虫食害植物的叶片。

寄主：榆树、柳树、杨树、槐树、构树、桑树等树种。

形态特征：

成虫：体长 30 ~ 33 毫米，翅展 75 ~ 79 毫米。翅面粉绿色，有云纹斑，胸背墨绿色。前翅前缘顶角有 1 块较大的三角形深绿色斑，后缘中部有 1 块褐色斑。内横线外侧连成 1 块深绿色斑，外横线呈 2 条弯曲的波状纹。翅的反面近基部后缘淡红色。后翅红色，后缘角有墨绿色斑，外缘淡绿。翅反面黄绿色。腹部背面粉绿色，每腹节有 1 条黄白色线纹。触角上面白色，下面褐色。各足腿节淡绿色，内侧有绿色密毛，跗节赤褐色。

卵：淡绿色，椭圆形。

幼虫：鲜绿色，体长 80 毫米，头部有散生小白点，各节横皱有白点并列。腹部两侧第 1 节起有 7 个白斜纹，斜纹两侧有赤褐色线缘。背线赤褐色，两侧有白线。尾角赤褐色，有白色颗粒。

蛹：浓褐色，长 35 毫米。

生物学特性：华北地区 1 年发生 1 ~ 2 代，以蛹在土壤中越冬。次年 5 月出现成虫，6 ~ 7 月为羽化高峰。成虫昼伏夜出，趋光性较强，卵散产在叶片背面。6 月上、中旬见卵及幼虫，6 ~ 9 月间为幼虫为害期。

(1)成虫

(2)幼虫

图2－1－34　榆绿天蛾

防治方法：

(1)林业技术防治。①冬季翻土，蛹期可在树木周围耙土、锄草或翻地，杀死越冬虫蛹。②利用幼虫受惊易掉落的习性，在幼虫发生时将其击落，或根据地面和叶片的虫粪、碎片，人工捕杀树上的幼虫。③幼虫入土后或成虫羽化前，在寄主周围地面喷施50%辛硫磷，以毒杀土中虫蛹。

(2)物理防治。利用天蛾成虫的趋光性，在成虫发生期用黑光灯、频振式杀虫灯诱杀成虫。

(3)生物防治。幼虫3龄前，可施用每毫克16000国际单位苏云金杆菌可湿性粉剂1000～1200倍液，让天蛾幼虫中毒后在树上慢慢死亡腐烂，不直接往下掉到地面，既保护各种天敌，又防止污染环境卫生。

(4)化学防治。3～4龄前的幼虫，可喷施20%除虫脲悬浮剂3000～3500倍液，或25%灭幼脲悬浮剂2000～2500倍液，或20%米满悬浮剂1500～2000倍液等仿生农药。虫口密度大时，可喷施50%辛硫磷2500倍液，或2.5%功夫菊酯乳油2500～3000倍液，或2.5%溴氰菊酯2000～3000倍液等药物，均有较好的防治效果。

(5)保护螳螂、胡蜂、茧蜂、益鸟等天敌。

35. 榆黄毛萤叶甲［*Pyrrhalta maculicollis*（Motschulsky）］

榆黄毛萤叶甲又名“榆黄叶甲”“黑肩毛胸萤叶甲”。

危害：榆黄毛萤叶甲以幼虫取食叶片为害，初孵幼虫啃食叶肉，使叶片呈箩网状，大龄幼虫食叶片呈穿孔状。

寄主：榆树、榔榆、白榆、垂榆。

形态特征：

成虫：体长6.5～7.5毫米，宽3～4毫米，体近长方形，黄褐色至褐色，密被绒毛及刻点。头顶中央具1条桃形黑色斑纹。触角黑色，基部数节腹面黄褐色，触角短，不及体长之半。前胸背板中央有1个长形黑斑,两侧各有1个大凹洼,凹洼外侧有1个卵形黑斑。鞘翅肩部、后胸腹板以及腹节两侧均呈黑褐色或黑色。

卵:卵长约1毫米,长圆锥形,顶端钝圆,黄白色。

幼虫:末龄幼虫体长9毫米,黄色,周身具黑色毛瘤。足黑色。

蛹:长约7毫米,乳黄色,椭圆形,背面生黑刺毛,两翅灰黄色。

(1)成虫

(2)幼虫

(3)成虫为害状

(4)幼虫为害状

图2-1-35　榆黄毛萤叶甲

生物学特性:1年发生2代,以成虫在墙缝内、石块下或表土中越冬。次年4月成虫出现,较榆绿毛莹叶甲出现稍晚。产卵于叶背,每卵块有十几粒,卵期约10天。初孵幼虫啃食叶肉,使叶片呈箩网状,大龄幼虫食叶片呈穿孔状,老熟幼虫常集聚在树干、伤疤处化蛹。10月上旬成虫寻找越冬场所越冬。

防治方法:

(1)老熟幼虫群集在树干上化蛹时,及时灭杀。

(2)化学防治。用45%丙溴辛硫磷1000倍液、40%啶虫·毒1500~2000倍液、20%氰戊菊酯1500倍液加5.7%甲维盐2000倍混合液喷雾防治。

36. 榆绿毛萤叶甲[*Pyrrhalta aenescens* Fairmaire]

榆绿毛萤叶甲又称“榆蓝叶甲”“榆蓝金花虫”。

危害：以成虫和幼虫为害榆树叶片，严重发生时将叶片食成网状，甚至将叶片全部食光，迫使树体二次发芽。

寄主：榆。

形态特征：

成虫：体长7.0～8.5毫米，近长方形。体黄褐色。鞘翅绿色，有金属光泽。全体密被柔毛及刺突。头顶有1个近钝三角形的黑斑，头前瘤几乎成三角形。触角第1～7节背面及第8～11节为黑色。上颚端部以下及下颚须、下唇须端部黑褐色。前胸背板光滑，横阔，中央凹陷部有1个倒葫芦形黑斑，近外缘也各有1个近卵形黑斑。小盾片黑色。鞘翅较前胸背板宽，两翅各具明显的纵隆线2条。雄虫腹面末端中央呈半圆形凹入，雌虫则呈马蹄形凹入。

卵：长1.1毫米，黄色，梨形，顶端尖细。

(1)成虫　(2)卵

(3)老龄幼虫　(4)蛹

图2-1-36　榆绿毛萤叶甲

幼虫：末龄幼虫体长11毫米，长形，略扁平，深黄色。中、后胸及腹部第1~8节背面漆黑色。前胸背板上有左右2个大褐斑。中、后胸背面每节有8个毛瘤，两侧各有4个毛瘤。腹部第1~8节背面各有10个毛瘤，两侧各有6个毛瘤。臀板深黄色。

蛹：体长7.5毫米左右，黑黄色。

生物学特性：1年发生3代。以成虫在墙缝、砖瓦层、屋檐、树皮缝等处越冬。4月上旬出蛰上树为害。5月上、中旬是第1代幼虫孵化期；6月下旬是第2代幼虫孵化期；8月上旬至10月上旬间第3代成虫羽化，10月上旬先后陆续越冬。越冬代成虫出蛰后要取食10~15天才繁殖，产卵在榆叶背面。成虫飞翔力强，趋光性弱，有假死性。1~2龄幼虫食量稍小，3龄食量大增。老熟幼虫集中在主干分叉、树皮裂缝中或伤疤处化蛹。

防治方法：

(1)化学防治。①4月上旬越冬成虫出蜇上树前，使用毒笔在树干基部涂2个闭合圈，毒杀越冬后上树成虫。②4月中旬、5月上中旬、10月上旬成虫、幼虫发生期，使用5%吡虫啉乳油树干注药防治。用药量每厘米胸径1毫升。打孔注药方法：在干基部距地面30厘米处钻孔，钻头与树干呈45°角，钻6~8厘米深的斜向下孔。视树木胸径大小绕干钻3~5个孔，注药后以泥浆封孔。③使用50%辛硫磷乳油2000倍液，或氯氰菊酯3000~3500倍液，或90%晶体敌百虫1000倍液等，进行喷雾防治。越冬代成虫产卵前、第1代幼虫和成虫越冬前，是防治最佳时期。

(2)植物检疫。对苗木调出、调入进行严格检疫。

(3)林业技术防治。营造混交林；选种抗虫品种；秋季收集枯枝落叶，清除杂草，深翻土地，消灭越冬虫源。

(4)生物防治。注意保护和利用瓢虫、螳螂等天敌。

37. 榆掌舟蛾[*Phalera fuscescens* Butler]

榆掌舟蛾又名“榆黄斑舟蛾”“黄掌舟蛾”“榆毛虫”。

危害：以幼虫取食寄主叶片，严重时常将叶片食光，影响树木正常生长。

寄主：榆树、樱花、梨树、海棠、沙果、樱桃、杨树等。

形态特征：

成虫：体长20毫米左右，翅展约60毫米。体灰褐色，前翅灰褐色而带银色，其顶角处有1个浅黄色掌形大斑，近臀角处有1个暗褐色斑。

卵：圆形，粉红色，渐变黑褐色。

幼虫：老熟时体长50毫米左右。头部黑褐色。幼虫有2种色型。一种为黄白色型，亚背线(双道)、气门上线和气门下线白色，腹线黄白色，体被黄白色细长毛，背部纵贯青黑色条纹，体侧有青黑色短斜条纹，气门下侧红色，臀足退化，尾部常向上方翘起。

另一种为褐色型,体背有数条红褐色纵条,其他特征相似。各体节中央有1条红色环带。

蛹:纺锤形,深红褐色。

(1)成虫

(2)幼虫

图2-1-37　榆掌舟蛾

生物学特性:1年发生1代。以蛹在寄主植物周围的土中越冬。5~6月成虫羽化,成虫有趋光性。卵产在叶片背面。初孵幼虫群集为害叶肉,造成白色透明网状叶。幼虫静止时,头的方向一致,排列整齐,尾部上翘,遇惊常吐丝下垂,随后再折返叶面,叶食光后再成群迁移继续为害。8~9月为害最凶。大龄幼虫有假死性,遇惊即坠地,然后再沿树干重返树上为害。9月中、下旬幼虫入土化蛹越冬。

防治方法:

(1)物理防治。成虫羽化前,设置杀虫灯诱杀。

(2)化学防治。8~9月幼虫发生期,使用20%灭幼脲Ⅲ号悬浮剂4000倍液等,进行喷雾防治。以仿生药剂为主,以利于保护天敌。

(3)林业技术防治。冬季深翻土壤,可消灭部分地下越冬蛹。

(4)生物防治。幼虫发生期,使用100亿孢子/毫升苏云金杆菌乳剂600倍液,进行喷雾防治。注意保护和利用天敌:卵期天敌有舟蛾赤眼蜂、黑卵蜂,幼虫期有益鸟、中华茧蜂、金小蜂、毛虫追寄蝇、绒茧蜂和颗粒体病毒等,蛹期有广大腿小蜂、家蚕追寄蝇等。

38. 棉铃虫[*Helicoverpa armigera*(Hubner)]

棉铃虫又名“棉铃实夜蛾”“红铃虫”“绿带实蛾”。

危害:该虫主要是以幼虫钻蛀花蕾,咬食花朵及嫩梢上的新叶为害,造成落蕾、落花,导致叶片缺刻。

寄主:万寿菊、香石竹、扶郎花、木槿、百日草、向日葵等。

形态特征:

成虫:体长14~20毫米,翅展36~40毫米。雌蛾黄褐色,前翅赤褐色。雄蛾灰褐色，触角丝状，黄褐色。中横线由肾状纹下斜伸至翅后缘，末端达环状纹的正下方。外横线斜向后伸，末端达肾状纹正下方。

卵：约 0.5 毫米，半球形，乳白色，卵壳上有纵横网格。

老熟幼虫：体长 30 ~ 42 毫米，体色变化大，有淡绿色、绿色、黄白色、淡红色、红褐色、黑紫色等。2 根前胸侧毛连线与前胸气门下端相切，甚至通过前胸气门。体表有多条纵线，并布满褐色和灰色小刺，小刺长而尖，底座较大。体壁显得较粗厚。

蛹：体长 17 ~ 21 毫米，纺锤形，黄褐色。腹部第 5 ~ 7 节的背面和腹面密布半圆形刻点，腹末端有臀刺 2 根。

(1) 成虫

(2) 幼虫

图 2 - 1 - 38　棉铃虫

生物学特性：年发生代数各地不一，1 年可发生 5 ~ 6 代。都是以蛹在土壤中越冬。次年 4 月中、下旬，温度在 15℃以上时，成虫开始羽化，羽化期可延长 1 个多月，有世代重叠现象。成虫昼伏夜出，白天多栖息在植株丛间，傍晚活跃，集中在开花植物上吸食花蜜。成虫对黑光灯和半干杨树枝叶有趋性。雌蛾将卵产在嫩叶、嫩梢、茎基等处，初孵幼虫取食嫩叶和小花蕾，被害部分残留表皮，形成小凹点，2 ~ 3 龄时吐丝下垂分散为害花蕾及花。每年 2 ~ 3 代幼虫为害严重，6 月下旬至 9 月上旬是为害盛期。老熟幼虫入土内 3 ~ 9 厘米处作土室化蛹。蛹期 9 ~ 15 天，10 月中、下旬仍可见到成虫。

防治方法：

(1) 根据成虫有趋光性，可用黑光灯诱杀成虫，或者插半干杨树枝把诱杀。

(2) 在冬季进行翻耕，可杀死部分越冬蛹。在幼虫期，也可人工捕杀。

(3) 化学防治。幼虫发生盛期，用 2.5% 天王星乳油 3000 倍液，或 1.8% 阿维菌素 2000 倍液，或 48% 乐斯本乳油 800 ~ 1000 倍液，或 45% 丙溴辛硫磷 1000 倍液，或 20% 氰戊菊酯 1500 倍液加 5.7% 甲维盐 2000 倍液组合喷杀幼虫。

(4) 生物防治。用苏云金杆菌乳剂 1000 倍液喷雾。于卵盛期释放赤眼蜂。

39. 桃六点天蛾[*Marumba gaschkewitschii*]

桃六点天蛾又名“枣桃六点天蛾”“枣天蛾”“枣豆虫”“桃雀蛾”等。

危害：幼虫食叶，常仅残留粗脉和叶柄。

寄主：碧桃、苹果树、樱花、海棠、葡萄、梨树、杏树、桃树、枣树等树种。

形态特征：

成虫：体长36~46毫米，翅展82~120毫米，体肥大，深褐色至灰紫色。头细小。触角栉齿状，米黄色，复眼紫黑色。前翅狭长，灰褐色，有数条较宽的深浅不同的褐色横带，外缘有1条深褐色宽带，后缘臀角处有1块黑斑，前翅反面具紫红色长鳞毛。后翅近三角形，上有红色长毛，翅脉褐色，后缘臀角有1块灰黑色大斑，后翅反面灰褐色。

卵：扁圆形，绿色，似大谷粒，一端有胶质可黏附叶面上，孵化前转为绿白色。

幼虫：老熟幼虫体长80毫米，黄绿色，体光滑，头部呈三角形，第1~8腹节侧面有黄白色斜线7对，通过气门上方，胸部各节有黄白色颗粒，气门黑色，胸足淡红色，尾角较长。

蛹：长45毫米，纺锤形，黑褐色，尾端有短刺。

(1)成虫

(2)幼虫

图2-1-39　桃六点天蛾

生物学特性：1年发生2代，以蛹在地下5~10厘米深处的蛹室中越冬。越冬代成虫于5月中、下旬出现，白天静伏不动，傍晚活动，有一定趋光性。卵产于树枝阴暗或树干裂缝内，或叶片上，散产。每雌蛾产卵量为170~500粒。卵期约7天。第1代幼虫在5月下旬至6月发生为害。6月下旬幼虫老熟后，入地作穴化蛹，7月上旬出现第1代成虫，7月下旬至8月上旬第2代幼虫开始为害，9月上旬幼虫老熟，入土化蛹越冬。

防治方法：

(1)利用幼虫受惊易掉落的习性，在幼虫发生期将其击落，或根据地面粪粒，捕捉树上的幼虫。

(2)防治3~4龄前的幼虫,可喷洒80%敌敌畏乳油2000~3000倍液、90%敌百虫晶体1000~1500倍液、2.5%溴氰菊酯乳油2500~5000倍液、50%马拉硫磷乳油1000~1500倍液。每毫升含孢子100亿以上苏云金杆菌600倍液防治4龄以上的幼虫也有效。

其他措施可参考葡萄天蛾。

40. 柳蓝叶甲[*Plagiodera versicolora* (Laicharting)]

危害: 成虫取食叶片成缺刻或孔洞,幼虫啃食叶表后,留下一层较透明的叶组织,有时也会造成缺刻或孔洞。尤其苗圃受害严重,直接影响苗木质量。

寄主: 各种柳树、杨树。

形态特征:

成虫: 体长4毫米左右,近圆形,深蓝色,具金属光泽。头部横阔,触角6节,基部细小,其余各节粗大,褐色至深褐色,上生细毛,前胸背板横阔光滑。鞘翅上密生略成行列的细刻点。体腹面、足颜色较深,具光泽。

卵: 长1毫米,宽0.5毫米,橙黄色,椭圆形,成堆直立在叶面上,叶背数量较多。

幼虫: 体长约6毫米,灰褐色,全身有黑褐色凸起状物,胸部宽,体背每节具4个黑斑,两侧具乳突。

蛹: 离蛹,长4毫米,宽2.5毫米,椭圆形,黄褐色,腹部背面有4列黑斑。

(1)成虫

(2)幼虫

图2-1-40 柳蓝叶甲

生物学特性: 1年发生5~6代,以成虫在土壤、落叶和杂草丛中越冬。次年4月柳树发芽时出来活动,为害芽、叶,并把卵产在叶上,成堆排列,每雌产卵200~650粒,卵期6~7天。初孵幼虫群集为害,啃食叶肉。幼虫期约10天,老熟幼虫在叶上化蛹,9月中旬可同时见到成虫和幼虫。成虫有假死性。

防治方法:

(1)林业技术防治。组织人工摘除柳蓝叶甲卵块及初孵幼虫,集中烧毁除虫。秋季清除植株落叶和杂草等消灭越冬成虫。

(2)物理防治。主要采取振落和捕杀成虫的形式,例如早春越冬成虫上树群集为害时,可利用其假死性,振落杀灭。

(3)生物防治。保护柳蓝叶甲的天敌昆虫,如螳螂、胡蜂、猎蝽、草蛉等,同时也可使用性诱剂等生物农药。

(4)化学防治。幼虫、成虫为害期及成虫越冬出蛰活动期,可选用40%氧化乐果800~1000倍液,或20%菊杀乳油1500~2000倍液,或50%辛硫磷乳油800~1000倍液,或2.5%溴氰菊酯乳油2500~3000倍液等进行喷雾毒杀。高大柳树难以喷药处理时,可采取打孔注射的方法,直接将药液注入树木主干进行杀虫,药物注射后再用湿泥土封口。

41. 美国白蛾[*Hyphantria cunea*(Drury)]

美国白蛾又名"美国白灯蛾""秋幕毛虫""秋毛虫""秋幕蛾"。

危害:美国白蛾是一种食性杂、繁殖量大、适应性强、传播途径广、为害严重的世界性检疫害虫。该虫1979年传入我国辽宁丹东后,迅速扩散蔓延,严重暴发成灾。该虫常以幼龄幼虫群集寄主叶上吐丝结网幕,在网幕内取食寄主的叶肉,受害叶片仅留叶脉呈白膜状而枯黄。老龄幼虫食叶呈缺刻和孔洞,每株树上多达几百只、上千只幼虫为害,严重时树木食成光杆,林相残破,被害木树势衰弱,易遭其他病虫害的侵袭,削弱了树木的抗寒、抗逆能力。连续受害可导致被害树死亡,直接制约了城镇环境绿化和美化,给林业生产造成重大损失,对当地的经济、生态和人文景观影响极大。美国白蛾为全国林业检疫性有害生物,同时也被列入中国首批外来入侵物种。

寄主:可取食为害绝大多数阔叶树以及灌木、花卉、蔬菜、农作物、杂草等,在我国的寄主植物多达49科108属175种,主要为杨树、柳树、榆树、槐树、白蜡、臭椿、法桐、泡桐、山檀、桑树、板栗、苹果、梨、桃、李、杏、海棠、樱花、金银木、紫叶李、桃树、白菜、萝卜、菜豆等。

形态特征:

成虫:白色,中型蛾,雌蛾体长9.5~15毫米,翅展30~42毫米,雄蛾体长9~13.5毫米,翅展25~36.5毫米。复眼黑褐色,无光泽,半球形,大而突出。雄蛾复眼稍大于雌蛾。喙不发达,短而细,下唇须小,侧面和端部黑褐色。胸部背面密布白毛,多数个体腹部白色无斑点,少数个体腹部白色有黑点。雄蛾触角双栉齿状,黑褐色,长5毫米,内侧枝齿较短,约为外侧枝齿的2/3。雌蛾触角锯齿状,褐色。成虫前足基节、腿节橘黄色,胫节和跗节外侧黑色,内侧白色。翅底色纯白,雄蛾前翅从无斑到有浓密的褐色斑,雌蛾前翅常无斑,越冬代明显多于越夏代。非越冬代成虫的前、后翅绝大多数全为白色,仅雄虫的前翅有时有数个不正矩形黑斑;越冬代成虫的前翅均有许多排列不规则的不正矩形黑斑,少数雌虫有一至数个黑斑。雄虫翅斑变异有:7 列斑型(2 列基斑、2 列中黑斑、2 列侧列斑、1 列缘斑)、5 列斑型、4 列斑型、少斑型(翅上只有稀疏少量黑斑)。雌虫翅斑变异较小:有斑型和无斑型,有斑个体翅斑稀疏。

卵: 圆球形,直径约 0.5 毫米,初产卵浅黄绿色或浅绿色,后变灰绿色,孵化前变灰褐色,有较强的光泽。卵单层排列成块,大小为 2 ~ 3 平方厘米,排列整齐,覆盖白色鳞毛。

幼虫: 老熟幼虫体长 28 ~ 35 毫米。体黄绿色至灰黑色,背线、气门上线、气门下线浅黄色。背部毛瘤黑色,体侧毛瘤多为橙黄色,毛瘤上着生白色长毛丛。腹足外侧黑色。气门白色,椭圆形,具黑边。根据幼虫的形态,可分为黑头型和红头型两型,其在低龄时就可以明显分辨。3 龄后,从体色、色斑、毛瘤及其上的刚毛颜色上更易区别。

蛹: 体长 8 ~ 15 毫米,宽 3 ~ 5 毫米,暗红褐色。雄蛹瘦小,雌蛹较肥大,蛹外被有黄褐色薄丝质茧,茧上的丝混杂着幼虫的体毛,共同形成网状物。腹部各节除节间外,布满凹陷刻点。臀刺 8 ~ 17 根,每根钩刺的末端呈喇叭口状,中凹陷。

(1) 雌成虫　(2) 雄成虫　(3) 雌雄交尾及卵块

(4) 卵　(5) 初孵幼虫　(6) 幼虫

(7) 形成的网幕　(8) 蛹　(9) 为害状(寄主为杨树)

图 2-1-41　美国白蛾

生物学特性: 华北地区一般 1 年发生 3 代,以蛹越冬。每年的 4 月下旬至 5 月下旬是越冬代成虫羽化期，并产卵。幼虫5月上旬开始为害，一直延续至6月下旬。7月上旬当年第1代成虫出现，成虫期延至7月下旬。第2代幼虫7月中旬开始发生，8月中旬为其为害盛期，经常发生整株树叶被吃光的现象。8月，出现世代重叠现象，可以同时发现卵、初龄幼虫、老龄幼虫、蛹及成虫。8月中旬，当年第2代成虫开始羽化。第3代幼虫从9月上旬开始为害，直至11月中旬。10月中旬，第3代幼虫陆续化蛹越冬。越冬蛹期一直持续到次年5月。由于气候及各种天敌的作用，越冬蛹残废率很高，能达到70%～80%。

美国白蛾成虫有趋光性和趋味性，对腥臭味敏感度较强，因此，一般在树木稀疏、光照条件好的地方或臭水坑、厕所等散发恶臭味的地方发生严重。成虫交尾时间一般为3～4时，在交尾结束后当晚或次日产卵于叶背，卵单层排列成块状，1块卵有数百粒，多者可达千粒，产卵时间较长。幼虫孵出几个小时后即吐丝结网，第1、2代幼虫主要在树冠中下部为害，结成白色网幕，第3代幼虫在树冠中上部为害，结成白色网幕。低龄幼虫在网幕内取食叶肉，受害叶片仅留叶脉呈白膜状而枯黄。5龄以后进入暴食期，食叶呈缺刻和孔洞，严重时把树叶蚕食光后转移为害。

防治方法：

（1）加强检疫工作。疫区苗木不经检疫或处理严禁外运。疫区内积极进行防治，有效地控制疫情的扩散。

（2）人工剪除网幕。在美国白蛾幼虫3龄前，每隔2～3天仔细查找一遍美国白蛾幼虫网幕。发现网幕用高枝剪将网幕连同小枝一起剪下。剪网时要特别注意不要造成破网，以免幼虫漏出。剪下的网幕必须立即集中烧毁或深埋，散落在地上的幼虫应立即杀死。人工剪除网幕是一项无公害、效果好的防治方法。

（3）人工挖蛹。美国白蛾化蛹时，采取人工挖蛹的措施可以取得较好的防治效果。

（4）灯光诱杀。利用诱虫灯在各代成虫羽化期诱杀成虫。诱虫灯应设在上一年美国白蛾发生比较严重、四周空旷的地块，可获得较理想的防治效果。在距设灯中心点50～100米的范围内，进行喷药毒杀灯诱成虫。

（5）围草诱蛹。适用于防治困难的高大树木。老熟幼虫化蛹前，在树干离地面1.0～1.5米处，用谷草、稻草把或草帘上松下紧围绑起来，诱集老熟幼虫集中化蛹。虫口密度大时，每隔7～9天换1次草把，解下的草把连同老熟幼虫集中烧毁或深埋。

（6）药物防治。在幼虫为害期做到早发现、早防治。在防治中，重点检查桑树、悬铃木、臭椿、榆树、金银木、桃树、白蜡等树种是否有幼虫为害，如果有幼虫为害，就要对所辖区域检查一遍，及时防治。应选择高效低毒的仿生生物杀虫制剂进行高压喷雾防治，可选择20%除虫脲4000～5000倍液、25%灭幼脲3号1500～2500倍液、植物源杀虫剂苦参碱500倍液等。在幼虫3龄前施用。施药时要注意喷布均匀，每代只喷一遍即可。对于片林面积大、分布范围广的区域，可以推行飞机防治，防治效果较明显。但飞机防治对生态环境和其他生物有一定副作用。

（7）生物防治。周氏啮小蜂是美国白蛾的天敌，可用来防治美国白蛾。最佳时期是美国白蛾老熟幼虫至化蛹时期，应选择晴朗天气的10～16时放蜂，并且1个美国白蛾世代放蜂2次以上，间隔7～10天，防治效果最好。

（8）性信息素诱杀。当虫株率低于5%时，在美国白蛾成虫期，按50米距离和2.5米或3.5米高度，设置性信息素诱捕器，诱杀美国白蛾雄蛾。

（9）营林措施。改善树种结构，在四旁造林和城市绿化中，多栽植美国白蛾厌食树种；可间隔栽植部分美国白蛾嗜食树种，作为引诱树，防治时重点放在这部分树木上。从植物群落上抑制白蛾的繁衍。

42. 杨扁角叶蜂［*Stauronematus compressicornis*（Fabricius）］

杨扁角叶蜂又名"杨直角叶蜂"。

危害：以幼虫取食叶片，严重时将整株叶片吃光，影响景观，减少木材生长量。

寄主：杨树。

形态特征：

成虫：雌成虫体长6.5～8毫米，雄成虫体长4.5～6毫米。黑色，有光泽，被稀疏白色短绒毛。翅透明，翅痣黑色，翅脉黑褐色；触角侧扁，黑褐色9节，第3～8节各节端部下面加宽，呈角状。前胸背板、翅基片、足均黄色（后胫节及附节尖端黑色）。爪的内、外齿平行，基部膨大，为一宽基叶。

图2－1－42　杨扁角叶蜂

卵：椭圆形，乳白色，长1～1.5毫米，宽0.2～0.3毫米，表面光滑。

幼虫：雄虫体长8～11毫米，雌虫体长12～15毫米；头黑褐色，头顶绿色，全体鲜绿色，胸部每节两侧各有4个黑斑，3对胸足黄褐色，体上有许多不均匀的褐色小圆点。

蛹：离蛹，体长4.5～8毫米。口器、触角、翅、足乳白色，近羽化时灰褐色。

茧：褐色，雄虫茧长4.5～6毫米，雌虫茧长6.5～8毫米。

生物学特性：1年发生7～8代。以老熟幼虫在杨树树根周围2～4厘米深的疏松土层中作茧变为预蛹越冬。次年4月上旬化蛹。杨树发芽展叶后，成虫羽化并产卵。卵产于叶背主脉或粗的侧脉上。成虫可以孤雌生殖。一般年份4月底至5月上旬可以出现第1代幼虫。卵经3～6天孵化，幼虫发育较快，8～10天即可老熟。幼虫啃食叶片，成空洞和缺刻。由于每个世代较短，故以后各世代、各虫态重叠。由于发生世代多，虫量大时，1 个叶片有幼虫 6～10 多头，可将全树叶片吃光或吃残。该虫天敌数量不多，扩散迅速，尤其在沙质土壤中发生较重。沙区林地和河流堤岸林地易发生成灾。

防治方法：

(1)选择和培育抗虫杨树品种，营造混交林。提倡适地适树，采用本土树种营造杨树混交林。杨扁角叶蜂主要为害黑杨派各品种杨树，而对毛白杨很少为害，对刺槐一般不为害，可进行杨树、槐树带状或片状混植。

(2)注意保护和利用天敌。杨扁角叶蜂的主要天敌有红缘瓢虫、异色瓢虫、大草蛉等，应采取措施，保护利用好天敌。

(3)地面旋耕。根据害虫发生规律，适时对林下进行旋耕，以杀死虫蛹。

(4)打孔注药防治。局部发生虫害且喷药困难的高大树体，可于树干基部打孔注药防治，通过树木蒸腾作用，将药液传送到叶部，使害虫取食后致死，达到杀虫的目的。利用打孔注干机或手工钻等在树干基部的不同方向打 3～4 个孔，孔内注入内吸传导性强的 40% 氧化乐果乳油，或 10% 吡虫啉乳油等。通常情况下，胸径为 10 厘米的树体用药量为 2～4 毫升。注药后注意封好注药口。

(5)化学防治。对树高 12 米以下的中幼林，用背负式机动喷雾机喷施生物制剂和仿生制剂进行防治。药剂可选用苏云金杆菌制剂 200 亿国际单位、阿维菌素 3000～4000 倍液、25% 灭幼脲Ⅲ号 2000 倍液、1.2% 烟・参碱乳油 1000～2000 倍液等。对有一定郁闭度的林网、片林等，可采用背负式机动喷粉机喷施 2.5% 溴氰菊酯可湿性粉剂进行防治，粉剂每亩用量为 0.5～1 千克。也可用烟雾机喷施有触杀性、胃毒性或熏蒸性的乳油或油剂进行喷烟防治，其中药剂与柴油之比为 1∶10。或用林丹烟剂或敌马烟剂进行放烟防治，烟剂每亩用量为 1 千克，喷烟雾剂防治宜在早晨或傍晚有微风时进行。对于低矮的幼树可向树冠喷洒 90% 敌百虫 800 倍液或2.5% 敌杀死 3000 倍液、苏云金杆菌 300 倍液等。10 月中、下旬，幼虫入土前向地面喷 40% 甲基异柳磷 300 倍液或 40% 辛硫磷 200 倍液，毒杀入土幼虫。

43. 黄翅缀叶野螟[*Botyodes diniasalis* Walker]

黄翅缀叶野螟又名“杨黄卷叶螟”。

危害：以幼虫取食树冠上层嫩叶，大发生时常将嫩叶食光，形成秃梢，影响杨树生长。

寄主：杨树。

形态特征：

成虫：体长 13 毫米左右，翅展约 30 毫米，头部褐色，两侧有白条，胸、腹背部淡黄褐色，触角淡褐色，下唇须向前伸，末节向下，下面白色，其余褐色。前、后翅金黄色，有波状褐色纹，外缘有褐色带。前翅中室端部有褐色环状纹，环心白色。

卵：扁圆形，乳白色，近孵化时黄白色，卵粒鱼鳞状排列，聚集成块状或条形。

幼虫：黄绿色，老熟时体长 15～22 毫米，两头尖中间较粗，头两侧近后缘有 1 个黑褐色斑点，与胸部两侧的黑褐色斑纹相连，形成 1 条纵纹。体两侧沿气门各有 1 条浅黄色纵带。

(1)成虫

(2)幼虫

图 2－1－43　黄翅缀叶野螟

生物学特性：1 年发生 4 代，以初龄幼虫在落叶、地被物及树皮裂缝中结茧越冬。次年 4 月初越冬幼虫开始出蛰为害，5 月底至 6 月初，幼虫老熟化蛹。6 月上旬成虫开始羽化，至中旬为羽化产卵盛期。以后基本上每月 1 代。至 9 月中旬，第 4 代成虫羽化产卵，直到 10 月中旬，仍可见到少量成虫活动。可见此虫后面几代龄期极不整齐，且有世代重叠现象。成虫白天隐藏，晚上活动，趋光性极强。卵产于叶背面，以中脉两侧最多，成块状或长条形，每块有卵 50～100 粒。幼虫孵化后，啃食叶片表皮，并吐出白色黏液涂在叶面，随后吐丝缀嫩叶呈饺子状，或在叶缘吐丝将叶折叠，藏于其中取食。幼虫长大，群集顶梢吐丝缀叶取食。多雨季节活动最猖獗，3～5 日内即将嫩叶吃光，形成秃梢。幼虫极活泼，稍受惊扰即从卷叶内弹跳逃跑或吐丝下垂。老熟幼虫在卷叶内吐丝结白色稀疏的薄茧化蛹。

防治方法：

(1)因地制宜地选择较抗虫品种栽培。加强栽培管理，增强树势，提高植株抵抗力。及时清理落叶，集中烧毁，深翻土壤，杀死越冬幼虫。

(2)保护和利用天敌。卵期释放赤眼蜂。

(3)利用成虫的趋光性，用黑光灯诱杀。

(4)化学防治。卵孵化后，于低龄幼虫期喷洒 25% 灭幼脲Ⅲ号 1500～2000 倍液、3% 高渗苯氧威 2500～4000 倍液、1.2% 苦参碱·烟碱乳油 800～1000 倍液、1.8% 阿维菌素 3000～6000 倍液、90% 敌百虫 1500 倍液。发生严重时，喷洒 2.5% 高效氯氟氰菊酯 2500～3000 倍液、3% 高效氯氰菊酯 2000～3000 倍液、80% 敌敌畏 2000 倍液、40% 乐果 2000 倍液、50% 辛硫磷乳油 1500 倍液。

44. 蓝目天蛾[*Smerinthus planus* Walker]

危害：低龄幼虫食叶成缺刻或孔洞，稍大常将叶片吃光，残留叶柄，严重影响树木的生长和发育。

寄主：杨树、柳树、榆树、苹果树、桃树、核桃、海棠、李树、杏树、樱桃、梅花、樱花等。

形态特征：

成虫：体长 30～35 毫米，翅展 80～90 毫米。体翅灰黄至淡褐色。触角淡黄色。复眼大，暗绿色。胸部背面中央有 1 个深褐色大斑。前翅顶角及臀角至中央有三角形浓淡相交暗色云状，外缘翅脉间内陷呈浅锯齿状，缘毛极短。亚外缘线、外横线、内横线深褐色；肾状纹清晰、灰白色，基线较细、弯曲；外横线、内横线下端被灰白色剑状纹切断。后翅淡黄褐色，中央紫红色，有 1 个深蓝色的大圆眼状斑，斑外有 1 个黑色圈，最外围蓝黑色，蓝目斑上方为粉红色。后翅反面眼状斑不明显。

卵：椭圆形，长径约 1.8 毫米。初产鲜绿色，有光泽，后为黄绿色。

幼虫：老熟幼虫体长 70～80 毫米；头较小，宽 4.5～5 毫米，黄绿色，近三角形，两侧色淡黄；胸部青绿色，各节有较细横格；前胸有 6 个横排的颗粒状突起，中胸有 4 个小环，每环上左右各有 1 个大颗粒状突起，后胸有 6 个小环，每环也各有 1 个大颗粒状突起。腹部偏黄绿色，第 1～8 腹节两侧有白色或淡黄色斜纹 7 条，最后 1 条斜纹直达尾角。尾角斜向后方，长 8.5 毫米左右。胸足褐色，腹足绿色，端部褐色。

蛹：长柱状，长 40～43 毫米。初化蛹暗红色，后为暗褐色。翅芽短，尖端仅达腹部第 3 节的 2/3 处，臀角向后缘突出处明显。

(1) 成虫

(2) 幼虫

图 2－1－44　蓝目天蛾

生物学特性：辽宁、北京、甘肃 1 年发生 2 代，陕西、河南 1 年发生 3 代，江苏 1 年发生 4 代。以蛹在土中越冬。2 代区 5 月上旬至 6 月上旬羽化，交尾产卵，卵期约 20 天，第 1 代幼虫 6 月发生，7 月老熟入土化蛹，蛹期 20 天左右，7 月下旬至 8 月下旬羽化，第

2代幼虫8月始发,9月老熟幼虫入土化蛹越冬。成虫昼伏夜出,具趋光性,卵多产于叶背,卵单产,偶有产成一串的,均以黏性分泌物牢牢黏着,每雌可产卵300~400粒。初孵幼虫先吃去大半卵壳,后爬向较嫩的叶片,将叶子吃成缺刻,到5龄后食量大而为害严重,常将叶子吃尽,仅留枝条。幼虫共5龄。幼虫多在叶背或枝条上栖息,老熟后下树,钻入土中5.5~11.5厘米处,作土室后即蜕皮化蛹越冬。天敌有小茧蜂。

防治方法:

(1)林业技术防治。①秋末冬初落叶后及春季节,可在树木周围耙土、锄草或翻地,杀死越冬蛹。②利用幼虫受惊易掉落的习性,在幼虫发生时将其击落,或根据地面和叶片的虫粪、碎片,人工捕杀树上的幼虫。③幼虫入土后或成虫羽化前,在寄主周围地面喷施50%辛硫磷,以毒杀土中虫蛹。

(2)物理防治。利用天蛾成虫的趋光性,在成虫发生期用黑光灯、频振式杀虫灯等诱杀成虫。

(3)生物防治。幼虫3龄前,喷洒100亿孢子/毫升以上苏云金杆菌600倍液。

(4)化学防治。3~4龄前的幼虫,可喷施20%除虫脲悬浮剂3000~3500倍液,或25%灭幼脲悬浮剂2000~2500倍液,或20%米满悬浮剂1500~2000倍液等仿生农药。虫口密度大时,可喷施50%辛硫磷2500倍液,或2.5%功夫菊酯乳油2500~3000倍液,或2.5%溴氰菊酯2000~3000倍液等药物,均有较好的防治效果。

45. 赤松毛虫[*Dendrolimus spectabilis*]

危害:幼虫在大发生年份,能将大片松树针叶吃光,被害松树如同火烧一般,造成大片松林树势生长衰弱,甚至枯死。

寄主:赤松、黑松、油松。

形态特征:

成虫:成虫体色变化较大,有灰白、灰褐及赤褐色,体长22~35毫米,翅展46~87毫米。前翅中横线与外横线白色,亚外缘斑列黑色,呈三角形。雌蛾亚外缘斑列内侧和雄蛾亚外缘斑列外侧有白斑。雄蛾前翅中横线与外横线之间深褐色,形成宽的中带。雌蛾前翅狭长,外缘较倾斜,横线条纹排列较稀。

卵:长1.8毫米,椭圆形,初为翠绿色,渐变为粉红色,近孵化时紫红色。

幼虫:老熟幼虫体长51~70毫米,深黑褐色,额区中央有狭长深褐色斑。体侧有长毛,无显著花斑。中、后胸毒毛带明显。体侧贯穿1条纵带,纵带上白斑不明显。腹部背面倒伏纺锤形贴体鳞片很多。各节前亚背毛簇中有窄而扁平的片状毛,末端齿状突起很少,以第8节的最为显著。每节前方由纵带向下有斜纹伸向腹面。初孵幼虫体长4毫米左右,体背黄色,头黑色,体毛不明显;2龄幼虫体背出现花纹;3龄以后幼虫体背呈黄褐、黑褐、黑色花纹。

蛹：体长 23 ~ 38 毫米，纺锤形，暗红褐色。臀棘短而粗，末端较卷曲。茧灰白色，其上有毒毛。

（1）成虫

（2）幼虫

图 2－1－45　赤松毛虫

生物学特性：1 年发生 1 代。以 3 ~ 4 龄幼虫在树干翘皮缝、杂草或石块下越冬。次年 3 月上旬，日平均气温 10℃左右时上树为害，取食 2 年生针叶。7 月中旬幼虫老熟，结茧化蛹，7 月下旬成虫出现，盛期在 8 月上、中旬，同时产卵。每头雌蛾可产卵 230 ~ 460 粒，分 3 ~ 5 次，每次产 100 ~ 200 粒，在健壮针叶上排列块状，8 月中旬卵开始孵化。初孵幼虫先啃食针叶边缘，并使其呈现缺刻，被害针叶常弯曲枯黄；3 龄后取食整个针叶，盛期是 8 月底至 9 月初，为害至 10 月下旬。3 ~ 4 龄幼虫即开始下树越冬。成虫有强趋光性。

防治方法：

（1）营林技术措施。营造混交林，对疏残林及时补植速生的乡土树种，保留亚乔木和伴生树种，培育生物群落复杂、郁闭度良好的多层林分，适当密植，加强幼林抚育，保护植被，增植蜜源植物，丰富天敌资源，对抑制虫害有明显效果。强化封山育林措施，逐步改善恢复林分生态环境，提高松林生长势和自控能力。

（2）生物防治包括益鸟的保护和招引。据初步统计，吃松毛虫的鸟近 100 种，杜鹃成鸟的食料中 60% 是松毛虫。以鸟治虫是一种传统的防治方法。因此，林区应当严格禁止枪杀鸟群、损害鸟巢及雏鸟，有条件的地区可设置人工巢箱，进行招引。对寄生和捕食性天敌应加以保护。天敌少的林区可采取人工助迁方法，引移天敌种群，还可人工繁殖松毛虫赤眼蜂、黑卵蜂、平腹小蜂、螳螂、蠋敌等用于防治。病原微生物如白僵菌、苏云金杆菌、松毛虫杆菌以及经人工复制的松毛虫核型和质型多角体病毒等，也有较好的防治效果。例如在 4 月中旬至 5 月上旬幼虫期，把苏云金杆菌乳剂稀释成 1 亿活芽孢/毫升，或用 25% 灭幼脲Ⅲ号 3000 倍液、24% 米满 2000 倍液等在树冠喷雾。

（3）物理防治。在松林矮小、人口稠密的地区，可用人工捕杀幼虫、摘茧、摘卵和黑光灯诱蛾。也可用设置阻隔环的办法，阻止越冬幼虫上树取食，即于3月中、下旬把农用塑料薄膜裁成宽3～5厘米的带状物，围绑在树干胸径处。

(4)化学防治。使用化学农药，通过喷雾、熏烟、毒绳、毒笔、涂毒环的方式防治赤松毛虫。例如用1.2%苦参碱·烟碱乳油1000倍液树冠喷雾，防治幼虫。郁闭度大的林分可用1.2%烟参碱插管烟剂每公顷7.5千克，熏杀幼虫。在3月中、下旬，用2.5%敌杀死或20%速灭杀丁和废机油浸泡纸绳，制成毒绳，在树干胸径处围绑1～2道，可阻止幼虫上树。

46. 褐边绿刺蛾[*Latoia consocia* (Walker)]

褐边绿刺蛾又名"青刺蛾""褐缘绿刺蛾""四点刺蛾""曲纹绿刺蛾""洋辣子"。

危害：幼虫取食叶片，低龄幼虫取食叶肉，仅留表皮，老龄时将叶片吃成孔洞或缺刻，有时仅留叶柄，严重影响树势。

寄主：大叶黄杨、月季、海棠、桂花、牡丹、芍药、苹果树、梨树、桃树、李树、杏树、梅、樱桃、枣树、柿树、核桃、珊瑚、板栗、山楂、杨树、柳树、悬铃木、榆树等树种。

形态特征：

成虫：体长15～16毫米，翅展36～40毫米。触角棕色，雄蛾栉齿状，雌蛾丝状。头和胸部绿色，复眼黑色。胸背中央有1条暗褐色线。前翅大部分绿色，基部有褐色大斑，外缘有1条灰黄色宽带，其上散布暗紫色鳞片，宽带间的翅脉及内侧波状纹暗褐色。腹部和后翅灰黄色。

卵：扁椭圆形，长1.5毫米，初产时乳白色，渐变为黄绿至淡黄色，数粒排列成块状。

幼虫：末龄体长约25毫米，短粗，圆柱状。初孵化时黄色，长大后变为绿色。头红褐色，甚小，常缩在前胸内。前胸背板黑色。腹部背线蓝色，两侧有深蓝色点。胴部第2至末节每节有4个毛瘤，其上生一丛刚毛，第4节背面的1对毛瘤上各有3～6根红色刺毛，腹部末端的4个毛瘤上生蓝黑色刚毛丛，呈球状。腹面浅绿色。胸足小，无腹足，第1～7节腹面中部各有1个扁圆形吸盘。

蛹：卵圆形，长15～17毫米，宽7～9毫米。初为乳白色至淡黄色，后渐变为黄褐色。茧椭圆形坚硬，长14.5～16.5毫米，宽7.5～9.5毫米，颜色多与寄主树皮色一致，一般从灰褐色至暗褐色。

生物学特性：东北、华北地区1年发生1代，河南及长江下游地区1年发生2代，华南地区1年发生3代。以老熟幼虫在树干、枝叶间或表土层的土缝中结茧越冬。在2代区，越冬幼虫于次年4月下旬至5月上、中旬化蛹，成虫期在5月下旬至6月上、中旬，第1代幼虫出现于6月末至7月，成虫发生期在8月中下旬。第2代幼虫出现于8月下旬至10月中旬。成虫昼伏夜出，有趋光性。卵主要产于叶片背面靠近主脉附近，常数十粒集聚成块，呈鱼鳞状排列，每头雌虫产卵约150粒。1龄幼虫不取食，2～5龄幼虫剥食叶肉，6龄后为害甚烈。3龄前有群栖性。

（1）成虫

（2）老熟幼虫

图2－1－46 褐边绿刺蛾

防治方法：

（1）物理防治。幼虫群集为害期人工捕杀。利用黑光灯诱杀成虫。

（2）生物防治。秋冬季摘虫茧，放入纱笼，保护和引放寄生蜂；用每克含孢子100亿的白僵菌粉0.5～1千克，在雨湿条件下防治1～2龄幼虫。

（3）药剂防治。幼虫发生期，及时喷洒90%晶体敌百虫，或80%敌敌畏乳油、50%马拉硫磷乳油、25%亚胺硫磷乳油、50%杀螟松乳油、30%乙酰甲胺磷乳油、90%巴丹可湿性粉剂等900～1000倍液。此外，还可选用50%辛硫磷乳油1400倍液，或10%天王星乳油5000倍液、2.5%鱼藤酮300～400倍液、52.25%农地乐乳油1500～2000倍液。

47. 黄刺蛾［*Cnidocampa flavescens*（Walker）］

危害：可将叶片吃成很多孔洞、缺刻，或仅留叶柄、主脉，严重影响树势和果实产量。

寄主：枣树、核桃、柿树、枫杨、苹果树、梨、桃树、杏树、李树、樱桃、杨树、柳树、榆树等120多种植物。

形态特征：

成虫：雌蛾体长15～17毫米，翅展35～39毫米；雄蛾体长13～15毫米，翅展30～32毫米。体橙黄色。前翅黄褐色，自顶角有1条细斜线伸向中室，斜线内方为黄色，外方为褐色；在褐色部分有1条深褐色细线自顶角伸至后缘中部，中室部分有1个黄褐色圆点。后翅灰黄色。

卵：扁椭圆形，一端略尖，长1.4～1.5毫米，宽0.9毫米，淡黄色，卵表面有龟状刻纹。

幼虫：老熟幼虫体长 19～25 毫米，体粗短肥胖，黄绿色。头部黄褐色，隐藏于前胸下。体自第 2 节起，各节背线两侧均有 1 对枝刺，以第 2、4、10 节上的为大，枝刺上长有黑色刺毛。体背有紫褐色大斑纹，前后宽大，中部狭细，成哑铃形。末节背面有 4 个褐色小斑。体两侧各有 9 个枝刺，体侧中部有 2 条蓝色纵纹，气门上线淡青色，气门下线淡黄色。

蛹：椭圆形，粗而肥。体长 13～15 毫米。淡黄褐色，头、胸部背面黄色，腹部各节背面有褐色背板。茧椭圆形，质坚硬，黑褐色，有灰白色纵纹，似雀蛋。

(1)成虫

(2)老龄幼虫

(3)茧

图 2－1－47　黄刺蛾

生物学特性：1 年发生 1～2 代。以老熟幼虫于 10 月在树干和枝杈处结茧越冬。次年 5 月中旬开始化蛹，下旬始见成虫。5 月下旬至 6 月为第 1 代卵期，6～7 月为幼虫期，7 月下旬至 8 月为成虫期；第 2 代幼虫 8 月上旬发生，10 月结茧越冬。成虫羽化多在傍晚，以 17～22 时为盛。成虫夜间活动，有趋光性。

防治方法：

(1)物理防治。于 1～4 月、6～8 月或 10～12 月，人工摘除虫茧。可用尼龙纱网袋将摘除的虫茧收集起来，扎紧袋口置于林地内，网眼要略小于成虫胸部，便于寄生性天敌跑出。于 5～6 月或 7～8 月，在成虫羽化盛期，利用杀虫灯诱杀成虫。杀虫灯间距 100～150 米或 1～1.5 公顷设置 1 个杀虫灯。于 5～6 月或 8～9 月，人工摘除卵块和捕杀低龄群集幼虫。

(2)化学防治。3 龄幼虫前进行喷药防治。所用药剂有：20% 除虫脲 5000 倍液、苏云金杆菌乳剂 500 倍液、25% 灭幼脲Ⅲ号 2500 倍液等。

48. 扁刺蛾［*Thosea sinensis* Walker］

扁刺蛾又名“黑点刺蛾”，幼虫俗称“洋辣子”。

危害：以幼虫取食寄主叶片，发生严重时将叶片食光，严重影响树木生长。

寄主：白蜡、杨树、柳树、苦楝、泡桐、梧桐、银杏、桑树、石榴、海棠、山楂、桃树、李树、梅、杏树、樱桃、樱花、牡丹、月季、枫树、核桃、柿树、枣、苹果、梨树、乌桕等。

形态特征：

成虫：雌虫体长 16.5～17.5 毫米，翅展 30～38 毫米；雄虫体长 14～16 毫米。翅展 26～34 毫米。体、翅均灰褐色。前翅自前缘近顶角处向中部后缘斜伸 1 条褐色线，斜纹至翅基部翅面色深；斜纹内侧略靠上方有 1 条褐色线。雄蛾中室上角有 1 黑点。前足各关节处有 1 个白点。

卵：扁长椭圆形，长 1.1～1.4 毫米，黄白色。

(1)成虫

(2)幼虫

图 2－1－48 扁刺蛾

幼虫：老熟幼虫体长 22～26 毫米，宽 12～13 毫米，体扁，椭圆形，背部稍隆起，形似龟背。体翠绿色，背线白色。体两侧各有 10 个瘤状突起，其上生有刺毛，每一体节的背面有 2 小丛刺毛，第 4 节背面两侧各有 1 个红点。

蛹：近纺锤形，长 11.5～15 毫米。

茧：近圆球形，长 11.5～14 毫米，宽 9～11 毫米，黑褐色。

生物学特性：1 年发生 1 代。以老熟幼虫在树下 3～6 厘米土层内结茧以前蛹越冬。5 月中旬开始化蛹，6 月上旬开始羽化、产卵，发生期不整齐。6 月中旬至 8 月上旬均可见初孵幼虫，8 月为害最重。8 月下旬开始陆续老熟入土结茧越冬。成虫多在黄昏羽化出土，昼伏夜出，羽化后即可交配，2 天后产卵，多散产于叶面上，卵期 7 天左右。幼虫共 8 龄，6 龄起可食全叶，老熟幼虫多夜间下树入土结茧。

防治方法：

(1)林业技术防治。11～12 月越冬幼虫期，结合冬耕施肥，将根际落叶及表土埋入施肥沟底，或结合培土防冻，在根际 30 厘米内培土 6～9 厘米，并稍予压实，以扼杀越冬虫茧。

(2)物理防治。6 月成虫发生期，使用杀虫灯诱杀。成虫羽化始盛期开始开灯诱杀。

(3)化学防治。6 月中旬至 8 月下旬卵、幼虫发生期，使用 20% 除虫脲悬浮剂 5000 倍液，或 25% 灭幼脲Ⅲ号悬浮剂 2500 倍液等，进行喷雾防治。3 龄幼虫前进行喷药防治。尽可能使用仿生农药,以保护天敌。

(4)生物防治。使用100亿孢子/毫升苏云金杆菌乳剂500倍液,或0.5亿孢子/毫升青虫菌液等,进行喷雾防治。

49. 大叶黄杨长毛斑蛾 [*Pryeria sinica* Moore]

危害: 以幼虫取食寄主叶片,发生严重时将叶片食光,影响植物正常生长。

寄主: 大叶黄杨、卫矛、扶芳藤、丝棉木等。

形态特征:

成虫: 扁圆形,体背黑色,胸背与腹部两侧有黄色长毛,腹部黄色。前翅浅灰黑色,略透明,基部1/3浅黄色。后翅大小为前翅的一半,色稍淡。

卵: 椭圆形。

幼虫: 老熟时体长15毫米左右,腹部黄绿色,前胸背板有"∧"形黑斑纹。体背共有7条纵带,体表有毛瘤和短毛。

蛹: 黄褐色,表面有不明显的7条纵纹,臀棘2根。

(1)成虫 (2)幼虫

图2-1-49 大叶黄杨长毛斑蛾

生物学特性: 1年发生1代。以卵在大叶黄杨等寄主植物的枝梢上越冬。3月中、下旬越冬卵开始孵化,幼虫有群集为害习性,4月下旬幼虫老熟,在浅土中结茧化蛹,以蛹越夏。10月下旬至11月上旬成虫羽化,交配后产卵,卵产在枝梢上,以卵越冬。

防治方法:

(1)林业技术防治。12月至次年2月卵期,结合冬春季清园,人工剪除带卵枝条,集中处理。3月中、下旬至4月下旬幼虫发生期,结合修剪,剪除有虫枝、梢、叶。

(2)化学防治。幼虫发生期,使用20%除虫脲悬浮剂7000倍液,或25%灭幼脲Ⅲ号悬浮剂2000倍液等,进行喷雾防治。幼虫大面积发生时,可喷施20%速灭杀丁乳油2000~3000倍液,或2.5%敌杀死乳油2000~2500倍液,或50%辛硫磷乳油1000~

1500 倍液，或 4.5% 高效氯氰菊酯 2000～2500 倍，或 20% 菊杀乳油 1000～1500 倍液等药剂进行防治。3 龄幼虫期未分散前施药效果好。

（3）生物防治。保护利用麻雀、蟾蜍、青蛙、蜘蛛等天敌；严格限制使用高毒农药。

50. 黄杨绢野螟［*Diaphania perspectalis* Walker］

危害： 以幼虫取食寄主叶片、嫩梢，影响新梢生长，严重时整株叶片被食光，造成枯死。小叶黄杨和雀舌黄杨受害最重。

寄主： 小叶黄杨、雀舌黄杨、大叶黄杨、卫矛等。

形态特征：

成虫： 体长 14～19 毫米，翅展 33～45 毫米。头部暗褐色，头顶触角间的鳞毛白色。触角褐色。下唇须第 1 节白色，第 2 节下部白色、上部暗褐色，第 3 节暗褐色。胸、腹部浅褐色，胸部有棕色鳞片，腹部末端深褐色。翅白色半透明，有紫色闪光，前翅前缘褐色，中室内有 2 个白点，一个细小，另一个弯曲成新月形，外缘与后缘均有 1 条褐色带，后翅外缘边缘黑褐色。

卵： 椭圆形，长 0.8～1.2 毫米，初产时白色至乳白色，孵化前为淡褐色。

幼虫： 老熟时体长 4.2～6 毫米，头宽 3.7～4.5 毫米；初孵时乳白色，化蛹前头部黑褐色，胴部黄绿色，表面有具光泽的毛瘤及稀疏毛刺，前胸背面具较大黑斑 2 块，三角形；背线绿色，亚背线及气门上线黑褐色，气门线淡黄绿色，基线及腹线淡青灰色；胸足深黄色，腹足淡黄绿色。

蛹： 纺锤形，棕褐色，长 24～26 毫米，宽 6～8 毫米。腹部尾端有臀刺 6 枚，以丝缀叶成茧，茧长 25～27 毫米。

（1）成虫

（2）幼虫

图 2－1－50　黄杨绢野螟

生物学特性： 1 年发生 3 代。以第 3 代的低龄幼虫在叶苞内作茧越冬。4 月中旬开始活动为害，然后开始化蛹、羽化，5 月上旬始见成虫。越冬代整齐，以后存在世代重叠现象，10 月以 3 代幼虫开始越冬。各代（越冬代除外）各虫态平均历期：卵 9 天，幼虫

26 天，蛹 8 天，成虫 9 天；幼虫一般 5 ~ 6 龄，越冬代则为 9 ~ 10 龄。成虫多在傍晚羽化，次日交配，交尾后第 2 日产卵，卵多产于叶背或枝条，多块产，少数散产。成虫昼伏夜出，白天常栖息于荫蔽处，性机警，受惊扰迅速飞离，夜间出来交尾、产卵，具趋光性。幼虫孵化后，分散寻找嫩叶取食，初孵幼虫于叶背食害叶肉，2 ~ 3 龄幼虫吐丝将叶片、嫩枝缀连成巢，于其内食害叶片，叶片呈缺刻状，3 龄后取食范围扩大，食量增加，为害加重，受害严重的植株仅残存丝网、蜕皮、虫粪，少量残存叶边、叶缘等。幼虫昼夜取食为害，4 龄后转移为害，性机警，遇到惊动立即隐匿于巢中，老熟后吐丝缀合叶片作茧化蛹。

防治方法：

(1)化学防治。越冬幼虫出蛰期和第一代幼虫低龄幼虫期，使用 25% 灭幼脲Ⅲ号悬浮剂 1500 ~ 2000 倍液，或 1.2% 苦参碱 · 烟碱乳油 800 ~ 1000 倍液，或 1.8% 阿维菌素乳油 3000 ~ 6000 倍液等，进行喷雾防治。应加强虫情监测，特别要掌握越冬代或第 1 代的虫情。越冬代或第 1 代防治是关键。

(2)林业技术防治。冬季清除枯枝卷叶，集中销毁越冬虫茧。低龄阶段(特别是第 1 代)及化蛹期，利用结巢习性，结合修剪，摘除虫巢和蛹茧，集中销毁。

(3)物理防治。成虫期，使用高压电网黑光灯，或频振式杀虫灯，或糖醋液(糖5 克、酒 5 毫升、醋 20 毫升、水 80 毫升、90% 晶体敌百虫 1 克)等，进行诱杀。

(4)植物检疫。加强苗木调运检疫，防止随苗木调运扩散为害。

(5)生物防治。注意对凹眼姬蜂、跳小蜂、白僵菌以及寄生蝇等天敌的保护和利用。

51. 木橑尺蠖[*Culula panterinaria* Bremer ctGrey]

木橑尺蠖别名“木橑步曲”，俗称“小大头虫”“吊死鬼”。

危害：以幼虫食害叶片，是一种暴食性和杂食性昆虫。为害严重时，吃光树叶，并集体转移，造成整片林木严重受害，停止生长，甚至枯死。

寄主：苹果树、桃树、梨树、杨树、柳树、核桃、板栗、花椒、黄连木、柿树、黄栌等乔灌木。

形态特征：

成虫：成虫体长 13 ~ 18 毫米，翅展 54 ~ 70 毫米，体为棕黄色。翅黄白色，上面散有浅灰色、黑色、棕黄色大小不等的斑点。前后翅径脉上各有 1 个较大的黑灰色斑点，近外缘生有一列灰黑色和一列棕黄色斑点，形成 2 条波状纹。

卵：初产时浅绿色，孵化前变为白色，椭圆形，长 0.7 毫米。

幼虫：老熟幼虫体长 65 ~ 80 毫米。体色变化随寄主而异，多为黄绿色、黄褐色。头部红褐色。背中线黑色。腹部第 8 节背板上有黑白色带 1 条。

蛹：近纺锤形。满身布有点凹，长约30毫米。头部两侧各有1个耳状突起。臀部两侧各有3个坚硬的峰状突起。

（1）成虫　　（2）幼虫

图2－1－51　木橑尺蠖

生物学特性：1年发生1代，以蛹在树干周围3～6厘米深的土壤或杂草碎石堆中越冬。成虫在6月下旬开始羽化，7月中、下旬为成虫羽化高峰期。成虫羽化一天后开始交尾并产卵。成虫白天静伏在树干、叶丛、梯田壁及杂草等处，夜间活动交尾产卵，趋光性较强。卵产于树皮缝或石块上，以树杈处较多。每雌可产卵1000～3000粒。成虫寿命4～12天，卵期9～11天。幼虫在7月上旬出现，下旬为幼虫孵化盛期。初孵幼虫有群集性，较活泼，可吐丝下垂借风力传播。2龄后分散为害。幼虫期40天左右，一般6龄，幼虫期一直持续到8月中、下旬，老熟后入土多在3厘米深处群集化蛹越冬。

防治方法：

（1）捕杀成虫。每天上午9时前，人工捕杀静栖在树干、墙壁和草丛间的成虫，效果很好。

（2）挖虫蛹。晚秋或春季根据虫害发生情况，在蛹较集中的园内，刨树盘挖捡虫蛹，压低虫量。

（3）可利用成虫趋光性和发蛾时间长的特性，设黑光灯诱杀。也可清晨人工捕蛾。

（4）生物防治。在1、2龄幼虫期，每亩喷施核型多角体病毒或每毫升含孢子1亿的杀螟杆菌。

（5）药剂防治。幼虫3龄前，食量小，抗药力差，应适时喷药。可喷50%辛硫磷乳油1000倍液、20%菊杀乳油1500～2000倍液，或20%菊马乳油2000倍液，或5%高效氯氰菊酯乳油3000倍液，或20%氰西杀虫悬浮剂1000～1500倍液、25%灭幼脲1000倍、1.8%阿维菌素3000倍液等。

52. 大灰象虫[*Sympiezomias velatus* (Chevrolat)]

大灰象虫又名“大灰象”“大灰象甲”“象鼻虫”。

危害：大灰象虫是北方常见的害虫，其食性极杂，成虫主要取食叶片，对幼苗和幼树为害尤重，被害部分出现缺刻、孔洞，幼虫入土食害根部。

寄主：国槐、杨树、苹果树、梨树、柑橘、核桃、板栗等。

形态特征：

成虫：体长 10 毫米左右，体黑色，密披灰白色鳞毛。前胸背板中央黑褐色，两侧及鞘翅上的斑纹褐色。头部粗而宽，表面有 3 条纵沟，中央沟黑色，头部先端呈三角形凹入，边缘生有长刚毛。前胸背板卵形，后缘较前缘宽，中央具 1 条细纵沟，整个胸部布满粗糙而凸出的圆点。小盾片半圆形，中央也有 1 条纵沟。鞘翅卵圆形，末端尖锐。鞘翅上各有 1 近环状的褐色斑纹和 10 条刻点列。后翅退化。前足胫节内缘具 1 列齿状突起。雄虫腹部窄长，鞘翅末端不缢缩，钝圆锥形；雌虫腹部膨大，胸部宽短，鞘翅末端缢缩，且较尖锐。

卵：长 1 毫米，长椭圆形，初产时乳白色，两端半透明，近孵化时乳黄色。数十粒卵粘在一起成为 1 个卵块。

幼虫：老熟幼虫体长 14 毫米，乳白色。头部米黄色，上颚褐色，先端具有 2 齿，后方有 1 钝齿。虫体弯曲成“C”形，无足。

蛹：体长 9 ~ 10 毫米，长椭圆形，体乳黄色，复眼褐色。头管下垂达于前胸，上颚较大，盖于前足跗节基部。触角向后斜伸，垂于前足腿节基部。头顶及腹背疏生刺毛。尾端向腹面弯曲，其末端两侧各生 1 刺。

(1)成虫

(2)成虫交配状

图 2 - 1 - 52　大灰象虫

生物学特性：2 年发生 1 代。第 1 年以幼虫越冬，幼虫在土下 60 ~ 80 厘米深处作土室越冬，次春越冬幼虫上升至表土层继续取食，春季中午前后活动最盛，夏季在早晨、傍晚活动,中午高温时潜伏。6月下旬幼虫开始化蛹,7月羽化成虫,第2年以成虫在原地越冬。越冬代成虫4月开始出土活动,5月开始产卵,6月见幼虫,9月后逐渐越冬,次年6月见蛹,7月成虫羽化,后越冬。成虫不能飞翔,常群集于幼苗取食,在叶片上产卵。幼虫生活于土中,取食腐殖质和根须,对幼苗为害不明显。

防治方法:

(1)物理防治。在成虫发生期,利用其假死性、行动迟缓、不能飞翔的特点,于9时前或16时后进行人工捕捉,先在树下铺塑料布,振落后收集消灭。

(2)化学防治。在成虫发生盛期,于傍晚在幼苗或树干周围地面撒施辛硫磷缓释剂,或喷洒50%辛硫磷乳剂300倍液,或48%毒死蜱800倍液,或40%乙酰甲胺磷乳油、50%马拉硫磷乳油、90%晶体敌百虫、40%氧化乐果乳油1000倍液等。施药后耙匀土表或覆土,毒杀出土的成虫。视虫情防治1~2次。

(3)树上喷药。成虫发生期,于树上喷洒48%毒死蜱1000倍液,或2%阿维菌素2000倍液进行防治。

53. 蔷薇三节叶蜂[*Arge przhevalskii* Guss]

蔷薇三节叶蜂又名"月季叶蜂"。

危害:以幼虫群集为害,啃食叶肉,将植株的嫩叶食光,仅剩下几条主叶脉,影响植株的光合作用,降低其观赏价值,甚至导致死亡。

寄主:月季、蔷薇、玫瑰、黄刺玫等。

形态特征:

成虫:雌成虫体长8.4毫米,翅展17.3毫米。橘黄色,体较大,头黑色具光泽。触角基外侧最明显,刻点细疏。复眼黑褐色,单眼红褐色。触角黑褐色至黑色,触角基突上具"Y"形凸纹。翅浅黄色半透明。足黑色有光泽。雄成虫体长6.9毫米,翅展13.2毫米。头、胸部黑色,略具蓝色金属光泽,腹部淡黄褐色,仅第1背板淡暗褐色。足黑色,略具蓝色金属光泽。前翅烟色,后翅透明,翅脉暗褐色。

卵:乳白至浅黄白色,肾形,表面光滑。

幼虫:末龄幼虫体长20.1毫米,头部亮褐色,体、足浅绿色,化蛹前浅黄色。

蛹:长9毫米左右,头胸部褐色,腹部棕黄色。

生物学特性:1年发生3~4代。以老熟幼虫于土中结茧越冬。次年4月下旬开始化蛹,5月上旬开始有成虫羽化、产卵。5月中旬卵开始孵化。从5月中旬至10月中旬末均有幼虫为害。各代幼虫的为害盛期分别为:第1代5月下旬至6月上旬;第2代7月上旬至7月中旬;第3代8月中旬至8月下旬;第4代9月下旬至10月上旬。雌成虫交尾后即产卵,每雌平均产卵50余粒,每代均有孤雌生殖现象。幼虫孵出约1小时后开始取食。1~2龄幼虫有群集性,3龄后分散为小群体。幼虫昼夜取食,强光、高温和雨天不取食。3 龄以后食量很大。幼虫共 6 龄，喜群集，有互相残杀和假死性。幼虫在 9 月底至 11 月陆续入土作茧越冬。

（1）成虫

（2）卵粒

（3）幼虫

（4）取食叶片

图 2－1－53　蔷薇三节叶蜂

防治方法：

（1）化学防治。5～10 月，成虫、卵、幼虫、蛹发生期，使用 1.2% 苦・烟乳油 800～1000 倍液等，进行喷雾防治。在低龄幼虫期，选用仿生农药。使用 90% 敌百虫晶体 800～1000 倍液，或 50% 辛硫磷乳油 1000～1200 倍液，或 2.5% 溴氰菊酯乳油 2500～3000 倍液等，进行喷雾防治。

（2）生物防治。5～10 月，使用每毫克 16000 国际单位苏云金杆菌可湿性粉剂 500～700 倍液等，进行喷雾防治。保护和利用中华大刀螂、三突花蛛、土黄逍遥蛛、大草蛉等天敌。

（3）林业技术防治。冬季进行松土，杀灭越冬幼虫；结合修剪，剪除卵枝并销毁。

（4）物理防治。在幼虫发生期，利用其假死性进行人工捕杀。

（二）刺吸类害虫

1. 大青叶蝉[*Cicadella viridis*（Linnaeus）]

大青叶蝉又名“青叶跳蝉”“青叶蝉”“大绿浮尘子”。

危害：以成虫和若虫吸取寄主幼嫩枝叶的汁液，削弱树势。以成虫在寄主枝、干表皮下产卵，造成枝梢枯死。可传染病毒、植原体等。

寄主：杨树、柳树、白蜡、刺槐、榆树、臭椿、梧桐、桑树、枣树、桃树、李树、苹果树、梨树、海棠、红叶李等。

形态特征：

成虫：雄体较雌体略小，青绿色。头部正面淡褐色，两颊微青，在颊区近唇基缝处左右各有 1 个小黑斑；触角窝上方、两单眼之间有 1 对黑斑。复眼绿色。前胸背板淡黄绿色，后半部深青绿色。小盾片淡黄绿色，中间横刻痕较短，不伸达边缘。前翅绿色带有青蓝色泽，前缘淡白，端部透明，翅脉为青黄色，具有狭窄的淡黑色边缘。后翅烟黑色，半透明。腹部背面蓝黑色，两侧及末节为橙黄带有烟黑色，胸、腹部腹面及足为橙黄色。

卵：白色微黄，长卵圆形，长 1.6 毫米，宽 0.4 毫米，中间微弯曲，一端稍细，表面光滑。

若虫：初孵化时为白色，微带黄绿，2～6 小时后，体色渐变淡黄、浅灰或灰黑色。头大腹小。复眼红色。3 龄后出现翅芽。老熟若虫体长 6～7 毫米，头冠部有 2 个黑斑，胸背及两侧有 4 条褐色纵纹直达腹端。

生物学特性：1 年发生 3 代。以卵在寄主枝条表皮内越冬。4 月间孵化，初孵若虫常十多只或数十只群集在叶背上。随后逐渐移到低矮作物如玉米、蔬菜、杂草上为害。第 1 代成虫发生于 5 月下旬，7～8 月为第 2 代成虫发生期，9～10 月出现第 3 代成虫。世代重叠。9 月中旬雌成虫陆续迁回林木上产卵，10 月下旬为产卵盛期，并以卵越冬。产卵时以产卵器刺破寄主枝条表面，呈一“月牙”形伤口，每处产卵 10 粒左右，每雌产卵 50 多粒。成虫、若虫均善跳跃，成虫有强趋光性。

防治方法：

（1）林业技术防治。11 月至次年 3 月越冬卵期，清除杂草，剪除有产卵痕的枝条，集中销毁。夏季卵盛期，除草灭卵。8 月下旬清除林地、果园杂草，减少迁入成虫数量。夏季卵盛期，除草灭卵。8 月下旬清除林地、果园杂草，减少迁入成虫数量。

(1) 成虫

(2) 成虫交尾

(3) 若虫

(4) 产卵

(5) 产卵痕

图 2-2-1　大青叶蝉

(2) 化学防治。4～5 月第 1 代若虫、成虫发生期，使用 1.2% 苦参碱水剂 1000 倍液，或 2.5% 溴氰菊酯可湿性粉剂 2000 倍液等，进行喷雾防治。6～9 月第 2、3 代卵、若虫、成虫发生期，使用 20% 氰戊菊酯乳油 2000 倍液，或 25% 噻嗪酮可湿性粉剂 1500～2000 倍液等，进行喷雾防治。每隔 10 天左右防治 1 次。

(3) 物理防治。使用灯光诱杀，1 盏/公顷。7 月若虫和成虫期，使用捕虫网采集若虫和成虫，集中销毁。

(4)植物检疫。加强检验,防止带虫苗木运入、运出。

(5)生物防治。注意保护和利用绒螨、蜘蛛、寄生蜂等天敌。

2. 斑须蝽[*Dolycoris baccarum*]

危害:成虫和若虫刺吸嫩叶、嫩茎及穗部汁液。茎、叶被害后,出现黄褐色斑点,严重时叶片卷曲,嫩茎凋萎,影响生长,减产减收。

寄主:麦类、稻、大豆、玉米、谷子、麻类、甜菜、苜蓿、杨树、柳树、高粱、菜豆、绿豆、蚕豆、豌豆、茼蒿、甘蓝、黄花菜、葱、洋葱、白菜、赤豆、芝麻、棉花、烟草、山楂、苹果树、桃树、梨树、刺山楂、野芝麻、天仙子、梅、杨梅、草莓、黄芩、飞帘及其他森林和观赏植物等。

形态特征:

成虫:体长 8~13.5 毫米,宽约 6 毫米,椭圆形,黄褐或紫色,密被白绒毛和黑色小刻点;触角黑白相间;喙细长,紧贴于头部腹面。小盾片近三角形,末端钝而光滑,黄白色。前翅革片红褐色,膜片黄褐色,透明,超过腹部末端。胸腹部的腹面淡褐色,散布零星小黑点。足黄褐色,腿节和胫节密布黑色刻点。

图 2-2-2　斑须蝽

卵:卵粒圆筒形,初产浅黄色,后灰黄色,卵壳有网纹,生白色短绒毛。卵排列整齐,成块。

若虫:形态和色泽与成虫相同,略圆,腹部每节背面中央和两侧都有黑色斑。

生物学特性:1 年发生 1~3 代,以成虫在植物根际、枯枝落叶下、树皮裂缝中或屋檐底下等隐蔽处越冬。在黄淮流域第 1 代发生于 4 月中旬至 7 月中旬,第 2 代发生于 6 月下旬至 9 月中旬,第 3 代发生于 7 月中旬一直到越冬。后期世代重叠现象明显。越冬成虫于 4~5 月间开始活动,并交配产卵,多将卵产在植物上部叶片正面或花蕾或果实的苞片上,呈多行整齐排列。初孵若虫群集为害,2 龄后扩散为害。成虫及若虫有恶臭,均于植物幼嫩部分和穗部吸食汁液,自春至秋持续为害。

防治方法:

(1)农业防治。秋季,于作物收获后及时翻耕土地,清除田间枯枝落叶,铲除杂草,消灭一部分越冬虫源。

(2)物理防治。于卵盛期或若虫孵化盛期人工摘除卵块或群集若虫,集中消灭。

(3)化学防治。可用的药剂有 50 乐果乳油 1200 倍液、2.5% 溴氰菊酯乳油

3000 倍液、50% 辛・氰乳油，或 21% 增效氰・马乳油 3000～4000 倍液、5% 锐劲特悬浮剂3000～4000 倍液、20% 好年冬乳油 1500～2500 倍液、2.5% 功夫乳油 3000 倍液等。

3. 斑衣蜡蝉［*Lycorma delicatula*（White）］

斑衣蜡蝉又名“椿皮蜡蝉”“斑蜡蝉”“椿蹦”“花蹦蹦”“花大姐”“樗鸡”等。

危害：以成虫、若虫群集在叶背、嫩梢上刺吸为害，栖息时头翘起，有时可见数十头群集在新梢上，排列成一条直线，引起被害植株发生煤污病或嫩梢萎缩、畸形等，严重影响植株的生长和发育。

寄主：臭椿、槐树、合欢、樱、梅、珍珠梅、海棠、桃树、葡萄、石榴、梧桐等。

形态特征：

成虫：体长 15～25 毫米，翅展 40～50 毫米，全身灰褐色；前翅革质，基部约 2/3 为淡褐色，翅面具有 20 个左右的黑点；端部约 1/3 为深褐色；后翅膜质，基部一半鲜红色，具 7～8 个黑点，翅中有倒三角形白区，翅端部黑色。体翅表面附有白色蜡粉。翅膀颜色偏蓝为雄性，翅膀颜色偏米色为雌性。

（1）成虫　（2）成虫聚集为害状　（3）2龄若虫　（4）4龄若虫

图 2－2－3　斑衣蜡蝉

卵：长圆形，褐色，长约 5 毫米，排列成块，披有褐色蜡粉。

若虫：体形似成虫，体扁平，头尖长，足长。初孵时白色，后变为黑色，体有许多小白斑，1 ~ 3 龄为黑色斑点，4 龄体背呈红色，具有黑白相间的斑点，具明显的翅芽于体侧。

生物学特性：斑衣蜡蝉喜干燥炎热处。1 年发生 1 代。以卵在树干或附近建筑物上越冬。次年 4 月中、下旬若虫孵化为害，5 月上旬为孵化盛期；若虫稍有惊动即跳跃而去。经 4 次蜕皮，6 月中、下旬至 7 月上旬羽化为成虫，为害至 10 月。8 月中旬开始交尾、产卵，卵多产在树干的南面，或树枝分叉处。一般每块卵有 40 ~ 50 粒，多时可达百余粒，卵块排列整齐，覆盖白蜡粉。成、若虫均具有群栖性，飞翔力较弱，但善于跳跃。

防治方法：

(1) 林业技术防治。结合冬季修剪，刮除树干上的卵块，集中销毁。斑衣蜡蝉以臭椿为原寄主，在为害严重的椿林内，应改种其他树种或营造混交林。

(2) 药剂防治。若、成虫发生期，可选用 1.2% 苦参碱 · 烟碱乳油 1000 倍液、5% 吡虫啉乳油 3000 ~ 4000 倍液、5% 啶虫脒乳油 5000 ~ 6000 倍液、40% 氧化乐果乳油 1000 倍液，或 50% 辛硫磷乳油 2000 倍液等喷雾防治。

(3) 生物防治。保护利用若虫的寄生蜂等天敌。

4. 茶翅蝽 [*Halyomorpha picus* Fabricius]

茶翅蝽又名“臭椿象”“臭板虫”“臭妮子”等。

(1) 成虫

(2) 初孵若虫及卵

图 2 - 2 - 4　茶翅蝽

危害：以成虫和若虫为害梨树、苹果树、桃树、杏树、李树等果树及部分林木和农作物，近年来危害日趋严重。叶和梢被害后症状不明显，果实被害后，被害处木栓化，变硬，发育停止而下陷。果肉变褐成一硬核，受害处果肉微苦，严重时形成疙瘩梨或畸形果，失去经济价值。为害部位：叶片、花蕾、嫩梢、果实。

寄主：梨树、苹果树、桃树、杏树、李树等果树及部分林木和农作物。

形态特征：

成虫：体长15毫米左右，宽约8毫米，体扁平，茶褐色，前胸背板、小盾片和前翅革质部有黑色刻点，前胸背板前缘横列4个黄褐色小点，小盾片基部横列5个小黄点。

卵：短圆筒形，直径0.7毫米左右，周缘环生短小刺毛，初产时乳白色，近孵化时黑褐色。

若虫：分5龄，初孵若虫近圆形，体为白色，后变为黑褐色，腹部淡橙黄色，各腹节两侧节间有1个长方形黑斑，共8对，老熟若虫与成虫相似，无翅。

生物学特性：华北地区1年发生1～2代，以受精的雌成虫在果园中或在果园外的空房、屋角、檐下、树洞、土缝、石缝及草堆等处越冬。次年4月下旬至5月上旬，成虫陆续出蛰。在造成为害的越冬代成虫中，大多数为在果园中越冬的个体，少数为由果园外迁移到果园中的个体。越冬代成虫可一直为害至6月，然后多数成虫迁出果园，到其他植物上产卵，并发生1代若虫。卵多产于叶背，块产，每块20～30粒。卵期10～15天。在6月上旬以前所产的卵，可于8月以前羽化为第1代成虫。第1代成虫可很快产卵，并发生第2代若虫而在6月上旬以后产的卵只能发生1代。在8月中旬以后羽化的成虫，均为越冬代成虫。越冬代成虫平均寿命为301天，最长可达349天。在果园内发生或由外面迁入果园的成虫，于8月中旬后出现在园中，为害后期的果实。10月后成虫陆续潜藏越冬。

防治方法：

(1)在成虫越冬前和出蛰期在墙面上爬行停留时，进行人工捕杀。

(2)受害严重的果园，在产卵和为害前进行果实、果穗套袋。

(3)结合管理随时摘除卵块及捕杀初孵群集若虫，并应强调在各种受害较重的寄主上同时进行防治，以压低虫口基数。

(4)药剂防治。于越冬成虫出蛰结束和低龄若虫期，喷50%敌敌畏乳油或90%敌百虫800～1000倍液、40%氧化乐果乳油1500～2000倍液等有机磷药剂、2.5%敌杀死(溴氰菊酯)乳油、2.5%功夫乳油或20%灭扫利乳油3000倍液等菊酯类药剂，以及50%辛敌乳油等有机磷和菊酯类复配药剂，均能收到较好防治效果。

5. 刺肩普缘蝽[*Plinachtus dissimilis* (Hsiao)]

危害：成、若虫刺吸丝棉木、苋菜等植物的汁液或为害浆果，尤喜刺吸嫩芽、嫩茎或嫩叶、花蕾及嫩荚。

寄主：丝棉木。

形态特征：

成虫：体长7.5～8.8毫米，宽4～5毫米。触角第1～3节深褐色，等长，第4节黑褐色，末端红褐色。前胸背板前半部色浅，侧角呈细刺状向两侧伸出，不向上翘，黑色，革片内角翅室的白斑清晰。小盾片刻点粗，前足、中足基节各具2个小黑点，后足基节1个，体下色浅，腹部有4个黑点，中间2个小或不明显。

卵：近菱形，初乳白色，后渐变黄，半透明，多产在叶、穗或茎上。

若虫：末龄若虫黄褐色，腹部背面有小黑纹，前胸背板侧角向后偏外延伸成针状，翅芽达第3腹节后缘。

(1)成虫

(2)初孵若虫

图2-2-5　刺肩普缘蝽

生物学特性：长江流域1年发生2～3代，以成虫在枯枝落叶或枯草丛中越冬，次年3～4月开始产卵，卵多产在叶、穗或茎上。

防治方法：

(1)结合秋季清洁田园，认真清除田间杂草，集中处理。

(2)在低龄若虫期，喷50%马拉硫磷乳油1000倍液、2.5%功夫乳油2000～5000倍液、2.5%敌杀死乳油2000倍液、10%吡虫啉可湿性粉剂1500倍液，每亩喷兑好的药液50升。防治1次或2次。

6. 金绿宽盾蝽[*Poecilocoris lewisi* Distant]

危害：以若虫和成虫刺吸受害植物的枝条、叶片。成虫臭腺发达。

寄主：葡萄、枫杨、臭椿、侧柏。

形态特征：

成虫：体长13.5～16毫米，宽9～11毫米。宽椭圆形，金绿色，具赭红色斑纹。头部中叶端部金黄，侧叶稍短于中叶，侧缘略上卷。复眼黑色，单眼红色。触角细长，

5 节,基节黄褐色,其余 4 节蓝黑色。喙黄褐色,长达腹部第 4 节的前缘。前胸背板有 1 个横置的“日”字形纹。小盾片微微隆起,并有许多花纹,前缘有“︹”形纹,体端部周缘波状纹和 1 条横纹连成 1 条封闭“口”形纹,端部较窄,中部两侧各有 1 条波状横纹,在 2 条横纹中央又有 1 条纵短纹,伸达端部“口”形纹中央。前翅革质部分(除基角外缘)黄褐色,膜片及后翅灰褐,翅脉棕褐。足黄褐并带金绿光泽。腹部腹面气门上方有 1 个黑点,其他部分黄色,有些个体除生殖节外腹节腹面中央有黑色横纹。

卵:直径 1.7 毫米,高 1.6 毫米。近球形,刚产时为乳白色,半透明,3 ~4 天后变黄褐色,顶端假卵盖周缘有白色粒状呼吸—精孔突 34 ~40 个,破卵器三角形。

若虫:1 龄体长 2.5 ~3.5 毫米,宽 2 ~2.5 毫米,体近圆形,黄褐色,头金绿色;身体有金绿色斑块,分布在前胸、中胸,腹部第 5 ~7 节背面和第 4 节两侧;腹部侧接缘有面积相似的近圆形的黄褐斑。2 龄体长 3.5 ~4.5 毫米,宽 3 ~3.5 毫米,后胸背面也呈金绿色;腹部第 3 节背面两侧具金绿色小斑,其余同 1 龄特征。3 龄体长 5 ~6.5 毫米,宽 3 ~3.5 毫米, 前翅芽略现。4 龄体长 7.5 ~9 毫米,宽 6 ~7.5 毫米,金绿色部分光泽减少, 黑色成分增加;体壁黄褐色部分变为黄白色;小盾片和前翅芽明显伸展;触角、足和胸部腹面都为黑褐色;腹部背面第 4 ~6 节色斑上的 3 对臭腺孔明显可见,第 8 节有2 块黑斑,末节黑褐色,侧接缘黄褐斑变黑褐色。5 龄体长 10 ~13 毫米,宽 8.5 ~10 毫米;前翅芽伸达腹部第 4 节, 其余同 4 龄。

(1)成虫　　(2)若虫

图 2 –2 –6　金绿宽盾蝽

生物学特性:1 年发生 1 代,以 5 龄若虫在墙缝、树皮裂缝、树下表土、落叶层和石块下等处越冬,越冬时具有一定的群聚性。次年 4 月上、中旬,开始陆续从越冬场所爬出,取食侧柏等树木的嫩叶汁液;5 月中旬,5 龄若虫开始羽化,6 月初为羽化高峰期,6 月中、下旬羽化期结束;5 月至 8 月为成虫期;7 月底至 8 月中旬交配产卵;8 ~9 月,若虫由 1 龄发育至 5 龄;9 月中、下旬为 5 龄若虫高峰期;11 月,5 龄若虫开始转移越冬。

防治方法:

若虫发生期,可用 10% 速灭菊酯 1500 倍液、40% 乐果乳油 1000 倍液,或 2.5% 溴氰菊酯乳油 3000 倍液喷雾防治。

7. 麻皮蝽[*Erthesina fullo* (Thunberg)]

麻皮蝽又名“黄斑蝽”“麻椿象”“麻纹蝽”。

危害：刺吸嫩枝幼干、叶及果实汁液，嫩枝幼干受害后出现干枯。叶受害出现黄褐色斑点，严重时叶片提前脱落。果实被害后，出现畸形或猴头果，被害部位常木栓化，失去食用价值，对产量及品质有很大损失。

寄主：苹果树、枣树、沙果、李树、山楂、梅、桃树、杏树、石榴、柿树、海棠、板栗、龙眼、柑橘、杨树、柳树、榆树等及林木植物。

形态特征：

成虫：体长20~25毫米，宽10~11.5毫米。体黑褐色，密布黑色刻点及细碎不规则黄斑。头部狭长，侧叶与中叶末端约等长，侧叶末端狭尖。触角5节黑色，第1节短而粗大，第5节基部1/3为浅黄色。喙浅黄色，4节，末节黑色，达第3腹节后缘。头部前端至小盾片有1条黄色细中纵线。前胸背板前缘及前侧缘具黄色窄边。胸部腹板黄白色，密布黑色刻点。各腿节基部2/3浅黄色，两侧及端部黑褐色，胫节黑色，中段具淡绿色、白色环斑，腹部侧接缘各节中间具小黄斑，腹面黄白，节间黑色，两侧散生若干黑色刻点，气门黑色，腹面中央具1条纵沟，长达第5腹节。

(1)成虫　　(2)若虫

图2-2-7　麻皮蝽

卵：馒头形或杯形，直径约0.9毫米，高约1毫米，初产时乳白色，渐变淡黄或橙黄色，顶端有盖，周缘具刺毛。聚生排列成卵块，每块为12粒。

若虫：各龄均扁洋梨形，前尖削后浑圆，老龄体长约19毫米，似成虫，自头端至小盾片具1条黄红色细中纵线。体侧缘具淡黄狭边。腹部3～6节的节间中央各具1块黑褐色隆起斑，斑块周缘淡黄色，上具橙黄或红色臭腺孔各1对。腹侧缘各节有1块黑褐色斑。喙黑褐色，伸达第3腹节后缘。

生物学特性：山东1年发生1代，以成虫在枯枝落叶下、草丛中、树皮裂缝、梯田堰坝缝、墙缝等处越冬。次春寄主萌芽后，开始出蛰活动为害。5月中、下旬开始交尾产卵，6月上旬为产卵盛期，此时可见到若虫，7～8月羽化为成虫，为害至秋末陆续越冬。成虫飞翔力强，喜于树体上部栖息为害，交配多在上午，长达3小时。具假死性，受惊扰时会喷射臭液。但早晚低温时常假死坠地，正午高温时则逃飞。有弱趋光性和群集性，初龄若虫常群集叶背，2、3龄才分散活动。卵多成块产于叶背，每块约12粒。

防治方法：

(1)林业技术防治。冬、春越冬成虫出蛰活动前，清理园内枯枝落叶、杂草，刮粗皮，堵树洞，结合平田整地，集中处理，消灭部分越冬成虫。为害严重的果园在产卵或为害前，可采用果实套袋防治法。

(2)物理防治。在成、若虫为害期，利用假死性，在早晚进行人工振树捕杀，尤其在成虫产卵前振落捕杀，效果更好。同时还可防治具假死性的其他害虫，如象甲类、叶甲类、金龟子类等。结合其他管理，摘除卵块和初孵群集若虫。

(5)越冬成虫出蛰完毕和若虫孵化盛期用药喷树，防效很好。使用的药剂有：2.5%敌杀死乳油或功夫乳油2000倍液或20%灭扫利乳油或来福灵乳油2000倍液、20%杀灭菊酯乳油2000倍液、5%氯氰菊酯乳油或2.5%天王星乳油2000倍液、50%对硫磷乳油或三硫磷乳油或马拉松乳油或杀螟松乳油1500～2000倍液、40%氧化乐果乳油或乐果乳油1000倍液、40%地亚农乳油或40.7%乐斯苯乳油1500倍液，均有良好的防治效果。

8.秋四脉绵蚜[*Tetraneura akinire* Sasakj]

秋四脉绵蚜又名“榆四脉绵蚜”“谷榆蚜”“高粱根蚜”“榆瘿蚜”。

危害：主要为害榆树叶片，吸食汁液，受其刺激，榆叶上可形成绿色或红色的袋状虫瘿，虫瘿长可达1～2厘米，不仅影响榆树生长，而且严重影响观赏。在高粱、玉米等禾本科植物上为害根部，常造成禾本科植物黄化。

寄主：榆树及高粱、玉米、小麦、狗尾草、牛筋草等禾本科植物。

形态特征：

无翅孤雌蚜：体长2.0～2.5毫米，椭圆形，体杏黄色、灰绿色或紫色，体被呈放射状的蜡质绵毛，触角4节，短。喙短且粗，呈矛状，超过前足基节。腹管退化。尾片半圆形，有5～7根毛。

有翅孤雌蚜：体长2.5~3.0毫米，头、胸部黑色，腹部灰绿色至灰褐色，触角4节，前翅中脉不分叉，共4条，后翅中脉1条，没有腹管。

卵：长椭圆形，长1毫米，初黄色，后变黑色，有光泽，一端具1个微小突起。

(1)有翅孤雌蚜　　(2)虫瘿

图2-2-8　秋四脉绵蚜

生物学特性：1年发生10多代，以卵在榆树枝干、树皮缝中越冬。次年4月下旬，越冬卵孵化为干母若蚜，爬至新萌发的榆树叶背面固定为害。5月上旬在受害叶面形成紫红色或黄绿色无刺毛的袋状虫瘿，干母独自潜伏在其中为害。5月中旬干母老熟，在虫瘿中胎生仔蚜，即干雌蚜的若蚜，每只干母能繁殖8~15头或更多。5月下旬至6月上旬，有翅干雌蚜长成，又称“春季迁移蚜”，迁往高粱、玉米根部胎生繁殖为害。9月下旬又产生有翅性母，飞回榆树枝干上产生性蚜(雄蚜和雌蚜)。性蚜无翅，口器退化，不取食，交配后产卵越冬，每雌产1粒卵，产在体下。天敌有食蚜瓢虫、食蚜蝇等。

防治方法：

(1)林业技术防治。夏季成虫向禾本科植物迁移前，清除榆树周围禾本科杂草植物等。

(2)物理防治。发生初期，可人工剪除虫瘿叶片。

(3)化学防治。4月下旬卵开始孵化为害榆树嫩叶前，可用2.5%高渗吡虫啉乳油1000~2000倍液对榆树主干和枝叶进行喷雾防治。夏季成虫向禾本科植物迁移前，对榆树周边的禾本科杂草植物进行喷雾防治，破坏其正常生活转主寄主的生态环境。9月下旬其成虫迁回榆树后，对榆树枝干喷雾防治，每7~10天喷1次，连喷2次。也可选择其他杀蚜剂。

9. 青桐木虱[*Thysanogyna limbata* Enderlein]

青桐木虱又名“梧桐木虱”。

危害：若虫和成虫多群集在青桐叶背和幼枝嫩干上吸食为害，若虫分泌的白色絮状蜡质物能堵塞气孔，影响光合作用和呼吸作用，致使叶面呈苍白萎缩症状；且因同时招致霉菌寄生，使树木受害更甚。严重时树叶早落，枝梢干枯，表皮粗糙，严重影响树木的生长发育。

寄主：青桐。

形态特征：

成虫：体黄绿色，体长4~5毫米，翅展13毫米，头端部明显下陷，复眼半球状突起，红褐色。单眼3个，呈倒“品”字形排列。触角10节，4~8节上半部分深褐色，最后2节黑色，顶部有2根鬃毛。前胸背板弓形，前缘、后缘黑褐色。中胸背板有2条褐色纵线，中央有1条浅沟，盾板上有6条深褐色纵线。足黄色，爪黑色，后足基节上有1对锥状突起。翅透明，翅脉浅褐色，内缘室端部有1个褐色斑，径脉自翅的半部分叉。腹部背板浅黄色，腹部各节前端有褐色横带。雌成虫体长5毫米，腹部背板可见8节，腹板可见7节。雄成虫体长4~4.5毫米，腹部背板可见7节，腹板可见6节。

卵：长卵圆形，一端稍尖，长0.7毫米，初产时浅黄色或黄褐色，近孵化时红黄色，并可见红色眼点。

若虫：共5龄，第1、2龄若虫身体扁平，略呈长方形，黄色或绿色，末龄若虫身体近圆筒形，茶黄色常带绿色，腹部有发达的蜡腺，故身体上覆盖有白色的絮状物。触角10节，翅芽发达，可见脉纹，在翅芽之间有1对黑色斑点。

(1)成虫

(2)为害状

图2-2-9　青桐木虱

生物学特性：1年发生2代，以卵在枝干上越冬。次年4月底至5月初，越冬卵开始孵化出若虫并为害，若虫期30多天。第1代成虫6月上旬羽化，下旬为盛期；第2代成虫8月上、中旬羽化。成虫羽化后需补充营养才能产卵。第1代成虫多产卵于叶背，经2周左右孵化；第2代卵大都产在主枝阴面、侧枝分叉处或主侧枝表皮粗糙处。发育很不整齐，有世代重叠现象。若虫和成虫均有群居性，常常十多头至数十头群居在叶背等处。若虫潜居生活于白色蜡质物中，行走迅速；成虫飞翔力差，有很强的跳跃能力。

防治方法：

(1)林业技术防治。结合修剪，剪除带卵枝、叶。配成白涂剂，涂抹树干，消灭越冬卵。

(2)化学防治。若虫发生盛期,可喷用10%蚜虱净2000~2500倍液,或2.5%吡虫啉1000倍液,或1.8%阿维菌素2500~3000倍液,或3%啶虫脒乳油1500~2000倍液,或1.2%苦参碱乳油800~1000倍液进行喷雾防治。

(3)生物防治。注意保护和利用寄生蜂、瓢虫、草蛉等天敌昆虫。

10. 松大蚜[*Cinara pinitabulaeformis* Zhang et Zhang]

松大蚜又名"油松大蚜"。

危害: 以成、若虫刺吸干、枝汁液。严重发生时,松针尖端发红、发干,针叶上也有黄红色斑,枯针,落针明显。盛夏,在松大蚜的为害下,松针上蜜露明显,远处可见明显亮点。当蜜露较多时,松树可得煤污病,影响松树生长。

寄主: 油松、红松、黑松、马尾松、白皮松、樟子松和云南松等。

形态特征:

成虫: 雌无翅蚜是繁殖的主体。头小,腹大,黑褐色,体长3~4毫米,宽3毫米,近球形;腹9节,前5节渐宽,为较硬腹,后4节渐窄,为软腹。触角刚毛状,6节,第3节较长。复眼黑色,突出于头侧。秋末,雌成蚜腹末被有白色蜡粉。有翅蚜分雌、雄两种,雄蚜腹部窄,雌蚜腹部宽,但窄于无翅蚜。有翅蚜翅透明,在两翅端部有1个翅痣。头方圆形,大于无翅蚜,前胸背版有明显圆环和"X"形花纹。触角长1.5毫米,喙细长,可伸达腹部第5节。

卵: 长1.3~1.5毫米,黑绿色,长圆柱形。两卵间有丝状物连接,多由7~15个卵整齐排列在松针叶上,有时可发现白色、红色、灰绿色卵粒。卵刚产出时白绿色,渐变为黑绿色。不太饱满卵中部有凹陷,卵上常被有白色蜡粉粒。

图2-2-10　松大蚜为害状

若虫: 有卵生若虫和胎生若虫两种,它们的形态多相似于无翅雌蚜,只是体形较小。新孵化若虫淡棕褐色,腹全为软腹,喙细长,相当于体长的1.3倍。

生物学特性: 华北地区1年发生10多代,以卵在松针上越冬。1头干母(无翅雌成虫进行孤雌胎生繁殖)能胎生30多头雌性若虫。若虫长成后继续胎生繁殖,在气温合适条件下,3~4天后即可进行繁殖后代,所以繁殖力很强。出现有翅侨蚜后可以进行扩散,所以在春、夏季可以观察到成虫和各龄期的若虫。在10月中旬,出现性蚜(有翅雄、雌成虫),交配后,雌虫产卵越冬。常产8粒卵,偶有9粒、10粒,最多22粒,整齐排在松针上。5~6月、10月发生2次为害高峰,尤以秋季更为严重。天敌有七星瓢虫、异瓢虫、二星瓢虫、四星瓢虫和十三星瓢虫。

防治方法:

(1)林业技术防治。加强抚育管理,尤其幼龄林,冬季剪除着卵叶,集中烧毁,消灭虫源。减少或避免针叶纯林,增加针阔混交林。

(2)化学防治。蚜虫为害期,喷洒50%乐果乳油1000倍液,或20%氰戊菊酯乳油3000倍液,或50%久效磷乳油1000倍液,或苦参·烟碱乳油1500倍液,也可用50%久效磷乳油、50%氧化乐果乳油5~10倍液在树干基部打孔注射,或刮去老皮在树干上涂5~10厘米宽的药环,均可收到较好的效果。

(3)生物防治。充分利用七星瓢虫、异瓢虫、二星瓢虫、四星瓢虫和十三星瓢虫等松大蚜天敌。

11.落叶松球蚜[*Adelges laricis* Val.]

危害:属同翅目球蚜科球蚜属的1种昆虫,分布于陕西、青海、内蒙古、黑龙江、吉林、辽宁、山东、新疆等地,以成、若虫刺吸干、枝汁液,主要为害10~20年生幼树,也常在兴安落叶松人工幼林内猖獗为害。该虫为害2类寄主树种,第1寄主为云杉,在枝梢端部取食并产生大量的虫瘿为害;第2寄主为落叶松,以侨蚜刺吸落叶松针叶及嫩枝汁液,并产生大量白色丝状分泌物,造成枝条霉污而干枯,严重影响树木生长,严重时可降低当年落叶松高生长的40%。

寄主:红皮云杉、兴安落叶松等。

形态特征:干母,卵橘红色,外被白色絮状分泌物。越冬若虫棕黑至黑色。体表被有蜡孔分泌出的小玻璃棒状短而竖起的6列整齐的分泌物。蜡孔群中央为1个大而略隆起的套环状圆形蜡孔,在它的周围略倾斜分布着小的双边蜡孔,一般为6个。触角3节,第3节特别长,约占整个触角长度的3/4。瘿蚜为干母所产的孤雌卵发育而成,孵化前暗褐色。若虫1龄时体表没有分泌物,从2龄起,体表出现白色粉状蜡质分泌物。4龄若虫紫褐色。伪干母孵化前完全没有分泌物,骨化程度特别强。性母具翅,常见于落叶松新叶的反面。卵表面被1层粉状蜡层,一端具丝状物,彼此相连。若虫初孵至2龄,体表无分泌物,3龄呈棕褐色,有光泽,4龄体色更淡,胸部两侧具有明显的翅芽,背面有6纵列疣。侨蚜由伪干母的卵发育而成,无翅。初孵若虫体暗褐色。自2龄起,体表出现白色分泌物,3龄后,体完全被分泌物盖住。成虫外观呈一绿豆大小的“棉花团”。性蚜卵黄绿色。雌虫橘红色,雄虫色泽暗,触角和足较长。

（1）为害云杉形成的虫瘿及虫体

（2）为害状

图 2－2－11　落叶松球蚜

生物学特性：落叶松球蚜是一种多态型球蚜，包括干母、伪干母、瘿蚜、侨蚜和性母等主要虫型。它完成全部生活史需 2 年。在第 1 寄主上以干母若虫在云杉冬芽上越冬，在第 2 寄主上以伪干母若虫在落叶松冬芽腋和枝条皮缝中越冬。在云杉芽苞周围固定的越冬干母若虫，次年 3 月下旬开始吸食云杉树液，5 月上旬出现干母成虫，虫体被有蜡丝，在身体周围产卵，产卵位置在冬芽腋处，中旬开始孵化，5 月下旬为孵化盛期。若虫爬行至云杉侧枝芽针叶基部为害，受干母刺激后的侧枝膨大形成虫瘿，至 6 月下旬虫瘿开始开裂。具翅芽的若蚜爬出瘿室，在周围的针叶和小枝上蜕皮羽化形成有翅瘿蚜，迁飞至落叶松在针叶上营孤雌产卵，瘿蚜所产卵于 7 月中旬开始孵化为伪干母若蚜，初孵若蚜，不具分泌物，寄生在新梢皮缝中，至 7 月下旬便开始停育，处于越夏、越冬状态。次年 3 月中旬，越冬伪干母若蚜开始活动，经 3 次蜕皮至 4 月上旬出现伪干母成虫，同期进行孤雌产卵，4 月下旬开始孵化，5 月上旬为孵化盛期。在伪干母所产卵堆中，孵化出的一部分若蚜于 5 月中旬羽化成具翅的性母成虫，于 5 月下旬至 6 月上旬迁回至云杉上。每年可发生 5 代。

防治方法：

（1）林业技术防治。造林时，注意树种的合理搭配，避免云杉和落叶松混交和同地、同圃育苗。

（2）化学防治。3 月下旬至 4 月上旬，在落叶松上用 2.5% 溴氰菊酯、5% 氯氰菊酯 2000 倍液喷施杀卵。6 月下旬至 7 月上旬，在云杉上的虫瘿开裂之前，人工剪除虫瘿，集中烧毁。在瘿蚜迁飞期内，喷洒 10% 吡虫啉可湿性粉剂 2000 倍液。5 月中旬至 6 月上旬，在第 1 代侨蚜和第 2 代侨蚜孵化盛期，可喷洒 1% 苦参碱可溶性液剂 1000 倍液。郁闭度较大的林分，可以喷施敌敌畏插管烟剂。

12. 苹果绵蚜[*Eriosoma lanigerum* (Hausmann)]

危害：苹果绵蚜为我国进境植物检疫性有害生物。通常寄生在苹果等枝干的粗皮裂缝、伤口、剪锯口、新梢叶腋以及裸露地表根际等处吸取树液，消耗树体营养，导致寄主树势衰弱，寿命缩短。

寄主：苹果树、梨树、桑树、榆树、海棠、山楂等。

(1)无翅成虫

(2)树干外吸食树液

(3)为害状(枝条)

(4)为害状(树干)

图2-2-12　苹果绵蚜

形态特征：

无翅孤雌蚜：体卵圆形，长1.7~2.2毫米，头部无额瘤，腹部膨大，黄褐色至赤褐色。复眼暗红色，眼瘤亦红黑色。触角6节。腹背分泌白色的蜡质和丝质物，群体在苹果树等寄主严重为害时如挂绵绒。腹管环状，退化，仅留痕迹，呈半圆形裂口。

有翅孤雌蚜：体椭圆形，长1.7~2.0毫米，体色暗，较瘦。头胸黑色，腹部橄榄绿色，全身被白粉。复眼红黑色，有眼瘤，单眼3个，颜色较深。口喙黑色。触角6节。翅透明，翅脉和翅痣黑色。腹部白色绵状物较无翅雌虫少。

有性蚜：有性雌蚜体长 0.6～1.0 毫米，淡黄褐色。口器退化。头部、触角及足为淡黄绿色，腹部赤褐色。有性雄蚜体长 0.7 毫米左右，体淡绿色。触角 5 节，末端透明，无喙。腹部各节中央隆起，有明显沟痕。

卵： 椭圆形，中间稍细，由橙黄色渐变褐色。

若虫： 分有翅与无翅两型。幼龄若虫略呈圆筒状，绵毛很少，触角 5 节，喙长超过腹部。四龄若虫体形似成虫。

生物学特性： 1 年发生 17～18 代。以若虫在苹果等寄生枝干粗皮裂缝、伤口边缘及根瘤、根蘖皱褶内越冬。在根部越冬的苹果绵蚜为无翅的若虫、成虫，越冬期不休眠，继续为害。在其他部位越冬的苹果绵蚜，次年 3 月下旬开始活动，4 月底开始孤雌胎生后代。若蚜分散在叶腋、嫩芽、嫩梢等处为害。5～7 月中旬为发生盛期，此后在天敌和气候影响下，虫口密度下降。9～10 月中旬蚜量再度回升。11 月下旬以无翅蚜越冬。主要借带虫苗木和接穗做远距离传播扩散。

防治方法：

(1)林业技术防治。11 月至次年 4 月越冬若虫期，结合冬季修剪，彻底刮除老树皮，修剪虫害枝条、树干，破坏和消灭越冬若虫栖息地。结合翻树盘，消灭隐蔽在根际表层的越冬若虫。清理的杂草、虫枝等要及时销毁。

(2)化学防治。①5～6 月第 1 次为害盛期，使用 1.8% 阿维菌素乳油 3000～6000 倍液，或 48% 毒死蜱乳油 2000～4000 倍液，或 10% 吡虫啉可湿性粉剂 1000～2000 倍液等，进行喷雾防治。②7～8 月天敌繁殖和活动的时期，宜使用 40% 氧化乐果乳油 5～10倍液，或 10% 吡虫啉乳油 30～50 倍液，进行涂环或涂根，涂药后用塑料布包扎捆绑。涂环时，先在离地面 50 厘米左右的主干处，刮一道 5～10 厘米(视树的胸径而定)的环。③若虫上树后，使用 4.5% 高效氯氰菊酯乳油 1000 倍液进行高压喷雾防治。防治时，应同时喷洒地面。每 7～15 天防治 1 次，至少防治 3 次。

(3)植物检疫。加强检疫，疫区或疫情发生区已感染苹果绵蚜的苗木(含砧木、接穗等繁殖材料)、果品，未经处理严禁外运；对苗木、接穗及包装材料等可采用溴甲烷熏蒸处理，用药量为 24 克/平方米，熏蒸 3 小时。

(4)林业技术防治。加强抚育管理，施足基肥，合理搭配氮、磷、钾比例，适时追肥；冬季及时灌水；苹果园避免混栽山楂、海棠等果树，并铲除其他灌木和杂草，保持果园清洁卫生。

13. 梨冠网蝽[*Stephanitis nashi* (Esaki et Takeya)]

梨冠网蝽又名“梨花网蝽”“军配虫”“杜鹃花冠网蝽”“小臭大姐”。

危害： 成虫、若虫都群集在叶背面刺吸汁液，受害叶背面出现似被溅污的黑色黏稠物。这一特征易区别于其他刺吸害虫。整个受害叶背面呈锈黄色，正面形成很多苍白斑点，受害严重时斑点成片，以至全叶失绿，远看一片苍白，提前落叶，不再形成花芽。

寄主：梨树、苹果树、海棠、李树、桃树、杜鹃、山楂、月季、山茶、含笑、茉莉、蜡梅、紫藤等。

形态特征：

成虫：体长3~3.5毫米，扁平，暗褐色。头小，复眼暗黑，触角丝状，翅上布满网状纹。前胸背板向后延伸成三角形，盖住中胸，两侧向外突出呈翼片状，褐色细网纹。前翅略呈长方形，具黑褐色斑纹，静止时两翅叠起，黑褐色斑纹呈"X"状。虫体胸腹面黑褐色，有白粉。腹部金黄色，有黑色斑纹。足黄褐色。

卵：长椭圆形，一端弯曲，长约0.6毫米，初产时淡绿色，半透明，后变淡黄色。

若虫：初孵时乳白色，后渐变暗褐色，长约1.9毫米。3龄时翅芽明显，外形似成虫，在前胸、中胸和腹部第3~8节的两侧均有明显的锥状刺突。

(1)成虫和若虫

(2)为害山楂状

图2-2-13　梨冠网蝽

生物学特性：1年发生代数，长江流域为4~5代，华北地区为3~4代，各地均以成虫在枯枝、落叶、杂草、树皮裂缝以及土、石缝隙中越冬。4月上中旬，越冬成虫开始活动，集中到叶背取食和产卵。卵产在叶组织内，上面附有黄褐色胶状物，卵期半个月左右。初孵若虫多数群集在主脉两侧为害。若虫蜕皮5次，经半个月左右变为成虫。第1代成虫6月初发生，以后各代分别在7月上旬、8月初、8月底9月初，因成虫期长，产卵期长，世代重叠，各虫态常同时存在。1年中7~8月为害最重，9月虫口密度最高，10月下旬后陆续越冬。成虫喜在中午活动，每头雌成虫的产卵量因寄主不同而异，可由数十粒至上百粒，卵分次产，常数粒至数十粒相邻，产卵处外面都有1个中央稍为凹陷的小黑点。

防治方法：

(1)清除落叶、杂草，刮除枝干粗翘皮，集中烧毁，可消灭部分越冬虫口。

(2)9月在树干上绑扎草把，诱集成虫潜伏越冬并于早春集中烧毁；冬季树干涂白，以减少越冬成虫；保护利用天敌。

(3)药物防治。重点抓住4月中旬至5月上旬越冬成虫活动期,可选用80%敌敌畏1000倍液。5月中旬,及时检查叶片上的虫情,当叶背面已经有梨网蝽若虫群集,并出现少数白色刚羽化的成虫,表明第1代若虫已基本孵化,而成虫尚未产卵,此时防治效果最佳。可选用40%氧化乐果乳油1000倍液,或50%马拉松乳油1500倍液,或50%杀螟松乳油1000倍液,或20%杀灭菊酯乳油3000~4000倍液,或50%辛硫磷乳油1000倍液喷雾。在生长季节,交替使用上述药剂连续防治,可以彻底消灭虫害。

14. 桃粉大尾蚜[*Hyalopterus amygdali* Blanchard]

桃粉大尾蚜又名"桃大尾蚜""桃装粉蚜""桃粉绿蚜""桃粉蚜"。

危害:成、若虫群集于新梢和叶背刺吸汁液,被害叶失绿并向叶背对合纵卷,卷叶内积有白色蜡粉,严重时叶片早落,嫩梢干枯。排泄蜜露常致煤污病发生。

寄主:杏树、梅、桃树、李树、梨树、樱桃、芦苇、榆叶梅等。

形态特征:

成虫:有翅胎生雌蚜体长2.0~2.1毫米,翅展6.6毫米左右,头胸部暗黄至黑色,腹部黄绿色,体被白蜡粉。无翅胎生雌蚜体长2.3~2.5毫米,体绿色,被白蜡粉,复眼红褐色,腹管短小,尾片长、大,黑色,圆锥形,上有曲毛5~6根。

卵:椭圆形,长0.6毫米,初黄绿后变黑色。

图2-2-14　桃粉大尾蚜为害紫叶李

若虫:若蚜体小,绿色,与无翅胎生雌蚜相似,被白粉。有翅若蚜胸部发达,有翅芽。

生物学特性:北方1年发生10余代,南方1年发生20余代。生活周期类型属乔迁式,以卵在桃树、李树、杏树、梅等冬寄主的芽腋、树皮裂缝及短枝杈处越冬。在北方4月上旬,冬寄主萌芽时,越冬卵孵化为若蚜,群集为害幼芽嫩叶,发育为成蚜后,进行孤雌生殖,胎生繁殖。5月中、下旬虫口激增,为害最重,并开始产生有翅胎生雌蚜,逐渐迁移至花卉、草坪、杂草和蔬菜等夏寄主上为害和繁殖。10月又产生有翅蚜,迁回到冬寄主上,为害一段时间后,出现有翅雄蚜和无翅雌蚜,交配后进行有性繁殖,在枝条上产卵越冬。

防治方法:

(1)林业技术防治。杂草是该蚜第2寄主,因此及时除草,对降低虫口密度有很大作用,并可减少秋季为害和越冬卵量。结合冬季修剪,除去带虫卵枝条,可减少第 2 年的虫源。

(2)化学防治。喷药防治应掌握在谢花后叶未卷缩以前及时进行。即树萌芽后至开花前,若虫大量出现时,喷第 1 次药;谢花后蚜虫密集叶背、嫩梢时,喷第 2 次。药剂可用 40% 乐果乳剂 2000 倍液,或 50% 杀螟松乳剂 1000 倍液。如蚜虫对乐果已有抗性,可用 3% 啶虫脒乳油 1500 倍液,或 10% 吡虫啉可湿性粉剂 4000 倍液,或 40% 氧化乐果乳剂 3000 倍液,或 20% 菊乐酯乳剂 3000 倍液,或 20% 杀灭菊酯乳剂 3000 倍液,或 50% 抗蚜威可湿性粉剂 2000 倍液,或 50% 灭蚜松可湿性粉剂 2000 倍液,或 2.5% 天王星乳油 3000 ~ 4000 倍液等。由于桃粉大尾蚜体表有蜡粉层,所用药剂中应加适量中性皂粉或牛皮胶,以增强药液黏着力。桃树发芽前,可喷洒 5% 柴油乳剂,或 5 波美度石硫合剂,杀死越冬卵。

(3)生物防治。保护和利用瓢虫类、草蛉类、小花蝽类、蚜茧蜂类等自然天敌。

15. 桃瘤蚜[*Tuberocephalus momonis* (Matsumura)]

桃瘤蚜又名“桃瘤头蚜”“桃纵卷瘤蚜”。

危害: 以成、若虫刺吸寄主叶片汁液,受害叶片卷曲、肥厚似虫瘿,凸凹不平,初呈淡绿色,后变红色。严重时大部分叶片卷成细绳状,干枯脱落,严重影响植株生长发育。

寄主: 桃树、梅、梨树、樱桃、碧桃等。

形态特征:

无翅胎生雌蚜: 体长 2.0 ~ 2.1 毫米,长椭圆形,较肥大,体色多变,有深绿、黄绿、黄褐色,头部黑色。额瘤显著,向内倾斜。触角丝状,6 节,基部 2 节短粗。复眼赤褐色。中胸两侧有瘤状突起,腹背有黑色斑纹,腹管圆柱形,有覆瓦状纹,尾片短小,末端尖。

有翅胎生雌蚜: 体长 1.8 毫米,翅展约 5 毫米,淡黄褐色,额瘤显著,向内倾斜,触角丝状,6 节,节上有多个感觉孔。翅透明,翅脉黄色。腹管圆筒形,中部稍膨大,有黑色覆瓦状纹,尾片圆锥形,中部缢缩。

若蚜: 与无翅胎生雌蚜相似,体较无翅胎生蚜小,有翅芽,淡黄或浅绿色,头部和腹管深绿色。

卵: 椭圆形,黑色。

生物学特性: 1 年发生 10 余代。有世代重叠现象。以卵在桃树、樱桃等寄主的枝条、芽腋处越冬。寄主发芽后孵化为干母。群集在叶背面取食为害。大量成虫和若虫藏在虫瘿里为害。5 ~ 7 月是繁殖、为害盛期,此时产生有翅胎生雌蚜,迁飞到艾草等菊科植物上为害,晚秋 10 月又迁回到桃树、樱桃等寄主上,产生有性蚜,交尾产卵越冬。

(1)成虫

(2)为害状

图 2-2-15　桃瘤蚜

防治方法：

(1)林业技术防治。11 月至次年 2 月越冬卵期，冬季或早春寄主植物发芽前，剪除带卵枝条，及时销毁。夏季桃瘤蚜迁移后，对桃园周围的菊花科寄主植物等进行清除。将虫枝、虫卵枝和杂草集中无害处理，减少虫、卵源。

(2)化学防治。①冬季或早春寄主植物发芽前，使用 3～5 波美度石硫合剂等矿物性杀虫剂，进行喷雾防治。②萌芽期天敌较少，使用 5.7% 百树菊酯乳油 2500 倍液，或 2.5% 功夫乳油 2000 倍液，或 10% 吡虫啉可湿性粉剂 2000 倍液，或 70% 艾美乐水分散颗料剂 5000 倍液，或 48% 毒死蜱乳油 1000 倍液等，进行喷雾防治。在芽萌动期至卷叶前为最佳防治时期。③在卷叶后、天敌较多时，进行涂干防治，先围绕树干刮 3～4 厘米宽的圆环(圆环内树皮老皮刮除，但不能伤害嫩皮)，然后使用 40% 氧化乐果乳油 5 倍液，涂在刮好的圆环上，用塑料薄膜将树干包好，使药通过组织传导到叶片，达到防治目的。在卷叶后、天敌较多时，要选用内吸性强的农药进行防治，避免卷叶对药效的影响。

(3)生物防治。保护利用七星瓢虫、大草蛉、中华草蛉、小花蝽等天敌。

16. 桃蚜[*Myzus persicae* (Sulzer)]

危害：主要以成、若虫刺吸寄主枝、叶汁液，使植株生长缓慢或叶片卷缩，其排泄物能诱发煤污病。该害虫是传播病毒病的主要传播媒介。

寄主：梨树、桃树、山桃、碧桃、李树、梅、樱桃、月季、蔷薇、樱花、木芙蓉、玫瑰等。

形态特征：

有翅雌蚜：体长 2.2 毫米。头、胸部黑色，腹部淡绿色。腹节背片第 3～6 节有1 个黑色背中大斑，腹节背板第 8 节有 1 对突起。触角为体长的 0.78～0.95 倍，第 3 节有小圆形次生感觉圈。

无翅雌蚜：体长 2.2 毫米。淡黄绿色、乳白色或赭赤色。额瘤显著内倾。触角长为体长的 0.8 倍。尾片圆锥形，近端部 2/3 收缩，有毛 6 或 7 根。

有翅雄蚜：体长 1.3 ~ 1.9 毫米，体色深绿、灰黄、暗红或红褐色。头、胸部黑色。

卵：椭圆形，长 0.5 ~ 0.7 毫米，初为橙黄色，后变成漆黑色而有光泽。

若虫：若蚜体与无翅雌蚜相似，个体较小，淡绿或淡红色。1 龄无翅蚜体淡黄绿色，头、胸略深，复眼暗红色，头、胸、腹三部分几乎等宽；2 龄无翅蚜体淡红绿或淡红色，复眼暗红色，头、胸部不等宽，腹部较膨大；3 龄无翅蚜体淡黄、淡黄绿或淡橘红色，腹部明显大于头、胸部；4 龄无翅蚜体淡橘红、红褐、淡黄或淡绿色，复眼暗红至黑色，胸部大于头部，腹部大于胸部。

(1) 有翅孤雌胎生蚜　(2) 无翅孤雌胎生蚜　(3) 为害状

图 2 – 2 – 16　桃蚜

生物学特性：1 年可发生 10 余代。以卵在桃树等寄主的枝梢、芽腋和树皮裂缝等处越冬。3 月上旬越冬卵开始孵化，以孤雌胎生方式繁殖，先群集在芽上为害，展叶后多聚集在叶背取食，胎生若蚜。4 ~ 5 月繁殖最甚，为害也最严重，受害叶不规则卷缩或向反面横卷，排出油状液体；5 月产生有翅孤雌胎生雌蚜，陆续迁移到花卉、蔬菜和农作物等夏寄生植物上繁殖和为害；9 ~ 10 月又迁回桃树为害，出现性蚜，交尾后于 11 月上旬产卵，以卵越冬。

防治方法：

(1) 林业技术防治。11 月至次年 2 月越冬卵期，结合冬季修剪、清园，除去及销毁有虫卵的枝条、杂草。

(2) 化学防治。①11 月至次年 2 月越冬卵期，使用 3 ~ 5 波美度石硫合剂，进行喷雾防治。②春季(3 月上旬)越冬卵孵化后尚未进入繁殖阶段和秋季(10 月下旬)蚜虫产卵前，分别使用 10% 吡虫啉可湿性粉剂 2000 倍液，进行喷雾防治。

(3) 物理防治。使用黄色诱虫板诱杀有翅蚜。隔 3 ~ 5 米放置 1 块。虫量不多时以清水冲洗芽、嫩叶和叶背。天敌发生较多时，尽量不使用农药。

(4) 生物防治。保护和利用瓢虫类、草蛉类、小花蝽类、蚜茧蜂类等天敌。

17. 弯角蝽[*Lelia decempunctata* Motschulsky]

弯角蝽又名"十点蝽"。

危害：以若虫和成虫刺吸受害植物的枝条、叶片。

寄主：葡萄、糖槭、核桃楸、榆树、杨树、醋栗、刺槐等。

形态特征：

成虫：体长16.0～21.5毫米，宽9～14毫米。体宽大，近椭圆形，黄褐色，微现红褐，密布黑刻点。越冬代成虫色较深。头侧片长于中片，触角黄褐色，末2节黑色，单眼红黄色。喙黄褐色，末端黑色，长不超过后足基节。前胸背板色较深，侧角大而尖，向外突出，并稍向前向上，侧角后缘有一小突起。前胸背板中区有横列等距的4个黑点，排成1条线。前侧缘稍内凹，且有小锯齿。小盾片基部中间及中区各有2个黑点，基角上各有下陷黑点1个。共有10个点，所以又名"十点蝽"。膜片淡烟褐、透明。足黄褐色，腿节布有小黑点，胫节两端、跗节及爪黑色。腹部腹面黄红褐，越冬代成虫腹部腹面浅灰色，气门黑色。

卵：圆筒形，似罐头，淡黄色、橘黄色至深暗色，顶端有假卵盖。

若虫：五龄体长14～16毫米，宽4～5毫米。形状、色泽和成虫相似，但体形比成虫略扁，颜色稍黄。头部、前胸背板、小盾片、翅革质部密布黑色刻点。头部椭圆形，侧片长于中片。复眼黄褐色，触角黄褐色。喙伸达后足基节间。前侧缘稍内凹，稍小锯齿。小盾片显现，三角形。前胸背板中区及小盾片较光滑。翅芽发达，伸过第3腹节背面前半。体下橙红色，在腹部背面第3～4、4～5、5～6节中央色深，各有臭腺孔1对。气门黑色。

图2-2-17　弯角蝽

生物学特性：1年发生1代，以成虫在石块下、土缝、落叶枯草中越冬。产卵成块，卵块六边形，6～7行，每块70～90粒卵不等。

防治方法：

若虫发生期，可用10%速灭菊酯1500倍液、40%乐果乳油1000倍液或2.5%溴氰菊酯乳油3000倍液喷杀。

18. 悬铃木方翅网蝽[*Corythucha ciliate* Say]

危害：成虫和若虫刺吸寄主树木的叶片汁液，受害叶片正面形成许多密集的白色斑点，叶背面出现锈色斑，从而抑制寄主植物的光合作用，影响植株正常生长，导致树势衰弱。受害严重的树木，叶片枯黄脱落，严重影响景观效果。原产北美，主要为害悬铃木属树种，特别是对一球悬铃木的叶片为害尤为严重。

寄主：悬铃木属树种，特别是一球悬铃木。

形态特征：

成虫：虫体乳白色，在两翅基部隆起处的后方有褐色斑。体长 3.2 ~ 3.7 毫米，头兜发达，盔状，头兜的高度较中纵脊稍高。头兜、侧背板、中纵脊和前翅表面的网肋上密生小刺，侧背板和前翅外缘的刺列十分明显。前翅显著超过腹部末端，静止时前翅近长方形。足细长，腿节不加粗。后胸臭腺孔远离侧板外缘。

卵：乳白色，长椭圆形，顶部有褐色椭圆形卵盖。

若虫：体形似成虫，但无翅，共 5 龄。

(1) 成虫　　(2) 若虫和成虫

图 2－2－18　悬铃木方翅网蝽

生物学特性：1 年发生 4 ~ 5 代或更多世代。以成虫在寄主树皮下、树皮裂缝内，或房屋墙壁缝隙内，或落叶、绿篱上越冬。4 月越冬成虫开始进行为害，10 月下旬成虫越冬。1 个世代大约 30 天，若虫共 5 龄。成虫寿命大约 1 个月，它的繁殖量非常大，每只成虫能产卵 200 ~ 300 个。较耐寒，最低存活温度为 －12.2℃。可借风或成虫的飞翔做近距离传播，也可随苗木或带皮原木做远距离传播。该虫被认为是具有为害潜能的危险入侵物种，2007 年 3 月被国家林业局外来有害生物管理办公室公布为中度危险性林业有害生物。

防治方法：

(1) 物理防治。秋季刮除疏松树皮层并及时收集销毁落地虫叶，可减少越冬虫的数量。该虫出蛰时对降雨敏感，可于春季出蛰期结合浇水对树冠虫叶进行冲刷，也可在秋季采用树冠冲刷方法来减少越冬虫量。

（2）营林措施。适时修剪可减少发生世代数。

（3）化学防治。通常采用的方式有树冠喷雾、树干喷雾和树干注射等。树冠喷雾多选择在若虫期和初羽化成虫期施药，选择早上无风时进行高压喷叶，使药液穿透冠层并湿润叶片下表面，药剂以内吸剂为佳。树干喷雾在4月越冬害虫出来为害、10月下旬成虫寻找越冬场所时进行，药剂以触杀剂为佳。若考虑减少对环境的影响，可采用效果较好、污染较小、用药次数较少的树干注射法进行施药。树干注射治虫要注意两个问题：一是药剂剂型，以内吸性水剂为佳；二是单株用药量要足够。每株树注射用原药量按树木胸径而定：每厘米胸径用原药1～3毫升，胸径10厘米以下树用原药量1毫升/厘米；胸径10～25厘米树为2毫升/厘米；胸径25厘米以上树为3毫升/厘米。注药孔多少要因树木大小而定，胸径10厘米以下树1孔，10～25厘米树2孔，25～35厘米树3孔，35厘米以上树4孔。这样效果最佳，防治效果达95%以上。在发生期，对树冠喷施10%吡虫啉可湿性粉剂600～800倍液，或40%氧化乐果乳油800～1000倍液，或48%毒死蜱乳油800～1000倍液喷雾，间隔7～10天喷1次，根据为害程度连喷2～3次，即可达到防治效果。

19. 小皱蝽［*Cyclopelta parva* Distant］

危害：主要以若虫群聚刺吸受害植物的枝条，为害严重时致幼树整株枯死。

寄主：刺槐、紫穗槐、胡枝子、葛条等。

形态特征：

成虫：体黑褐色，无光泽。体长12～15毫米，卵圆形，体宽6～10毫米。头小，触角黑色，4节，第2、3节稍扁。前胸背板后半部及小盾片上，有很多横向细皱纹，故称“小皱蝽”。小盾片前缘中央有1个红黄色小点，有时末端也有1个小黄点。小盾片三角形，盖着腹部第4节。腹部背面为红褐色，两侧缘各节中央有红褐色横斑；腹面为红褐色。腿节下方有刺。雌虫生殖节腹面稍凹陷，纵裂，后缘内凹深；雄虫生殖节腹面完整，稍鼓起，后缘圆弧状。

卵：桶形，初产时米黄色，孵化时粉红色或黑褐色。卵长0.8～1毫米，宽0.80～0.95毫米，卵上有卵盖。

若虫：1龄若虫体长1.7～2.0毫米，头宽0.5～0.8毫米。初孵时淡红色，将近蜕皮时头和胸部变为红褐色。触角节间及复眼为暗红色。腹部呈浅红色。5龄（末龄、老熟若虫）体长12～14毫米，头宽1.7～2.0毫米。前胸背板有2个半圆形的相对称的褐色花纹，小盾片三角形，边缘色深。

(1)成虫

(2)若虫聚集为害刺槐状

图 2-2-19　小皱蝽

生物学特性： 1 年发生 1 代，以成虫聚集在槐树下的土表层越冬，越冬场所杂草丛生。次年 3 月中旬，越冬成虫开始活动，常中午爬出，日落前回到地表，但并不取食。随着天气变暖，越冬成虫不再回到地表，多集中在萌发比较早的杂草上及刺槐根际处。刺槐开花时(4 月上、中旬)开始取食槐树汁液，5 月中旬开始交配，6 月中旬开始产卵，6 月下旬至 7 月中旬为产卵盛期，8 月上旬为产卵末期。6 月下旬卵开始孵化，卵历期约 15 天。若虫集中在卵块周围的 1～4 年生枝梢上取食，历期约 55 天，若虫蜕皮 5 次后于 8 月中旬开始羽化。成虫自 9 月下旬开始下树越冬，至 11 月上旬全部进入越冬场所。

防治方法：

(1)林业技术防治。冬季清除林间枯枝落叶及石块，消灭越冬成虫。

(2)物理防治。人工剪除有卵枝条，集中销毁。

(3)化学防治。若虫发生期，可用 20% 速灭菊酯乳油 3000 倍液、40% 乐果乳油 1000 倍液或 2.5% 溴氰菊酯乳油 3000 倍液喷杀。

20. 黑蚱蝉[*Cryptotympana atrata* Fabricius]

黑蚱蝉又名“鸣蜩”“马蜩”“鸣蝉”“秋蝉”“蜘蟟”“蚱蟟”和“知了”等。

危害： 若虫长期生活在土里，刺吸树根部汁液，影响树木发育；成虫刺吸枝干，产卵时划破枝梢皮层，造成枝梢枯死。

寄主： 樱花、元宝枫、槐树、榆树、桑树、白蜡、桃树、柑橘、梨树、苹果树、樱桃、杨树、柳树、洋槐等阔叶树木。

形态特征： 雄虫体长而宽大，长 44～48 毫米，翅展 125 毫米，雌虫稍短；体黑色，有光泽，被金色绒毛。头部横宽，中央及颊上方具红黄色斑纹。复眼 1 对，大而横宽，呈淡黄褐色；单眼 3 个，位于复眼中央，排列呈三角形。触角短小，位于复眼前方。中胸背板宽大，中央有黄褐色的“X”形隆起。翅 2 对，透明有反光，翅脉明显，淡黄色及暗黑色，前缘淡黄褐色，翅基室 1/3 为黑色，亚前缘室呈黑色，并有 1 个淡黄褐色斑点。后翅基部

2/5 为黑色。雄虫腹部第 1～2 节有鸣器。足 3 对，淡黄褐色，腿节上的条纹、胫节基部及端部均黑色。腹部各节黑色，末端略尖，呈钝角。雌虫无鸣器，有听器，产卵器显著。

卵：长椭圆形，稍弯曲，长 2.4～2.5 毫米，乳白色，有光泽。

若虫：末龄若虫体长约 35 毫米，黄褐色或棕褐色。前足发达，有齿刺，为开掘足。翅芽发达。

（1）成虫

（2）若虫及蝉蜕

图 2－2－20　黑蚱蝉

生物学特性：多年发生 1 代，以若虫在土壤中或以卵在寄主枝条内越冬。越冬卵于次年 5 月中旬开始孵化，5 月下旬至 6 月初为卵孵化盛期，6 月下旬终止，卵历期半年以上。若虫孵出后，由空中枯枝堕入地面，或者随着枯枝落地，卵从卵窝掉在地上，然后再孵化。若虫立即入土。若虫有 5 个龄期，各龄若虫在土中越冬时，均筑一椭圆形土室。土室内壁光滑坚硬，外壁紧靠植物根系，1 虫 1 室。若虫在地下寄主根部刺吸汁液为生，经多年发育至老熟若虫。在土壤中的垂直分布，以 0～20 厘米的土层居多，占若虫总数的 60% 左右。有些则能达到 30 厘米或者 1 米多甚至更深。当旬平均气温达 22℃以上，老龄若虫于雨后的傍晚钻出地面，爬行至树干或附近植物茎干上蜕皮羽化。在长江下游一带，1 年中梅雨季节来临的早晚是决定黑蚱蝉发生早晚的主要因素。1 年中，6 月上旬老熟若虫开始羽化，6 月中旬至 7 月中旬为羽化盛期，10 月上旬终止。若虫出土羽化在一天中，以夜间 8～10 时羽化最多，另外凌晨 4～6 时羽化 1 次。羽化时，老熟若虫不食不动，约经半小时或者更长时间的静止阶段后，其背上面直裂 1 条缝，蜕皮后变为成虫。初羽化的成虫体软，色淡粉红，翅皱缩，以后体渐硬，色渐深直至黑色，翅展平，前后经 6～7 小时（即将天亮），振翅飞上或爬上树梢活动。成虫刺吸植物汁液补充营养，经 15～20 天后才交尾产卵。雄成虫善鸣叫。6 月上旬成虫即开始产卵，6 月下旬末至 7 月下旬为产卵盛期，9 月后为末期。卵主要产在直径 5～7 毫米的当年生枝条上。产卵时用产卵器刺破枝条形成锥状穴，成为产卵窝。卵窝深达木质部，每窝中有卵 7、8 粒。产卵后造成爪状裂口，被产过卵的枝条留下点点刺伤痕迹，且常有木质碎条露出表面，几天后产卵痕以上枝条失水枯死。

防治方法：

(1)林业技术防治。结合冬季和夏季修剪，彻底剪除因产卵而枯死的枝条，及时烧毁，消灭虫卵。由于其卵期长，利用其生活史中的这个弱点，坚持数年，收效显著。此方法是防治此虫最经济、有效、安全、简易的方法。

(2)物理防治。老熟若虫具有夜间上树羽化的习性，然而足端只有锐利的爪，而无爪间突，不能在光滑面上爬行。在树干基部包扎塑料薄膜或透明胶带，可阻止老熟若虫上树羽化，滞留在树干周围而人工捕杀。也可以在傍晚人工搜寻刚出土的老熟若虫，捡拾并处理。成虫盛发期，利用灯光诱杀，或在树行间点火，摇动树干，使成虫投火自焚。

(3)化学防治。使用50%啶虫脒水分散粒剂3000倍液、10%吡虫啉可湿性粉剂1000倍液、40%啶虫脒乳油1500~2000倍液，或啶虫脒水分散粒剂3000倍液加5.7%甲维盐乳油2000倍混合液喷雾，均可针对性防治。

21. 昼鸣蝉[*Oncotympana maculaticollis* Motschulsky]

昼鸣蝉又名"蛁蟟""茅蜩""蒙古寒蝉"。

危害：成虫刺吸枝条汁液，产卵于1年生枝梢木质部内，致产卵部以上枝梢多枯死；若虫生活在土中，刺吸根部汁液，削弱树势。

寄主：悬铃木、油桐、茶、梅花、樱花、蜡梅、桂花、梧桐、樟、柑橘、桃树、苹果树、白蜡、刺槐、椿、榆树、桑树、杨树等。

形态特征：

成虫：体长33~38毫米，翅展110~120毫米，体粗壮，黑色，有光泽，局部具白蜡粉。头小，复眼大，暗褐色，单眼3个，红色，排列于头顶呈三角形。触角短刚毛状。前胸背板近梯形，后侧角扩张成叶状，宽于头部和中胸基部，背板上有5个长形瘤状隆起，横列。中胸背板前半部中央，具1条"W"形凹纹。翅发达，膜质透明，翅脉明显，黄褐色；前翅横脉上有暗褐色斑点。喙长超过后足基节，端达第1腹节。雄成虫腹部有鸣器，雌成虫无鸣器，有发达的产卵器。

图2-2-21 昼鸣蝉

卵：长1.8~1.9毫米，宽0.35毫米，梭形，上端尖，下端较钝，初乳白色，渐变淡黄色。

若虫：体长30~35毫米，黄褐色。额膨大明显，触角和喙发达，前胸背板、中胸背板均较大，翅芽伸达第3腹节。前足为开掘足。

生物学特性：发生世代不详。以若虫在土中越冬。华北地区每年7~8月为成虫盛发期，成虫有趋光性，雄成虫喜鸣叫，雌成虫产卵于树枝上，被产卵的枝条易干枯死亡。若虫孵化后入土，为害植物根部汁液。若虫在土中生活多年，老熟后于6~7月雨后出土上树，其后蜕皮羽化为成虫，其蜕皮壳常停留在树上。常栖在山坡、田野、河岸、园林、庭院、路边的树木上，常从一棵树爬行或做短距离飞行到另一棵树上，栖息在大树的4~5米高处鸣叫。

防治方法：

（1）黑光灯诱杀成虫。

（2）人工捕捉老熟若虫和成虫。

（3）及时剪除有卵枝条。

22. 草履蚧[*Drosicha corpulenta*（Kuwana）]

危害：以若虫和雌成虫聚集在寄主芽腋、嫩梢、叶片和枝干上，吮吸树木汁液，致使林木发芽推迟，树势衰弱，生长不良。

寄主：杨树、泡桐、悬铃木、白蜡、柳树、刺槐、枣树、梨树、柿树、苹果树、桑树、海棠、樱花、无花果、紫薇、月季等。

图2-2-22　草履蚧

形态特征：

成虫：成虫为雌雄异形。雌成虫体长达10毫米左右，背面棕褐色，腹面黄褐色，被1层霜状蜡粉。触角8节，节上多粗刚毛；足黑色，粗大。体扁，沿身体边缘分节较明显，呈草鞋底状；雄成虫体紫红色，长5~6毫米，翅展10毫米左右。翅淡紫黑色，半透明，翅脉2条，后翅小，仅有三角形翅茎；触角10节，因有缢缩并环生细长毛，似有26节，呈念珠状。腹部末端有4根体肢，分别是上腿、下腿。

卵：椭圆形，长约1.08毫米，宽约0.67毫米。初产时橘红色，有白色絮状蜡丝黏裹。

若虫：初孵化时棕黑色，腹面较淡，触角棕灰色，唯第3节淡黄色，很明显。

雄蛹：棕红色，有白色薄层蜡茧包裹，有明显翅芽。

生物学特性：1年发生1代。以卵在寄主周围土缝中和杂草下等其他隐蔽处越冬。次年2月上旬至3月上旬，在土中开始孵化，能抵御低温，在大寒前后的堆雪下也能孵化，但若虫活动迟钝，在地下要停留数日。温度高，停留时间短，天气晴暖，出土个体明显增多。孵化期要延续1个多月。若虫出土后，沿茎干上爬至梢部、芽腋或初展新叶的叶腋刺吸为害。4月下旬正处若虫末龄期，也是为害盛期。雄性若虫于4月下旬爬到寄主老皮下、土壤裂缝中、石块下作伪介壳化蛹，蛹期约10天。5月上旬羽化为雄成虫，羽化期较整齐，前后2星期左右。羽化后雄成虫即觅偶交配，寿命2～3天，5月中旬为交配盛期。雌性若虫3次蜕皮后即变为雌成虫，自茎干顶部继续下爬，经交配后潜入土中产卵，卵有白色蜡丝包裹成卵囊，每囊有卵100多粒。若虫、成虫的虫口密度高时，往往群体迁移，爬满附近墙面和地面。

防治方法：

(1)林业技术防治。夏季和冬季，对草履蚧发生地块，结合翻树盘、施基肥等翻土晒卵和冻卵。集中销毁林下杂草或枯落物。

(2)生物防治。保护和利用天敌昆虫，例如红环瓢虫。

(3)药剂防治。孵化始期后40天左右，若虫上树后，可喷施30号机油乳剂30～40倍液，或25%西维因可湿性粉剂400～500倍液，或5%吡虫啉乳油2000～3000倍液，或50%杀螟松乳油1000倍液，或4.5% 高效氯氰菊酯乳油1000倍液进行高压喷雾防治，同时喷洒地面。每7～15天喷1次，至少防治3次。5～6月成虫发生期，使用40%乐果乳油原液涂抹树干，或使用菊酯类农药3000～4000倍液等，均匀喷洒树体与地面。

(4)物理防治。若虫发生期，设置隔离环阻止若虫上树。一是涂毒环。二是利用透明胶带表面光滑不利于若虫爬行，背面发黏可以黏住若虫的特点，缠透明胶带。

23. 日本龟蜡蚧[*Ceroplastes japonicus* Green]

日本龟蜡蚧又名“日本蜡蚧”“枣龟蜡蚧”“龟蜡蚧”。

危害：以若虫和雌成虫刺吸寄主汁液，在寄主叶及枝上排泄蜜露，易诱发煤污病，严重影响植株的生长发育。

寄主：白蜡、柳树、杨树、毛白杨、榆树、悬铃木、绣线菊、玫瑰、小檗、海桐、红叶李、海棠、麻叶绣球、石楠、碧桃、火棘、月季、樱花、连翘、迎春、女贞、锦带花、金银木、紫薇、花石榴、玉兰、枫树、枸骨、大叶黄杨、小叶黄杨、凌霄、蜡梅、杜仲、火棘、紫荆、紫藤、合欢、构树、无花果、芍药、石榴、梅、紫玉兰、木瓜、盐肤木、云杉、雪松、黑松、龙爪槐、枣树、桃树、李树、山楂、苹果树、杏树、梨树、柿树、樱桃等。

形态特征：

成虫：雌成虫体背有较厚的白色蜡壳，椭圆形，长 4 ~ 5 毫米，背面隆起似半球形，中央隆起较高，表面具龟甲状凹纹，边缘蜡层厚且弯卷，周缘有 8 组小角突。活虫蜡壳背面淡红，边缘乳白，死后淡红色消失，初淡黄，后虫体呈红褐色。虫体淡褐至紫红色，触角鞭状，头、胸、腹不明显，足 3 对。雄体长 1.0 ~ 1.4 毫米，淡红至紫红色，眼黑色。触角丝状。翅 1 对，白色透明，具 2 条粗脉。足细小。腹末略细，性刺色淡。

卵：椭圆形，长 0.2 ~ 0.3 毫米，初淡橙黄色，后紫红色。

若虫：初孵若虫体长 0.4 毫米，椭圆形，扁平，淡红褐色。触角和足发达，灰白色。腹末有 1 对长尾毛。固定 1 天后开始分泌蜡丝，7 ~ 10 天形成蜡壳，周边有 12 ~ 15 个蜡角，为白色星芒状蜡被。后期的雌若虫与雌成虫相似，皆为龟甲状软质蜡被，雄若虫蜡壳为长椭圆形，蜡被呈雪白的星芒状。

蛹：仅雄虫在介壳下化蛹，长约 1 毫米，梭形，棕色，性刺笔尖状。

（1）雄蚧蜡壳

（2）雌蚧和若蚧蜡壳

（3）雌成虫蜡壳

（4）为害状（叶片）

图 2 - 2 - 23　日本龟蜡蚧

生物学特性：1 年发生 1 代。以受精雌虫在 1 ~ 2 年生枝上越冬。春季寄主发芽时开始为害，成熟后产卵于腹下。6 月上、中旬为产卵盛期，卵期 10 ~ 24 天。6 月下旬卵陆续孵化，7 月上、中旬为孵化盛期，初孵若虫多爬到嫩枝、叶柄、叶面上固着取食。7 月底雌雄开始分化，8 月中旬至 9 月为雄成虫化蛹期，蛹期 8 ~ 20 天。8 月下旬至 10 月上旬为雄成虫羽化期,雄成虫寿命 1 ~5 天,交配后即死亡,受精雌虫陆续由叶转到枝上固着为害,至秋后越冬。

防治方法:

(1)林业技术防治。11 月至次年 3 月,越冬雌虫期,结合修剪,剪除带虫枝或刷除虫体。4 ~10 月,成虫、卵、若虫发生期,合理修剪,调节通风透光,剪除病虫枝。

(2)化学防治。①冬季树木越冬期,使用 3 ~5 波美度石硫合剂,或含油量 3% ~5% 矿物油乳剂,或松脂合剂 8 ~10 倍液等,对枝干进行喷雾防治。②初孵若虫分散转移期,使用 40% 氧化乐果乳油 500 ~1000 倍液,或 50% 马拉硫磷乳油 600 ~800 倍液,或 25% 亚胺硫磷乳油 400 ~600 倍液、25% 蚧死净 800 倍液等,进行喷雾防治。夏、秋季也可使用含油量 0.5% 矿物油乳剂,或松脂合剂 18 ~20 倍液等,进行喷雾防治。天敌发生高峰期时,避免喷洒化学农药。植物生长期防治,应立足于初孵若虫期,在未形成蜡质或刚开始形成蜡质层时进行及时防治。

(3)植物检疫。做好苗木、接穗、砧木检疫消毒工作。

(4)生物防治。保护、引放瓢虫、草蛉、寄生蜂等天敌。

24. 朝鲜球坚蚧[*Didesmococcus koreanus* Borchsenius]

危害:以若虫和雌成虫刺吸枝、叶汁液,排泄蜜露常诱发煤污病,影响光合作用,削弱树势。严重时致使枝条干枯,整株死亡。

寄主:西府海棠、三角枫、垂丝海棠、红叶李、樱花、苹果树、杏树、桃树、李树、樱桃、山楂等。

形态特征:

成虫:雌体近球形,长 4.5 毫米,宽 3.8 毫米,高 3.5 毫米,前、侧面上部凹入,后面近垂直。初期介壳软,黄褐色,后期硬化,红褐至黑褐色,表面有极薄的蜡粉,背中线两侧各具 1 条纵列不甚规则的小凹点,壳边平削,与枝接触处有白蜡粉。雄体长 1.5 ~2.0 毫米,翅展 5.5毫米,头胸赤褐,腹部淡黄褐色。触角丝状,10 节,生黄白短毛。前翅发达,白色半透明,后翅特化为平衡棒。性刺基部两侧各具 1 条白色长蜡丝。

图 2 -2 -24　朝鲜球坚蚧

卵:椭圆形,长 0.3 毫米,宽 0.2 毫米,附有白蜡粉,初白色,后渐变粉红。

若虫:初孵若虫长椭圆形,扁平,长 0.5 毫米,淡褐至粉红色,被白粉;触角丝状,

6 节;眼红色;足发达;体背面可见 10 节,腹面 13 节,腹末有 2 个小突起,各生 1 根长毛。固着后体侧分泌出弯曲的白蜡丝覆盖于体背,不易见到虫体。越冬后雌雄分化,雌虫体卵圆形,背面隆起呈半球形,淡黄褐色,有数条紫黑横纹。雄虫瘦小,椭圆形,背稍隆起。仅雄虫有蛹。

蛹: 长 1.8 毫米,赤褐色;茧长椭圆形,灰白半透明,扁平,背面略拱,有 2 条纵沟及数条横脊,末端有 1 条横缝。

生物学特性: 1 年发生 1 代,以 2 龄若虫在枝上越冬,外覆有蜡被。3 月中旬,若虫开始从蜡被里蜕出另找固定点,而后雌雄分化。4 月上旬雄若虫开始分泌蜡茧化蛹。4 月中旬开始羽化交配,交配后雌虫迅速膨大。5 月中旬前后为产卵盛期,每雌一般产卵千余粒。卵期 7 天左右。5 月下旬至 6 月上旬为孵化盛期。初孵若虫分散到枝、叶背为害,落叶前叶上的虫转回枝上,以叶痕和缝隙处居多,此时若虫发育极慢,越冬前蜕 1 次皮,10 月中旬后以 2 龄若虫于蜡被下越冬。雌雄比 3: 1。雄虫寿命 2 天左右,可与数头雌虫交配。未交配的雌虫产的卵亦能孵化。全年 4 月下旬至 5 月中旬为害最盛。

防治方法:

(1)林业技术防治。加强综合管理,保持通风透光良好,增强树势,提高抗病虫能力。受害树木休眠期,结合防治其他病虫,刮除老翘皮,同时对初发生的树木剪除有虫枝并销毁。3 月中旬至 10 月中旬,对于发生严重的树木,可用硬刷或鞋刷等刷除,刷除部位主要是 1 ~3 年生枝条。要求刷净、剪净、集中销毁,切勿乱扔。冬天最冷时,用喷雾器往树上喷清水,在树枝上结一层冰,下午用木棍敲打或振动树枝,使冰与介壳虫体一起振落。

(2)生物防治。保护引放天敌。主要天敌是黑缘红瓢虫、黄金蚜小蜂、姬小蜂、扁角跳小蜂、草蛉等天敌。

(3)药剂防治。受害树木发芽前,使用 5 波美度石硫合剂、45% 晶体石硫合剂 300 倍液,或含油量 3% ~5% 的矿物油乳剂,或吡虫啉、高效氯氰菊酯 1000 ~2000 倍液混合,进行喷雾防治。在 5 月下旬至 6 月上旬卵孵化盛期,介壳和蜡质层均未形成,虫体对药剂极为敏感,此时进行药剂防治效果最佳。可使用噻嗪酮 1000 倍液加高效氯氰菊酯乳油 2000 倍液混合液或 3.5% 高渗苯氧威乳油 1500 倍液等,进行喷雾防治,在以上药剂中混入 1% 中性洗衣粉可提高防治效果。也可选择在树液流动期,使用 80% 敌敌畏乳油 100 倍液,或 40% 氧化乐果乳油 100 倍液,或 3.5% 高渗苯氧威乳油 100 倍液,并加医用风油精 1 瓶混合后,涂抹主干或主枝。

25. 红脊长蝽[*Tropidothorax elegans* (Distant)]

红脊长蝽又名“黑斑红长蝽”。

危害: 以成虫、若虫刺吸植物汁液为害。成虫和幼虫群集于嫩枝、嫩叶等部位,刺吸汁液，刺吸处呈褐色斑点，严重时导致枯萎。

寄主： 垂柳、黄檀、刺槐、花椒、鼠李、一串红、翠菊、葫芦、牵牛。

形态特征：

成虫： 体长 8 ~ 11 毫米，长椭圆形，头、触角和足黑色，体赤黄色；前胸背板后缘中部稍向前凹入，纵脊两侧各有 1 个近方形的大黑斑；小盾片三角形，黑色；前翅爪片除基部和端部赤黄色外基本上为黑色，革片红色，中部具不规则的大黑斑，此斑不达翅的前缘；膜片黑色，超过腹端，基部近小盾片末端处有 1 个白斑，其前缘和外缘乳白色。

图 2 – 2 – 25　红脊长蝽

卵： 卵长约 0.9 毫米，长卵形；初产乳黄色，渐变赭黄色；卵壳上有许多细纵纹。

若虫： 若虫共 5 龄。1 龄若虫体长约 1 毫米，被有白或褐色长绒毛，头、胸和触角紫褐色，足黄褐色，前胸背板中央有 1 条橘红色纵纹；腹部红色，腹背有 1 个深红斑，腹末黑色；2 龄若虫体长约 2 毫米，被有黑褐色刚毛，体黑褐色，但中胸背板纵脊、后胸、腹侧缘及第 1、2 腹节橘红色，腹部腹面橘红色，中央有 1 个大黑斑；3 龄若虫体长 3.7 ~ 3.8 毫米，触角紫黑，节间淡红；前翅芽达第 1 腹节中央；4 龄若虫体长约 5 毫米，前翅芽达第 2 腹节前缘；5 龄若虫体长 6.1 ~ 8.5 毫米，前胸背板后部中央有一突起，其两侧为漆黑色，翅芽漆黑，达第 4 腹节中部，腹部最后 5 节的腹板呈黄黑相间的横纹。

生物学特性： 1 年发生 2 代，以成虫在寄主附近的树洞或枯叶、石块和土块下面的穴洞中结团越冬。成虫和若虫均以萝摩、牛皮消、刺槐、花椒、小麦及油菜为食。4 月中旬开始活动，5 月上旬交尾。第 1 代若虫于 5 月底至 6 月中旬孵出，7 ~ 8 月羽化产卵。第 2 代若虫于 8 月上旬至 9 月中旬孵出，9 月中旬至 11 月中旬羽化，11 月上、中旬进入越冬。成虫怕强光，10 时前和 17 时后取食较盛。卵成堆产于土缝里、石块下或根际附近土表，一般每堆 30 余粒，最多达 200 ~ 300 粒。

防治方法：

（1）物理防治。人工摘除卵块。

（2）化学防治。于成虫盛发期和若虫分散为害之前进行药剂防治，可交替喷洒灭杀毙乳油 4000 倍液，或 2.5% 保得乳油 3000 倍液，或 20% 增效氯氰乳油 3000 倍液，或功夫菊酯乳油 3000 倍液，或 10% 吡虫啉 4000 ~ 6000 倍液，或 20% 除虫脲悬浮剂 4000 ~ 6000 倍液，或 48% 毒・辛乳油 2000 倍液，或 20% 顽虫敌乳油（增效毒）800 倍液等。

26. 瘤缘蝽[*Acanthocoris scaber*（Linnaeus）]

危害：以成、若虫群集或分散于寄主植物的地上绿色部分刺吸为害。果实受害后，局部变褐、畸形，叶片受害后卷曲、缩小、失绿，刺吸部位有变色斑点，严重时造成落花落叶，出现秃头现象，甚至整株枯死。

寄主：石榴、黄栌、牵牛、辣椒。

形态特征：

成虫：长 10.5～13.5 毫米，宽 4.0～5.1 毫米，褐色。触角具粗硬毛。前胸背板侧缘稍向内弯曲，侧角突出，前胸背板具显著的瘤突；侧接缘各节的基部棕黄色。前翅爪片缝长于革片顶缘，膜片基部黑色。胫节近基端有 1 个浅色环斑；后足腿节膨大，内缘具小齿或短刺；喙达中足基节。

卵：初产时金黄色，后呈红褐色，底部平坦，长椭圆形，背部呈弓形隆起，卵壳表面光亮，细纹极不明显。

图 2－2－26　瘤缘蝽

若虫：初孵若虫头、胸、足与触角粉红色，后变褐色，腹部青黄色；低龄若虫头、胸、腹及胸足腿节乳白色，复眼红褐色，腹部背面有 2 个近圆形褐色斑。高龄若虫体形与成虫相似，胸、腹部背面呈黑褐色，有白色绒毛，翅芽黑褐色。前胸背板后缘中部前凹，侧角呈刺状突起。前胸背板及各足腿节有许多刺突，各足腿节背面端部有一大的黑色刺突，胫节背面有一列刺。复眼红褐色。触角 4 节，基部 2 节黑褐色，端部 2 节红褐色。胸足跗节 2 节，红褐色，端部具爪 1 对。第 3～4 腹节间及第 4～5 腹节间背面各有 1 个近椭圆形黑斑（臭腺孔所在位置）。第 1～7 腹节侧缘有黑色刺突，腹部末端呈黑褐色圆柱状突起。

生物学特性：1 年可发生 1～2 代，以成虫在土缝、砖缝、石块下及枯枝落叶中越冬。越冬成虫于 4 月上、中旬开始活动，全年 6～10 月为害最重。卵多聚集产于寄主植物叶背，少数产于叶面或叶柄上，卵粒成行，稀疏排列，每块 4～50 粒，一般 15～30 粒。成、若虫常群集寄主植物嫩茎、叶柄、花梗上，整天均可吸食，发生严重时可聚集几百头甚至上千头为害。成虫白天活动，晴天中午尤为活跃，夜晚及雨天多栖息于寄主植物叶背或枝条上，受惊后迅即坠落，有假死习性。

防治方法：

(1)林业技术防治。通过合理施肥、合理种植密度、合理轮作、铲除杂草、冬季深翻等措施，创造不利于瘤缘蝽栖息的环境条件，减少为害。

(2)物理防治。采用人工捕捉，杀死高龄若虫或抹除低龄若虫及卵块。利用假死习性，在寄主植株下放一块塑料薄膜，摇动寄主植物，成、若虫会迅速落下，然后集中杀死。

(3)化学防治。选择高效、低毒、低残留农药，在瘤缘蝽若虫孵化盛期进行施药，若世代重叠明显，间隔 10 天左右视虫情进行第二次施药，提倡农药轮换使用。

27. 蟪蛄[*Platypleura kaempferi* (Fabricius)]

危害：幼虫吸取多年生植物的树根汁液，成虫则吸取枝条上的汁液，严重时可导致树枝枯死。

寄主：刺槐、杨树、柳树、苹果树、梨树、桃树、杏树。

形态特征：

成虫：体长 20～25 毫米，头宽短，前胸和中胸背板暗绿色，有时带黄褐色，斑纹黑色；前胸前端平截，两侧叶突出，背中有纵带 1 条。中胸前面有倒圆锥纹 2 对，腹部多黑色。后胸暗绿色。前翅端室 8 个，翅面布满黑色云状斑，只留出少数半透明斑，前足腿节中部有黄褐色环。

图 2－2－27　蟪蛄

卵：长 2.5 毫米，乳白色，长卵状。

生物学特性：生活史不太详细。其若虫长期生活在土壤里，吸取多年生植物的树根汁液。5～6 月，若虫开始羽化，特别是下雨后土地湿润柔软的晚上。8～10 时为羽化高峰，凌晨 4～6 时还有 1 次羽化小高峰。成虫出现于 5～8 月，7 月为成虫盛发期。成虫生活在平地至低海拔地区树木枝干上。有趋光性。一般很少飞行，除了寻找食物、配偶，或者受到惊吓后从一棵树飞到另外一棵树之外，很少超长距离长时间飞行。成虫吸取枝条上的汁液。产卵时，雌成虫将产卵器刺破树木枝条韧皮部，插入木质部，钻出卵穴，腹部反复胀缩和左右摇摆完成产卵。产卵穴在枝条上的排列相对较直，也有的呈近螺旋状排列。每个产卵穴中有卵 5～8 粒。产卵枝条多为当年春梢，也有 2 年生枝条，直径 0.3～0.5 厘米。受产卵为害的枝条于 8 月中旬后陆续枯死。

防治方法：

(1)结合修枝剪除产卵枝，集中销毁。

(2)在春夏雨后傍晚，人工捕捉钻出地面的老熟若虫。

(3)成虫期喷洒 3% 高渗苯氧威乳油 3000 倍液。

28. 硕蝽［*Eurostus validus* Dallas］

危害：硕蝽是一种重要的果树害虫。若虫和成虫刺吸新萌发的嫩芽，造成顶梢枯死，严重影响果树的生长。

寄主：板栗、麻栎、梨树、梧桐、油桐、乌桕等。

形态特征：

成虫：体长 25 ~ 34 毫米，体宽 11.5 ~ 17.0 毫米。椭圆形，大型害虫。酱褐色，具金属光泽。头和前胸背板前半部、小盾片两侧及侧接缘大部为近绿色，小盾片上有较明显的皱纹。侧接缘各节基部淡褐色。腹下近绿色或紫铜色。触角基部 3 节黑。足同体色。第 1 腹节背面近前椽处有 1 对发音器，梨形，由硬骨片与相连接的膜组成，通过鼓膜振动能发出"叽叽"的声音，用来驱敌和寻偶。

卵：球形，淡绿色，直径约 3 毫米，中央有一白线，成块。

若虫：1 龄若虫体长 5.0 毫米，体宽 3.9 毫米，初孵时淡绿色，体略近于长方形，腹部背、腹中央淡绿色，余为淡黄褐色，胸腹两侧缘黑色，腹部每体节两侧呈半球形黑圈，个别分散后部分虫体变为红色。2 ~ 5 龄若虫形态特征几乎完全一致，仅表现为个体大小的差异和翅芽的加长，腹部背、腹中线淡黄色，每体节两侧呈红色或淡绿色，密布黑色小点突，腹部第 4、5 节背面有 2 个较大的臭腺，腹末节有 1 个细管。

(1)成虫　　(2)若虫

图 2 - 2 - 28　硕蝽

生物学特性：1 年发生 1 代，以 5 龄若虫越冬，越冬场所主要在落叶层中，数量占 90% 以上，土石缝、石块下数量较小。次年 4 月下旬，栗叶展放初期开始出蛰，出蛰期比较整齐,6 月中旬为羽化盛期,6 月下旬至 8 月上旬为成虫为害盛期,8 月中旬为产卵盛期,8 月下旬为孵化盛期,若虫孵化后为害栗树嫩梢,至 10 月下旬陆续开始越冬。前 4 龄若虫基本上在嫩梢和叶片上为害,5 龄若虫可长达 9 个月,越冬前需补充大量养分,越冬后腹部变得极为扁平,又猖獗为害。

防治方法:

(1)林业技术防治。在板栗区周围应避免与栓皮栎混栽,以减少虫源。同时注意消灭越冬虫源,以压低次年虫口密度

(2)化学防治。应用涂环防治效果较好,同时兼治其他害虫如栗瘿蜂、栗大蚜等。药剂为 40% 久效磷乳油 2 ~ 3 倍液,先在树干上刮 1 条宽带,涂上药剂用塑料布包好。

29. 柿绒蚧[*Eriococcus kaki* Kuwana]

危害:为害柿、黑枣,若虫和雌成虫吸食叶片、嫩枝及果实汁液,发生严重时造成落叶及早期落果。

寄主:柿树。

形态特征:

成虫:雌成虫体长约 1.5 毫米,宽 1.0 毫米,体暗紫红色,背有圆锥形刺毛,边刺毛成列,腹部平滑。雌介壳长约 2.6 毫米,宽 1.4 毫米,灰白色,卵圆形或椭圆形。雄成虫体长 1.0 ~ 1.2 毫米,紫红色,触角细长,无复眼。雄介壳长约 1.1 毫米,宽约 0.5 毫米,白色,椭圆形。

卵:卵长约 0.25 毫米,表面光滑,紫红色。

若虫:若虫初鲜红色,后呈紫红色,卵圆形或椭圆形,体侧有成对且长短不一的刺状物。

图 2 - 2 - 29　柿绒蚧

生物学特性:1 年发生 3 ~ 4 代,以初龄若虫在 3 ~ 4 年生枝条皮缝、当年生枝条基部、主干皮缝、果柄基部等处越冬。次春 4 月中、下旬出蛰为害幼嫩枝叶。5 月中、下旬成虫羽化、交配,而后雌成虫背面形成卵囊,并开始产卵在其内,每雌产卵 50 ~ 170 粒,卵期 12 ~ 21 天。各代卵孵化盛期:1 代 6 月中上旬,2 代 7 月中旬,3 代 8 月中旬,4 代 9 月中、下旬。前期为害幼嫩枝叶,后期为害果实。第 3 代为害最重。嫩枝受害呈现黑斑以致枯死,叶受害则早落,果实受害呈现黄绿小点,严重的凹陷变黑或木栓化,幼果易脱落。10 月中旬,以第 4 代初龄若虫转

移到枝上等处越冬。

防治方法：

（1）化学防治。落叶后或发芽前，树干上喷洒 3～5 波美度石硫合剂，或 45% 晶体石硫合剂 20～30 倍液、5% 柴油乳剂，消灭越冬若虫。若虫出蛰活动后和卵孵化盛期，喷洒 0.5 波美度石硫合剂，或 40% 乐果乳油 1000 倍液，或 50% 马拉硫磷 800 倍液，或 50% 杀螟松乳剂 1000 倍液，或 80% 敌敌畏乳剂 1200 倍液，或 40% 杀扑磷乳油 1500 倍液，或 48% 毒死蜱乳油（乐斯本）1200 倍液等。

（2）生物防治。注意保护利用天敌，避开坐果盛期及天敌发生盛期喷药，必须喷药防治时，应以低毒农药为主。

（3）栽植抗虫优良品种。柿绒蚧发生与柿树品种有密切关系，以枝繁叶茂、果实大、汁多皮薄的柿树受害较为严重。建园时应注意选择不利柿绒蚧生长的抗虫优良品种，如方柿、大红袍柿等，提高柿树抗性。

30. 紫薇绒蚧［*Eriococcus legerstroemiae* Kuwana］

危害：以若虫和雌成虫寄生于寄主枝、干和芽腋吸食汁液，其排泄物诱发煤污病，严重时导致枝叶发黑，叶子早落，开花不正常，甚至全株枯死。

寄主：紫薇、石榴、女贞、桑树等。

形态特征：

成虫：雌成虫扁平，椭圆形，长 2～3 毫米，暗紫红色，老熟时外包白色绒质蚧壳。雄成虫体长约 0.3 毫米，翅展约 1 毫米，紫红色。

卵：卵圆形，紫红色，长约 0.25 毫米。

若虫：初孵时淡黄色。

蛹：只有雄蛹，长椭圆形，紫褐色，包被于袋状蜡层中，长 1.0～1.5 毫米。

（1）成虫　　（2）若虫　　（3）若虫爬满树干

图 2－2－30　紫薇绒蚧

生物学特性：1 年发生 3 代。以卵或若虫在枝干的裂缝内越冬。第 1 代若虫孵化期在 3 月下旬至 4 月上旬，固定在枝干缝隙、芽腋等处吮吸为害。第 2 代若虫孵化期在 6 月上、中旬，第 3 代若虫孵化期在 8 月上、中旬。越冬卵在 10 月下旬产生。在温暖高湿环境下繁殖快，干热对发育不利。

防治方法：

(1)林业技术防治。11 月至次年 3 月中旬越冬卵或若虫期，结合冬季整形修剪，清除虫害为害严重、带有越冬虫的枝条。

(2)化学防治。①早春萌芽前，使用 3～5 波美度石硫合剂进行喷雾防治。②6～8 月成虫、卵、若虫、蛹发生期，使用 40% 杀扑磷乳油 1500 倍液，或 48% 毒死蜱乳油(乐斯本)1200 倍液，或 40% 氧化乐果乳油 1000 倍液，或 50% 杀螟松乳油 800 倍液等，进行喷雾防治。苗木生长季节，要抓住若虫孵化期用药。

(3)植物检疫。加强检疫，防止带虫苗木运入、运出。

(4)物理防治。注意观察，植株少量发生时人工刮除。

(三)蛀干类害虫

1. 北京枝瘿象虫[*Coccotorus beijingensis* Lin et Li]

北京枝瘿象虫又名“赵氏瘿孔象”。

危害：北京枝瘿象虫的幼虫在小叶朴树的嫩枝上蛀食，嫩枝受到刺激后很快增生膨大，形成山楂大小的虫瘿。长在虫瘿部位的嫩芽会继续生长。而幼虫便一直在虫瘿内生活，以虫瘿的内壁为食。该虫造成小叶朴树枯枝死杈，影响树势，有碍观赏。

寄主：小叶朴树。

形态特征：

成虫：体长 6～7 毫米，长椭圆形，背隆起，密披倒伏披针形白毛。体褐色，头、喙及中、后胸腹板黑色。喙细长。触角黄褐色，呈膝状，着生在喙端的 2/5 处。前胸背板前缘具 2 个凹陷斑，密布刻点。鞘翅褐色或黑褐色，背面具刻点和黑斑，行间 1、3、5 隆起。前足基节靠近，腿节黑褐色，前端具一扁三角形齿，胫节黄褐色。腹部可见 5 节。雄虫腹面黑色或两侧黑色。雌虫腹面黄褐色。雄虫阴茎端部呈舌状，两侧骨化呈褐色，中间以膜质相连。

卵：乳白色，长椭圆形，长 0.5～0.6 毫米。

幼虫：无足型。1 龄幼虫体淡白色，圆筒形，长 1～1.5 毫米，头灰色，头宽 0.2 毫米左右；2 龄幼虫体乳白色，枣核形，稍向腹面弯曲，体长 2～2.5 毫米，头淡褐色，头宽

0.53毫米;3 龄幼虫体黄褐色,纺锤形,体向腹面弯曲,体长 5 ~7 毫米,头褐色,头宽 0.68毫米。

蛹:离蛹,椭圆形,长 5 ~6 毫米。初化蛹时呈鲜嫩黄色,后变黄褐色。蛹体末端有 1 个向背面翘起的小尖突。

(1)幼虫

(2)为害小叶朴引起的虫瘿

图 2-3-1　北京枝瘿象虫

生物学特性:1 年发生 1 代, 以成虫在虫瘿内越冬。次年 3 月上旬,越冬成虫开始出蛰、交尾。产卵前期 14 天左右。3 月中旬,成虫产卵。卵期 11 ~16 天,平均 14 天。4 月上旬,小叶朴树开花期,卵孵化。幼虫共 3 龄。幼虫期 150 天左右。8 月中旬,幼虫开始化蛹。蛹期 13 ~17 天,平均 15 天。9 月上旬,成虫羽化。10 月上旬,成虫在虫瘿的前端咬 1 个 2 毫米左右的近圆形羽化孔越冬。成虫发生期长达 240 天左右。

防治方法:

(1)幼虫期的药剂防治。1 龄幼虫期虫瘿尚未形成,喷药 1 次即可达到防治效果。可选用的药剂有敌百虫加氧化乐果、甲胺磷加万灵、氧化乐果加万灵等,防治效果达 100%。

(2)成虫期防治。利用成虫出蛰、交尾期,连续喷药 2 次,间隔期为 7 天,累计防治效果也可达 100%。最佳农药混用品种有敌百虫加氧化乐果、氧化乐果加万灵、甲胺磷加灭杀毙、甲胺磷加万灵。

(3)利用成虫越冬期和幼虫为害期,在不影响绿化、美观的前提下,适当疏剪部分虫瘿,以减少虫源。

2. 臭椿沟眶象[*Eucryptorrhynchus brandti* (Harold)]

危害:主要以幼虫蛀食寄主枝、干和根,成虫补充营养时取食寄主叶柄、叶片及小枝皮层,被害树木轻则枝枯,重则整株死亡。

寄主:臭椿、千头椿、苦楝、桑树、杨树、柳树、榆树等。

形态特征：

成虫：体长 11.5 毫米左右，宽 4.6 毫米左右。臭椿沟眶象体黑色。额部窄，中间无凹窝；头部布有小刻点；前胸背板和鞘翅上密布粗大刻点；前胸前窄后宽。前胸背板、鞘翅肩部及端部布有白色鳞片形成的大斑，稀疏掺杂红黄色鳞片。

卵：卵长圆形，黄白色。

幼虫：长 10 ~ 15 毫米，头部黄褐色，胸、腹部乳白色，每节背面两侧多皱纹。

蛹：长 10 ~ 12 毫米，黄白色。

（1）成虫

（2）幼虫

图 2 – 3 – 2　臭椿沟眶象

生物学特性：1 年发生 2 代，以幼虫或成虫在树干内或土内越冬。次年 4 月下旬至 5 月上、中旬越冬幼虫化蛹，6 ~ 7 月成虫羽化，7 月为羽化盛期。幼虫为害从 4 月中、下旬开始，4 月中旬至 5 月中旬为越冬代幼虫次年出蛰后为害期。7 月下旬至 8 月中、下旬为当年孵化幼虫为害盛期。虫态重叠，很不整齐，至 10 月都有成虫发生。成虫有假死性，羽化出孔后需补充营养取食嫩梢、叶片、叶柄等，成虫为害 1 个月左右开始产卵，卵期 7 ~ 10 天，幼虫孵化期上半年始于 5 月上、中旬，下半年始于 8 月下旬至 9 月上旬。幼虫孵化后先在树表皮下的韧皮部取食皮层，钻蛀为害，稍大后即钻入木质部继续钻蛀为害。蛀孔圆形，老熟后在木质部坑道内化蛹，蛹期 10 ~ 15 天。受害树常有流胶现象。幼虫于 11 月中旬越冬，成虫与 10 月底至 11 月上旬越冬。

防治方法：

（1）植物检疫和林业技术防治。加强植物检疫，防止带虫苗木运入、运出，勿栽植带虫苗木，一旦发现应及时处理，严重的整株拔掉烧毁，同时无论是苗圃还是园林绿化工程，都应控制臭椿或千头椿纯林的栽植量，减少虫源和防止虫害蔓延。

（2）物理防治。用螺丝刀挤杀刚开始活动的幼虫。4 月中旬，逐株搜寻可能有虫的植株，发现树下有虫粪、木屑，干上有虫眼处，即用螺丝刀拨开树皮，幼虫即在蛀坑处，极易被发现。这项工作简便有效，只是应该提前多观察，掌握好时间，在幼虫刚开始活动，还未蛀入木质部之前进行。利用成虫多在树干上活动、不喜飞和有假死性的习性，在

5 月上、中旬及 7 月底至 8 月中旬捕杀成虫。

(3)药剂防治。①药杀幼虫。在幼虫为害处注入 80% 敌敌畏 50 倍液或 40% 久效磷 100 倍液,并用药液与黏土和泥涂抹于被害处。还可试用 50% 久效磷乳油或 40% 氧化乐果乳油 3 ~ 5 倍液树干涂环防治。②根部埋药。根部埋 3% 的呋喃丹颗粒剂。③在5 月底和 8 月下旬幼虫孵化初期,利用幼龄虫咬食皮层的特性,在被害处涂煤油、溴氰菊酯混合液(煤油和 2.5% 溴氢菊酯各 1 份),也可在此时用 50% 辛硫磷 1000 倍液灌根进行防治。④5 月上、中旬及 7 月底至 8 月中旬成虫发生期,使用 90% 敌百虫晶体、75% 辛硫磷乳油、80% 敌敌畏乳油 800 倍液,或 2.5% 溴氰菊酯 1500 倍液等,进行喷雾防治。也可于此时在树干基部撒 25% 西维因可湿性粉剂毒杀。⑤成虫盛发期,在距树干基部 60 厘米处缠绕 20 厘米宽塑料布,使其上边与树干紧密相贴,下边呈伞形开张,树干与塑料布上涂粘虫胶和绿色威雷悬浮剂 100 倍溶液,阻止成虫上树取食和产卵为害。要定期、定时清理捕捉到的成虫。也可于此时向树上喷 1000 倍 50% 辛硫磷乳油。

3. 光肩星天牛[*Anoplophora glabripennis* (Motsch.)]

危害: 光肩星天牛为重要的林业害虫之一。以幼虫蛀食寄主树干,成虫咬食树叶或小树枝皮和木质部,造成被害树木树干留有许多小孔,有树液流出,易造成风折,降低木材质量,严重时导致树体枯死,被害处易感染病害。

寄主: 悬铃木、柳树、杨树、白蜡、榆树、槭树、栾树等。

形态特征:

成虫: 雌虫体长 22 ~ 41 毫米,宽 8 ~ 12 毫米;雄虫体长 20 ~ 29 毫米,宽 7 ~ 10 毫米。体黑色,有光泽。头部比前胸略小,自后头经头顶至唇基有 1 条纵沟。触角鞭状,有 12 节,柄节端部膨大,梗节最小,第 3 节最长,自第 3 节起各节基部呈灰蓝色;雌虫触角约为体长的 1.3 倍,雄虫触角约为体长的 2.5 倍。前胸两侧各有 1 个刺状突起,鞘翅上有约 20 个白色绒毛组成的斑纹,呈不规则状。鞘翅基部光滑无小瘤,肩角内侧有刻点。

卵: 长 5.5 毫米,长椭圆形,稍弯曲,乳白色,孵化前变为黄色。

幼虫: 体长 50 ~ 60 毫米,初孵幼虫乳白色,老熟幼虫淡黄色。头部褐色,前胸背板有凸字形斑。无足。

蛹: 裸蛹。体长 30 ~ 37 毫米,宽约 11 毫米。乳白色至黄白色,触角前端卷曲呈环形,前胸背板两侧各有 1 个侧刺突;背面中央有 1 条压痕,翅尖端达腹部第 4 节前缘,有黄褐色毛斑 1 块。

生物学特性: 1 年发生 1 代,或 2 年发生 1 代。以幼虫或卵越冬。次年 4 月,气温上升到 10℃ 以上时,越冬幼虫开始活动为害。5 月上旬至 6 月下旬为幼虫化蛹期。从作蛹室至羽化为成虫共经41天左右。6月上旬开始出现成虫，盛期在6月下旬至7月下旬，直到10月都有成虫活动。6月中旬成虫开始产卵，7～8月为产卵盛期，卵期16天左右。6月底开始出现幼虫，到11月气温下降到6℃以下时开始越冬。成虫飞翔力不强，白天多在树干上交尾。雌虫产卵前先将树皮啃1个小槽，在槽内凿1个产卵孔，然后在每一槽内产1粒卵（也有2粒的），1头雌成虫一般产卵30粒左右。刻槽的部位多在3～6厘米粗的树干上，尤其是侧枝集中、分杈很多的部位，树越大，刻槽的部位越高。初孵化幼虫先在树皮和木质部之间取食，25～30天以后开始蛀入木质部，并且向上方蛀食。虫道一般长90毫米，最长的达150毫米。幼虫蛀入木质部以后，还经常回到木质部的外边，取食边材和韧皮。

（1）成虫　（2）成虫交配状　（3）幼虫　（4）成虫羽化孔及为害状

图2-3-3　光肩星天牛

防治方法：

（1）植物检疫。加强防疫，防止携带害虫活体的木材、包装板、苗木等运入、运出，防止人为传播扩散。

（2）林业技术防治。①伐除受害严重的树木或严重受灾的林带，利用伐根萌芽更新或嫁接毛白杨等抗性树种。②采取多树种配置模式营造混交林，目的树种、非寄主树种、诱饵树种比例一般为（45～50）：（45～50）：（10～0）。目的树种即主栽树种，主要为加杨、美杨等。非寄主树种有臭椿、白蜡、槐树等。诱饵树种为天牛喜食树种，主要为箭杆杨、合作杨、大官杨等。③对天牛集中在树干中上部为害的，自树干1.6～1.8米处截取，利用萌芽更新恢复林分。截干时间一定要在春天叶芽萌动前进行。

(3)物理防治。6月中旬至8月下旬卵或低龄幼虫期，以锤击刻槽，砸死卵和小幼虫。成虫期羽化后产卵前，进行人工捕杀防治。

(4)化学防治。①6月中旬至8月下旬卵或低龄幼虫期，使用50%杀螟松乳油100～200倍液，或40%乐果乳油200～400倍液等，对树干上的卵刻槽及排粪孔进行喷雾防治，防治卵和皮下小幼虫。②使用熏蒸法防治幼虫。在主干上每个排粪孔插入1/4片磷化铝，用泥密封。堵孔时需将蛀孔中的粪便和木屑去除。③6月下旬至7月下旬，使用8%氯氰菊酯微囊悬浮剂150～300倍液，对寄主树干、枝杈进行常量或超低量喷雾防治，以2米高以上树木枝杈处为重点。或使用20%吡虫啉乳油按0.3毫升/厘米胸径用药量，进行干基打孔注药防治。打孔注药一般在干基部距地面30厘米处钻孔，钻头与树干呈45°角，钻6～8厘米深的斜向下孔。视树木胸径大小绕干钻3～5个孔，注药后以泥浆封孔。

(5)生物防治。注意保护和招引大斑啄木鸟和花绒寄甲等天敌。低龄幼虫期可使用管氏硬皮肿腿蜂进行防治。

4. 沟眶象[*Eucryptorrhynchus chinensis* (Olivier)]

危害：以幼虫蛀食树皮和木质部，严重时造成树势衰弱以致死亡。为害症状是树干或枝上出现灰白色的流胶和排出虫粪木屑。

寄主：臭椿、千头椿等。

形态特征：

成虫：沟眶象同臭椿沟眶象形态近似，但体形稍大。成虫体黑色，体长13.5～18毫米，胸部背面、前翅基部及端部1/3处密被白色鳞片，并杂生有红黄色鳞片，前翅基部外侧特别向外突出，中部花纹似龟纹，鞘翅上刻点粗。

卵：卵长圆形，黄白色。

幼虫：乳白色，体长19 ～21毫米。头部黄褐色，臀部乳白色，每节背面及两侧多皱纹。

蛹：裸蛹，黄白色，体长18～22毫米。

生物学特性：1年发生1代，以幼虫和成虫在根部或树干周围2～20厘米深的土层中越冬。以幼虫越冬的，次年5月化蛹，7月为羽化盛期；以成虫在土中越冬的，4月下旬开始活动。5月上、中旬为第1次成虫盛发期，7月底至8月中旬为第2次盛发期。成虫有假死性，产卵前取食嫩梢、叶片补充营养，为害1个月左右，便开始产卵，卵期8天左右。初孵化幼虫先咬食皮层，稍长大后即钻入木质部为害，老熟后在坑道内化蛹，蛹期12天左右。

(1)成虫

(2)成虫羽化孔

图 2-3-4　沟眶象

防治方法:

(1)植物检疫。加强植物检疫,培育无虫苗木,防止幼虫随苗木调运而扩散蔓延。苗木调出前,用40%甲基异柳磷乳油 800~1000 倍液对根部进行喷洒处理,消灭寄生在根内的幼虫。

(2)林业技术防治。播种田、移植苗木地,应避开沟眶象虫源基地和密度大的常发地块,相隔在 500 米以上,防止爬行扩散。

(3)化学防治。抓好成虫产卵前期的化学防治。成虫出土后在树干、树叶上取食为害,须抓紧在成虫未转移到根际之前进行防治,用 40%甲基异柳磷乳油 800 倍喷雾(包括树叶、树干、地面),杀死成虫,残效期约 15 天。

(4)物理防治。利用成虫从树上转移到根际产卵的习性和群集性,采取人工捕捉成虫。

其他具体的防治措施,可参考臭椿沟眶象。

5. 双斑锦天牛[*Acalolepta sublusca* (Thomson)]

危害:以幼虫蛀食寄主树根和干基,成虫啃食嫩梢枝干补充营养,造成植株枝枯叶黄,嫩梢折断,生长衰弱或枯死。

寄主:大叶黄杨、卫矛等。

形态特征:

成虫:体长 11~23 毫米,体宽 5~7.5 毫米。体栗褐色。前胸密被棕褐色具丝光绒毛,鞘翅密被光亮淡灰色绒毛,翅基部中央具 1 个圆形或近方形黑褐斑,肩下侧缘有 1 个黑褐色长斑,翅中部之后处具一丛侧缘至鞘缝的棕褐色宽斜纹,腹面被灰褐色绒毛。雄虫触角超过体长一倍,雌虫的超过体长之半,柄节粗大,端疤内侧开放,第 3 节大于柄节或第 4 节。前胸前板宽大于长,侧刺突短小,基部粗大,胸面微皱,中央两侧散布粗刻点。小盾片近半圆形,鞘翅宽于前胸,向后显著狭窄。翅端圆形,翅面刻点细而稀。雄虫腹末节后缘平切,雌虫腹末节后缘中央微内凹。足粗壮,后腿伸达第 4 腹节。

卵:长约 3 毫米,长圆筒形,乳白色,孵化前颜色变为淡褐色。

(1)成虫

(2)为害扶芳藤状

图 2-3-5 双斑锦天牛

幼虫:老熟时体长 18~25 毫米,米黄色,头部前端背面黑褐色,呈三角形。前胸背板有 1 个长方形浅褐色斑块。前胸体节明显比其他各节大。足退化。

蛹:长约 20 毫米,乳白色,老熟时复眼黑褐色,胸部褐色;触角细长卷曲呈钟条状,体形与成虫相似。

生物学特性:1 年发生 1 代。以幼虫在大叶黄杨的根部或地表树干蛀道内越冬,3 月上旬日均气温超过 11℃时,幼虫继续为害,4 月上旬在蛀道中咬粗木屑上下阻塞作蛹室,蛹期 1 月左右。5 月上旬成虫开始羽化,5 月中旬为羽化盛期。成虫羽化后,在蛹室内停留 3~5 天,然后咬破蛹室自羽化孔爬出,主要取食树皮,不食叶片,很少取食叶脉。成虫选晴天中午在大叶黄杨等向阳顶端交尾。6 月为产卵盛期。每头雌虫可产卵 20 粒左右,卵产在离地面 20 厘米以下的较粗茎干上。产卵时先撕咬树皮,造成 1 个长方形刻槽,再将产卵管插入刻槽内产卵。成虫具有假死性,寿命 30~50 天。初产卵乳白色,较软,后渐变硬,卵期 7~10 天。初孵幼虫先取食刻槽周围皮层内部,2 龄后进入木质部,咬成不规则弯曲蛀道,由产卵孔向下延伸,蛀食木质部。天气干燥或久晴可见树蔸周围有白色木屑虫粪,潮湿或阴雨天可见褐色木屑虫粪。由于幼虫的为害,易使枝干被风折断,严重时整枝枯死。成虫啃食大叶黄杨嫩茎皮层,使新枝嫩叶枯萎,严重时叶面一片焦黄。成虫通过连续迁飞,扩散速度较快,为害性大。

防治方法:

(1)药剂防治。成虫羽化初期至产卵期 5 月 5~25 日,为药杀成虫的最好时期,此时成虫主要在树干中上部取食树皮及草丛栖息,造成白杆,可用 8% 氯氰菊酯微囊悬浮剂 150~300 倍液,对树干进行常量或超低量喷雾防治,树干及树下草丛必须喷湿。初龄幼虫期,使用 40% 氧化乐果乳油 1000 倍液,或 10% 吡虫啉可湿性粉剂 2000 倍液等,对根颈部进行喷雾防治。幼虫为害期,在7月10日至8月10日有木屑排出的树下,用80%敌敌畏乳油800倍液浇灌根蔸,每蔸浇1～2千克药液,防效均在90%以上。

(2)物理防治。成虫羽化活动期,可在树下寻找虫粪以判断树干是否多害,寻找捕捉成虫。如果发生量大,可利用成虫假死性,在树下放置白色薄膜,摇树捕捉成虫。

(3)林业技术防治。定期除草,清洁绿篱,及时拔除虫害株,减少虫源。

(4)植物检疫。加强检疫,防止带害虫苗木运入、运出,防止人为传播扩散。

(5)生物防治。成虫羽化期,使用布氏白僵菌高孢粉菌剂,按50克/公顷药量进行喷雾防治。与化学防治一起实施效果更佳。

6. 双齿长蠹[*Sinoxylon japonicum* Lesne]

双齿长蠹又名“日本双棘长蠹”。

危害: 主要为害树干,成虫常在新枝条上为害,从枝杈表皮粗糙处蛀入做环形蛀道。在秋冬季节大风来时,被害新枝梢从环形蛀道处被风刮断,影响次年花木生长。

寄主: 法桐、国槐、柿树、栾树、合欢、白蜡、紫薇、紫荆、紫藤、刺槐、栎树、榆树、五角枫等。

形态特征: 成虫体长10～12毫米,赤褐色。头部具细颗粒状突起。触角褐色,球状部3节。前胸背板前缘呈弧状凹入,前缘角有1个较大的齿状突起,背面前半部密布锯齿状突起,两侧的齿较大,后半部的突起呈颗粒状。鞘翅具刻点沟,后端倾斜面的中央,雄虫各翅有1个棘状突起,十分显著,雌虫仅微微隆起。

卵: 白色,卵形,半透明。

幼虫: 体长8毫米左右,乳白色,略弯曲。

蛹: 白色,离蛹。

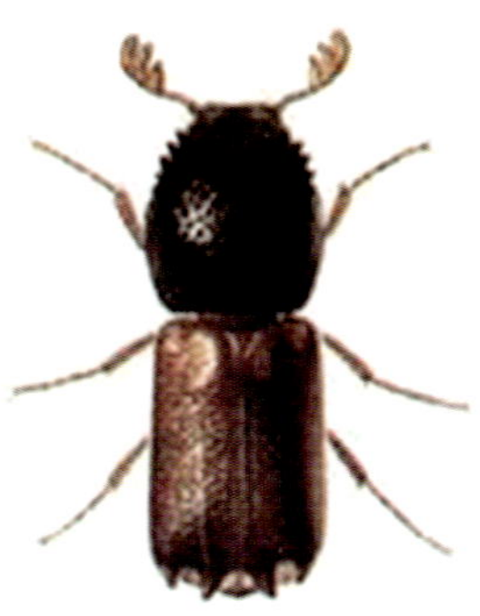

(1)成虫

(2)为害状

图2-3-6 双齿长蠹

生物学特性：1 年发生 1 代。以成虫在枝干韧皮部越冬。次年 3 月中、下旬开始取食为害，4 月下旬成虫飞出交尾，雌成虫将卵产在枝干韧皮部坑道内，每坑道产卵百余粒不等，卵期 5 天左右，孵化很不整齐。5 ~6 月为幼虫为害期，幼虫共 6 龄，以 3 ~5 龄幼虫食量最大。5 月下旬老熟幼虫开始化蛹，蛹期 6 天。6 月上旬始见成虫，成虫在原虫道串食为害，并不外出迁移为害。在 6 月下旬至 8 月上旬，成虫才外出活动，8 月中、下旬又进入蛀道内为害。成虫有趋光性，钻进木材缝隙或孔洞中，或咬 1 个产卵窝，将卵产于其中。幼虫孵化后，沿木材纵向蛀坑道。坑道弯曲，并互相交错，长达 30 厘米左右，其中充满粉状排泄物，一般不排出孔外。10 月下旬至 11 月初，成虫又转移到 1 ~3 厘米直径的新枝条上为害，常从枝杈表皮粗糙处蛀入做环形蛀道，然后在蛀道内越冬。

防治方法：

(1)植物检疫。加强对苗木的检疫，防止双齿长蠹的扩散和蔓延。检疫主要措施包括产地检疫、调运检疫和复检。

(2)生物防治。设置人工鸟巢，招引益鸟灭虫。管氏肿腿蜂可寄生于双齿长蠹的幼虫和蛹，5 月中、下旬释放管氏肿腿蜂，防治率可达 40% ~50%。

(3)林业技术防治。合理灌水和施肥，增强树势，提高抗虫性。

(4)物理防治。清理枯枝和受害树木，压低虫源。

(5)药剂防治。3 ~4 月成虫外出交配期及 6 ~8 月成虫外出活动期，喷施 20% 速灭杀丁 3000 倍液，或 12% 烟参碱乳油 1000 倍液等。因成虫外出不整齐，要选用药效长的药剂。

7. 桃红颈天牛 [*Aromia bungii* Faldermann]

桃红颈天牛又名“铁炮虫”“哈虫”。

危害：以幼虫在树干内由上而下蛀食为害，在树干中蛀成弯曲无规则的孔道，粪便堵满虫道，有的从排粪孔内排出，大量粪便堆积于树干基部，有的粪便从皮缝内挤出，常有流胶发生。被蛀食的枝干易引起流胶，削弱树势，为害严重时，可造成死枝或死树，甚至全园毁灭。

寄主：樱桃、桃树、李树、杏树、梅、碧桃、红叶李、苹果树、柿树、核桃、花椒、柳树、杨树等树木。

形态特征：

成虫：成虫体长 28 ~37 毫米，2 种色型：一种是身体黑色发亮和前胸棕红色的红颈型，另一种是全体黑色发亮的黑颈型。头黑色，腹面有许多横皱，头顶部两眼间有深凹。触角蓝紫色，基部两侧各有 1 个叶状突起。前胸两侧各有突刺 1 个，背面有 4 个瘤突。鞘翅表面光滑，基部较前胸为宽，后端较狭。雄虫身体比雌虫小，前胸腹面密布刻点，触角超过虫体 5 节；雌虫前胸腹面有许多横皱，触角超过虫体 2 节。

卵：圆形，乳白色，长 6 ~ 7 毫米。

幼虫：老熟幼虫体长 42 ~ 52 毫米，乳白色，前胸较宽广。身体前半部各节略呈扁长方形，后半部稍呈圆筒形，体两侧密生黄棕色细毛。前胸背板前半部横列 4 个黄褐色斑块，背面的 2 个各呈横长方形，前缘中央有凹缺，后半部背面色淡，有纵皱纹；位于两侧的黄褐色斑块略呈三角形。胴部各节的背面和腹面都稍微隆起，并有横皱纹。

蛹：体长 35 毫米左右，初为乳白色，后渐变为黄褐色。前胸两侧各有 1 个刺突。

（1）成虫

（2）为害紫叶李状

图 2 - 3 - 7　桃红颈天牛

生物学特性：该虫一般 2 年 1 代，少数 3 年 1 代，以幼龄幼虫第 1 年和老熟幼虫第 2 年在树干内越冬。成虫于 7 月上旬至 8 月中旬出现。成虫羽化后，在树干蛀道中停留 3 ~ 5 天后外出活动，并交尾产卵。常见成虫于午间在树干或枝条上栖息或交尾。卵产在枝干树皮缝隙中。幼壮树仅主干上有裂缝，老树主干和主枝基部都有裂缝可以产卵。一般近地面 35 厘米以内树干产卵最多，产卵期 5 ~ 7 天。产卵后不久，成虫便死去。卵经过 7 ~ 8 天孵化为幼虫，幼虫孵出后向下蛀食韧皮部，当年生长至 6 ~ 10 毫米，就在此皮层中越冬。次年春天，幼虫恢复活动，继续向下由皮层逐渐蛀食至木质部表层，先形成短浅的椭圆形蛀道，中部凹陷；至夏天体长 30 毫米左右时，由蛀道中部蛀入木质部深处，蛀道不规则，幼虫即在此蛀道中越冬。第 3 年春继续蛀害，4 ~ 6 月幼虫老熟时，用分泌物黏结木屑在蛀道内作室化蛹。幼虫期历时约 1 年又 11 个月。蛹室在蛀道的末端，幼虫越冬前就做好了通向外界的羽化孔，未羽化外出前，孔外树皮仍保持完好。蛀道可到达主干地面下 6 ~ 10 厘米。幼虫一生钻蛀隧道全长 50 ~ 60 厘米。在树干的蛀孔外及地面上，常大量堆积有排出的红褐色粪屑。受害严重的树干中空，树势衰弱，以致枯死。

防治方法：

（1）物理防治。①刮皮去卵。对主枝主干刮皮，刮去虫卵。②人工挖除幼虫或捕捉成虫。幼虫孵化后，经常检查树干，发现新鲜虫粪时，即用刀将皮下的小幼虫挖出，或在幼虫为害部位顺树干用刀纵割 2 ~ 3 道杀死幼虫，或用铁丝钩杀。在成虫羽化盛期，一般 12 ~ 13 时在树冠下到树干基部群集，连续数天进行人工捕捉。

(2)化学防治。①熏杀幼虫,5～9 月间均可进行。找到有新鲜虫粪排出的蛀孔,用铁丝勾出虫粪,将 1 粒磷化铝(0.6 克片剂的 1/8～1/4)塞入虫孔内或插入毒签,或塞入蘸敌敌畏的棉球,而后用泥将蛀孔堵死,可杀死深入木质部的老龄幼虫。虫口密度大时,可用塑料薄膜将树干包扎严密,上下两头用绳扎紧,扎口处将粗皮刮平,扎口前放入磷化铝片,树干表面投放 50 克/平方米。磷化铝遇水放出磷化氢毒气,可以杀死皮内幼虫,一般皮层内及皮和木质间的幼虫均可杀死。②成虫发生盛期和幼虫刚刚孵化期,使用 8% 氯氰菊酯微囊悬浮剂 150～300 倍液,或 50% 杀螟松乳油 1000 倍液,或 10% 吡虫啉可湿性粉剂 2000 倍液等,对树干进行喷雾防治。7～10 天防治 1 次,连防 2～3 次。③成虫发生前,在树干和主枝上涂白涂剂,防止成虫产卵。白涂剂:生石灰 100 份,硫黄 1 份,食盐 2 份,动物油 2 份,水 40 份。

(3)生物防治。幼虫发生期,释放花绒寄甲防治。气温在 25℃左右,按虫甲比 1:10,采用点株式方法。注意保护和招引啄木鸟等天敌。

(4)加强检疫,防止携带害虫活体的木材、包装板、苗木等运入、运出,防止人为传播扩散。

8. 锈色粒肩天牛[*Apriona swainsoni* (Hope)]

危害:锈色粒肩天牛是一种破坏性极强的钻蛀性害虫。以幼虫蛀食寄主树干,不规则的横向扁平虫道破坏树木输导组织,轻者树势衰弱,重者致使树木 3～5 年内整枝或整株枯死,破坏材质。

寄主:槐树、柳树等树种。

形态特征:

成虫:雌虫体长 31～44 毫米,宽 9～12 毫米,雄虫略小。黑褐色,体密被铁锈色绒毛。头、胸及鞘翅基部颜色较深。触角 10 节,1～4 节下方具毛,第 4 节中部以后各节黑褐色。前胸背板宽大于长,有不规则的粗大颗粒状突起,前后横沟均为 3 条,侧刺突发达,先端尖锐。中胸明显,直达头后缘。鞘翅肩角略突,无肩刺,翅端切状,内外端角刺状,缘角小刺短而钝,缝角小刺长而尖,翅基角 1/5 密布黑褐色光滑瘤状突起,翅表散布许多不规则的白色细毛斑和排列不规则的细刻点。中、后胸腹面两侧各有 1～2 个白斑。腹部可见 5 节,每节两侧各有 1 个明显的白斑,1～2 腹节中央各有 1 个"八"字形白斑。雌虫腹末节 1/2 露出翅鞘之外,腹板端部平截,背板中央凹陷较深。雄虫腹末节稍露翅鞘之外,背板中央凹入较浅。本种的相近种是灰绿粒肩天牛,主要区别是后者体背被褐绿色绒毛。

卵:长椭圆形,乳白色,长 5.5～6.0 毫米,宽 1.5～2.0 毫米。卵外覆盖不规则草绿色分泌物。卵初排时呈鲜绿色,后变灰绿色。

幼虫:体扁圆筒形,乳白色,具棕黄色细毛。老熟幼虫体长 56～76 毫米,前胸背板宽 10 ~ 14 毫米。头扁、后端圆弧形，1/2 以上缩入前胸内。触角 3 节，顶部透明的主感器大而显著。单眼 1 对，圆形凸出。前胸背板近方形，侧沟明显，中沟不明显，背板中部有 1 条倒“八”字形凹陷纹，前方有 1 对略向前弯的黄褐色横斑，其两侧各有 1 个同色长形纵斑。本种幼虫与桑天牛幼虫相似，但后者前胸腹板中前腹片的后区和小腹片上的小颗粒较稀，且突起成瘤状。

(1)成虫

(2)幼虫

图 2－3－8　锈色粒肩天牛

蛹：纺锤形，长 45 ~ 50 毫米，宽 12 ~ 15 毫米。初为乳白色，渐变为淡黄色。头部中沟深陷。翅贴于腹面，达第 2 腹节；触角贴于体两侧，达后胸，其端部弯曲。

生物学特性：2 年发生 1 代，以幼虫在枝干木质部虫道内越冬。4 月上旬开始蛀食，5 月上旬开始化蛹，蛹期 25 ~ 30 天。6 月上旬至 9 月中旬出现成虫，取食新梢嫩皮补充营养；雌成虫一生可多次交尾、产卵。产卵期在 6 月中、下旬至 9 月中、下旬，卵期 10 天。产卵时寻找适宜树皮缝隙做成产卵槽，再用草绿色分泌物覆盖于卵上。7 月中旬初孵幼虫自产卵槽下直接蛀入边材为害，并见粪便排出，悬吊于皮部粪孔处。11 月上旬在虫道尽头做细小纵穴越冬。次年 3 月中、下旬继续蛀食，11 月上旬老熟幼虫在虫道尽头做凹穴越冬。幼虫历期 22 个月。

防治方法：

(1)植物检疫。加强调运检疫，发现带虫木材、苗木进行除害处理。

(2)生物防治。花绒寄甲是锈色粒肩天牛的主要天敌，蛹期和成虫期均可被寄生。4 ~ 5 月，释放花绒寄甲防治。气温在 25℃左右，按虫甲比 1: 10，采用点株式方法。

(3)林业技术防治。加强虫情监测，发现为害，及时除治。对虫口密度大、为害严重的单株，应及早伐除，防止虫害扩散。城市绿化要多营造混交林，可利用法桐、楸树、垂柳等阔叶树，或雪松、侧柏等针叶树进行带状、块状混交，也可以单株间隔混交。

(4)化学防治。①3 月下旬至 5 月上旬和 7 月中旬至 10 月幼虫发生期，采取打孔注药的方法进行防治。在主干基部用锥形利器均匀打 3 个注药孔，孔深 5 ~ 8 毫米，斜向下与树干呈 30°，然后注入 10% 吡虫啉可湿性粉剂、30% 氯胺磷乳油 100 ~ 500 倍液，施药量 15 ~ 20 毫升/株。使用熏蒸法防治，在主干上每个排粪孔插入 1/4 片磷化铝，用泥密封。②6 月上旬至 9 月中旬成虫发生期，使用 8% 氯氰菊酯微囊悬浮剂 150 ~ 300 倍液，或 30% 高效氯氰菊酯可湿性微囊 3000 ~ 4000 倍液等，对树干及枝叶进行喷雾防治。

（5）物理防治。利用杀虫灯诱杀，在羽化始盛期，设置间距 70 ~ 100 米。

9. 星天牛［*Anoplophora chinensis* Forster］

星天牛又名"钻心虫""橘星天牛""花角虫""钻木虫"。

危害：以幼虫蛀食树干基部和主根，严重影响到树体的生长发育，使植株生长衰弱乃至死亡。成虫咬食嫩枝皮层，形成枯梢，也食叶成缺刻状。

寄主：杨树、柳树、榆树、刺槐、核桃、桑树、核桃揪、梧桐、悬铃木、槭树、苦楝、桃树、樱花、紫薇、海棠、木芙蓉、栎、柑橘等 19 科 40 余种树木及果树。

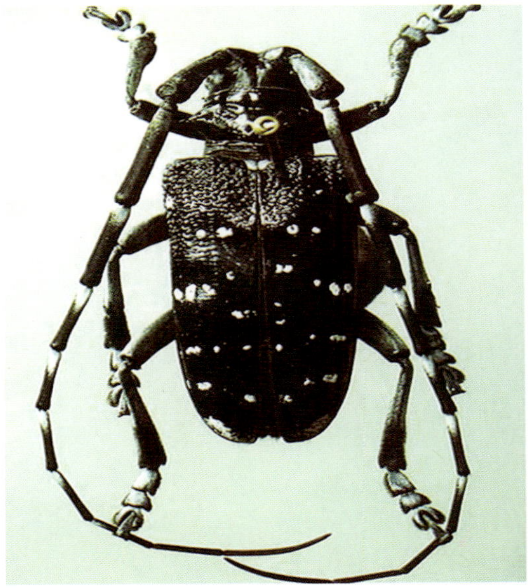

（1）成虫

（2）幼虫

图 2－3－9　星天牛

形态特征：

成虫：体长约 50 毫米，头宽约 20 毫米。体翅为亮黑色，前胸背板左右各有 1 个白点，翅鞘散生许多白点，白点大小个体差异颇大。本种与光肩星天牛的区别就在于鞘翅基部有黑色小颗粒，而后者鞘翅基部光滑。触角呈丝状，黑白相间，长约 10 厘米。

卵：长椭圆形，长 5 ~ 6 毫米，宽 2.2 ~ 2.4 毫米。初产时白色，以后渐变为浅黄白色。

幼虫：老熟幼虫体长 38 ~ 60 毫米，乳白色至淡黄色。前胸略扁，背板骨化区呈“凸”字形，“凸”字形纹上方有 2 个飞鸟形纹。气孔 9 对，深褐色。

蛹：纺锤形，长 30 ~ 38 毫米，初化之蛹淡黄色，羽化前各部分逐渐变为黄褐色至黑色。翅芽超过腹部第 3 节后缘。

生物学特性：1 年发生 1 代。以幼虫在被害寄主木质部内越冬。越冬幼虫于 3 月开始活动，4 月上旬气温稳定到 15℃以上时幼虫老熟，蛀蛹室和直通表皮的圆形羽化孔，在蛹室开始化蛹，5 月下旬化蛹基本结束。蛹期 19 ~ 33 天。5 月下旬成虫开始羽化，5 月底至 7 月上旬为成虫出孔高峰，成虫羽化后在蛹室停留 4 ~ 8 天，待身体变硬后才从圆形羽化孔外出，啃食寄主幼嫩枝梢树皮作补充营养，10 ~ 15 天后才交尾。6 月上旬，雌成虫在树干下部或主侧枝下部产卵，7 月上旬为产卵高峰，以树干基部向上 15 厘米以内为多。产卵前先在树皮上咬深约 2 毫米、长约 8 毫米的“T”或“人”形刻槽，再将产卵管插入刻槽一边的树皮夹缝中产卵，一般每 1 刻槽产 1 粒，产卵后分泌胶状物质封口。卵期 9 ~ 15 天。6 月中旬幼虫开始孵化，孵化高峰在 7 月中、下旬。幼虫孵出后，即从产卵处蛀入，向下蛀食于表皮和木质部之间，形成不规则的扁平虫道，虫道中充满虫粪。1 个月后开始向木质部蛀食，蛀至木质部 2 ~ 3 厘米深度就转向上蛀，上蛀高度不一，蛀道加宽，并开有通气孔，从中排出粪便。9 月下旬后，绝大部分幼虫转头向下，顺着原虫道向下移动，至蛀入孔后，再开辟新虫道向下部蛀进，并在其中为害和越冬，整个幼虫期长达 10 个月，虫道长 35 ~ 57 厘米。幼虫共 6 龄。

防治方法：

（1）药剂防治。①幼虫蛀入木质部之前，在主干受害部位用刀划若干条纵伤口，涂以 50% 敌敌畏柴油溶液（1∶9），药量以略有药液下淌为宜。若在幼虫蛀入木质部之后，要先将排粪孔处的虫粪和蛀屑清理干净，然后插入磷化锌毒签或塞入 1/4 片磷化铝等，并用泥封死蛀孔及排粪孔。②5 月底至 7 月上旬成虫活动盛期，使用 8% 氯氰菊酯微囊悬浮剂 150 ~ 300 倍液，对寄主树干下部或主侧枝下部进行常量或超低量喷雾防治。③树干涂白，拒避天牛成虫产卵。于 7 月上旬成虫产卵盛期，使用白涂剂（石灰∶硫黄∶水 = 16∶2∶40）和少量皮胶混合后，涂于主干上及其基部，可防止星天牛产卵。

（2）物理防治。在成虫盛发期人工捕杀成虫。6 ~ 7 月间，发现树干基部有产卵刻槽和流出泡沫状胶质时，即刮除树皮下的卵粒和初孵幼虫，并涂以石硫合剂或波尔多液等消毒防腐，或者锤杀卵及初孵幼虫，或者用铁丝钩杀在皮层下蛀食或蛀入木质部不深的幼虫。在成虫羽化前设置杀虫灯，诱杀成虫。

（3）植物检疫。加强检疫，防止带虫活体的木材、包装板、苗木等运入、运出，防止人为传播扩散。

（4）生物防治。注意保护和招引大斑啄木鸟等天敌。挂设木段招引大斑啄木鸟，每公顷 1 ~ 1.5 根木段，提高自然控制力。释放花绒寄甲、肿腿蜂等天敌昆虫。

（5）林业技术防治。栽植诱饵树苦楝等诱集成虫，然后集中灭杀和处理。及时伐除枯折树木。

(6)引诱剂防治。目前,引诱星天牛的植物源引诱剂主要是从苦楝的挥发物中提取的。性引诱剂对星天牛也有较好的效果,诱捕量显著。

10. 云斑天牛[*Batocera horsfieldi*(Hope)]

云斑天牛又名"多斑白条天牛"。

危害:该害虫为主要林业害虫之一,成虫啃食被害树的新枝嫩皮,幼虫蛀食主干,造成寄主生长衰弱,乃至死亡,对材质造成严重损害。

寄主:杨树、核桃、桑树、柳树、榆树、白蜡、泡桐、苦楝、女贞、悬铃木、无花果、红椿、苹果树和梨树等林木和果树。

形态特征:

成虫:体长32~65毫米,宽9~20毫米。体黑褐至黑色,密被灰白色至灰褐色绒毛。触角从第2节起,每节有许多细齿。雄虫触角超出体长3~4节,雌虫触角略长于体。前胸背板中央有1对近肾形、白色或浅黄色毛斑,两侧中央各有1个粗大尖刺突。小盾片被白毛。鞘翅上具不规则的白色或浅黄色绒毛组成的云片状斑纹,一般列成2~3纵行,以外面1行数量居多,并延至翅端部。鞘翅基部1/4处有大小不等的瘤状颗粒,肩刺大而尖端微指向后上方。翅端略向内斜切,内端角短刺状。身体两侧由复眼后方至腹部末节,有1条由白色绒毛组成的纵带。

卵:长6~10毫米,长椭圆形,乳白色至黄白色。

幼虫:体长70~80毫米,粗肥多皱,乳白色至淡黄色。头部深褐色。前胸硬皮板淡棕色,略呈方形,并有大小不一的褐色颗粒,前方近中线处有2个黄白色小点,小点上各有1根刚毛。从后胸至第7腹节背面各有1个"口"字形骨化区。

蛹:长40~70毫米,乳白色至淡黄色,头部和胸部背面有稀疏的棕色刚毛,腹末锥状,尖端斜向后上方。

(1)成虫

(2)为害白蜡状

图2-3-10 云斑天牛

生物学特性：2～3 年发生 1 代。以幼虫或成虫在树干蛀道内越冬。成虫于次年 4～6 月羽化飞出，补充营养后产卵。雌虫喜在直径 10～20 厘米的树木主干上产卵。卵多产在距地面 1.5～2 米处树干上，咬 1 个圆形或椭圆形刻槽，产卵于其上方，每穴产卵 1 粒，树干周围 1 圈可连续产卵 10～12 粒。每雌虫产卵 40 粒左右。卵期约 15 天。幼虫于 7 月孵化，此时卵槽凹陷，潮湿。初孵幼虫在韧皮部为害一段时间（1 月左右）后，即向木质部蛀食，被害处树皮向外纵裂，可见丝状粪屑，直至秋后越冬。次年继续为害，于 8 月幼虫老熟化蛹，9～10 月成虫在蛹室内羽化，不出孔越冬，在蛹室内生活 9 个月才离开树体。

防治方法：

（1）物理防治。①捕捉成虫。4～6 月成虫活动盛期，对树冠上的成虫，利用其假死性振落后捕杀。需巡视捕捉多次。②在晚间利用其趋光性诱杀。③人工杀灭虫卵。在成虫产卵期或产卵后，检查树干中下部，寻找产卵刻槽，用刀将被害处挖开；也可用锤敲击，杀死卵和初孵幼虫。④饵木诱杀。利用其喜欢在新伐倒木上产卵繁殖的特性，于 6～7月繁殖期，在林内适当地点设置一些木段（如桑树、杨树、柳树、梨树、栎等），供害虫大量产卵，待新一代幼虫全部孵化后，剥皮捕杀。

（2）化学防治。①4～6 月成虫发生期，使用 90% 敌百虫晶体 1000 倍液，或 8% 氯氰菊酯微囊悬浮剂 100～300 倍液等，对树干进行喷雾防治。②熏杀幼虫。6～8 月卵、幼虫发生期，使用毒签从虫道插入进行防治。也可用 56% 磷化铝片剂（每片约 3 克），分成 10～15 小粒（每份 0.2～0.3 克），每 1 蛀洞内塞入 1 小粒，再用泥土封住洞口。③虫孔注药。树干基部地面上发现有成堆虫粪时，将蛀道内虫粪掏出，然后使用小型喷雾器或兽医用注射器，从虫道注入 80% 敌敌畏乳油，或 40% 氧化乐果乳油，或 10% 吡虫啉可湿性粉剂，或 16% 虫线清乳油 100～300 倍液 5～10 毫升，也可浸药棉塞孔，然后用泥或塑料袋密封虫孔。④树干涂白。秋、冬季至成虫产卵前，用石灰 5 千克、硫黄粉 0.5 千克、食盐 0.25 千克、水 20 千克充分混匀后，涂于树干基部（2 米以内，若没有硫黄粉，可用敌杀死、多菌灵等杀虫杀菌剂代替），防止产卵。

（3）生物防治。4～6 月成虫发生期，使用白僵菌纯孢粉，或 25% 灭幼脲Ⅲ号悬浮剂 500 倍液，或 1.2% 苦 · 烟乳油 500～800 倍液等，对树干进行喷雾防治。注意保护和招引大斑啄木鸟、花绒寄甲等天敌。

（4）林业技术防治。适地适树，加强抚育管理，增强树势，提高树木抗虫能力。秋、冬季节或早春砍伐受害严重的林木，并及时处理树干内的越冬幼虫和成虫，消灭虫源。

（5）植物检疫。加强检疫，防止携带害虫活体的木材、包装板、苗木等运入、运出，防止人为传播扩散。

11. 双条杉天牛［*Semanotus bifasciatus*（Motschulsky）］

双条杉天牛又名“柏双条天牛”“蛀木虫”。

危害：以幼虫蛀食寄主树干韧皮部和木质部，把木质部表面蛀成弯曲不规则坑道，造成受害树干树皮易于剥落，衰弱木被害后上部即枯死，连续受害导致整株死亡。

寄主：桧柏、扁柏、侧柏、龙柏、千头柏、杉、柳杉、黑松等树木。

形态特征：

成虫：体长约 10 毫米，圆筒形略扁，黑褐色至棕色，全身密被褐黄色短绒毛。前胸两侧弧形。前翅中央及末端具 2 条黑色横宽带，两黑带间为棕黄色，翅前端驼色。

卵：2 ~ 3 毫米，白色，长椭圆形。

幼虫：末龄幼虫体长 15 毫米，圆筒形，乳白色，略扁；头黄褐色，胸部略宽，无足。

蛹：长约 15 毫米，淡黄色。

(1)成虫及卵

(2)幼虫

图 2 - 3 - 11　双条杉天牛

生物学特性：1 年发生 1 代。以成虫在枝干内蛹室中越冬。次年 3 月底成虫把树皮咬 1 个羽化孔，脱孔而出。成虫喜欢在树势衰弱或新移栽树木树皮缝及新伐除的原木上交尾产卵，每处 2 ~ 5 粒，每雌产卵数十粒，卵期十几天。4 月中旬初孵幼虫蛀入树皮内为害，受害处排出少量碎木屑。幼虫在树皮下串食为害，树皮易脱落。5 月中、下旬进入为害盛期，当幼虫为害环绕树干或树枝 1 圈时，受害部以上的干、枝枯死。6 月中旬幼虫钻入木质部 2 ~ 3 厘米深处，10 月上旬在隧道内化蛹，以后羽化，以成虫越冬。新移栽的树或树势衰弱的树是该虫发生为害的重要条件，健壮树木很少受害。直径 2 厘米以上的枝条都可被害。

防治方法：

(1)植物检疫。严格执行检疫，防止苗木、木材传播。

(2)林业技术防治。及时伐除虫害木、衰弱木、枯死木，清理时将根一并挖出，并对虫害木进行除害处理。营造混交林，加强抚育，增强树势。深挖松土，追施土杂肥，促进苗木速生。木材采伐应在成虫不活动期进行，夏季采伐原木要及时运出林外。对贮木场的原木应及时剥皮，减少天牛的适生寄主。

(3)生物防治。4 月中旬至 9 月幼虫发生期，在 6 月选择晴好天气，释放管式硬皮肿腿蜂，采用点株式放蜂法(即每株作为 1 个点)，按蜂虫比 5∶1 释放肿腿蜂防治。

(4)化学防治。3月下旬至4月上旬成虫发生期，使用8%氯氰菊酯微囊悬浮剂400倍液，进行喷雾防治，连续防治2次，使药效覆盖整个成虫期。应在成虫出蛰前1周施药。5月中、下旬初孵幼虫期，使用10%吡虫啉可湿性粉剂，或40%氧化乐果乳油3~5倍液等，进行干基打孔注药防治。

(5)物理防治。3月下旬至4月上旬成虫发生期，利用成虫的趋光性，使用杀虫灯诱杀。

12. 波纹斜纹象[*Lepyrus japonicus* Roelofs]

波纹斜纹象又名"波纹象甲""黄星象""黄二象甲"。

危害：该虫是一种蛀干害虫，主要以幼虫为害杨树、柳树等插穗的根部皮层。幼虫将插穗新发幼根树皮呈环状食掉，引起插穗枯萎死亡，发生严重时造成大面积幼苗死亡。该虫的成虫也咬食苗圃中树苗刚刚长出的嫩芽，影响苗木生长。

寄主：杨树、柳树等。

形态特征：

成虫：成虫全体灰黑色，体长10~12毫米，头管长4~6毫米。雌虫个头较大，雄虫个头稍小。密被黄褐色鳞片。每个鞘翅的中后部各有1个"N"字形白色斑纹。头部延伸稍向下弯曲，成象鼻状。

卵：长约1.5毫米，椭圆形，乳白色，以后逐渐变成黄褐色。

图2-3-12 波纹斜纹象

幼虫：末龄幼虫体长约12毫米，躯体呈乳白色，身体弯曲成"C"形，头部为黄褐色，无足，肥而多横皱纹。

蛹：乳白色，长约12毫米。

生物学特性：1年发生1~2代。以蛹和成虫在土中越冬。次年4月杨树、柳树发芽时即有成虫出现，成虫取食树叶(尤其是刚刚长出的嫩树叶)补充营养，开始为害。5月上旬成虫开始交配产卵，中旬卵孵化，出现幼虫，幼虫啃食树苗的嫩根，当插条根皮被啃食1周时，苗木死亡。幼虫期约1个月，为害时间长而且严重，其中5~6月为害最重。6月中旬后幼虫老熟，即在插条附近作土室化蛹，蛹期约15天。7月上、中旬发生当年第1代成虫，交尾多次，产卵于土中，单粒散产。1头成虫每天可产卵10粒左右，一生共产卵50~70粒，卵期7天左右。8月上旬出现第2代幼虫。9~10月部分幼虫老熟化蛹越冬，部分羽化为成虫越冬。成虫白天多躲藏在土块或落叶下面，傍晚或夜间取食，有假死性，受惊扰即落地不动，过一段时间后开始爬动。

防治方法：

（1）人工捕杀。于成虫活动期，在苗株附近土壤下或匍匐地面的叶片下捕杀成虫。若树苗较高，利用成虫的假死性，可用力摇晃树干，把树上的成虫摇落，用脚踩死或用手直接捕捉集中处死。结合苗圃浇水，待成虫因水淹由土中爬出时，把浮于水面上的成虫捕杀。

（2）保护和利用天敌。有些鸟类常取食该虫，因此，对于一些取食害虫的益鸟应加以招引和保护，利用天敌进行防治。

（3）药剂喷杀。成虫为害期，使用90%敌百虫晶体或50%马拉硫磷乳油、50%辛硫磷乳油1000倍液，喷雾防治。

13. 芳香木蠹蛾东方亚种[*Cossus cossus orientalis* Gaede]

危害：以幼虫蛀食寄主枝干，向上、向下形成不规则虫道，造成寄主生长衰弱，乃至死亡，对材质造成严重损害。

寄主：杨树、柳树、榆树、槐树、白蜡、悬铃木、栎、核桃、苹果树、香椿、梨、海棠、丁香等。

形态特征：

成虫：体长24～40毫米，翅展80毫米，体灰乌色。触角扁线状。头、前胸淡黄色，中后胸、翅、腹部灰乌色。前翅翅面布满呈龟裂状黑色横纹。

卵：近圆形，初产时白色，孵化前暗褐色。

幼虫：老龄幼虫体长80～100毫米，初孵幼虫粉红色，大龄幼虫体背紫红色，侧面黄红色。头部黑色，有光泽。前胸背板淡黄色，有2块黑斑。体粗壮，有胸足和腹足，腹足有趾钩，体表刚毛稀而粗短。

蛹：长约50毫米，赤褐色。

（1）成虫

（2）幼虫

图2－3－13　芳香木蠹蛾东方亚种

生物学特性：2年发生1代。以幼虫在被害树木的木质部或土里越冬。在土里越冬的老熟幼虫于次年 4 ~5 月化蛹,5 ~6 月成虫羽化外出。成虫有趋光性,产卵于树皮裂缝或根际处,卵成块状,50 ~60 为 1 块。5、6 月间幼虫孵化,常 10 余头小幼虫群集钻入树皮蛀食为害,幼虫受惊后能分泌 1 种特异香味,在树木裂缝处排出均匀细小的褐色木屑。幼虫先在树皮下蛀食,长大后便蛀入木质部。10 月下旬幼虫在木质部的蛀道里越冬,次年 4 月继续为害,一般向上蛀食者多。9 月下旬至 10 月上旬,老熟幼虫爬出蛀道,到树木附近根际处,杂草丛生的土梗、土坡等向阳干燥的土壤里结茧越冬。

防治方法:

(1)林业技术防治和除害处理。加强林分抚育管理,防治机械损伤。选用抗性树种,采取多树种配置营造混交林。清除受害严重的虫源木或受灾严重的林带。剪除被害枝梢。伐除的虫害木要及时除害处理,可采取熏蒸、破板加工、水浸等方法,即采用硫酰氟(40 ~60 克/立方米)塑料帐幕熏蒸 3 ~7 天,水浸泡 30 ~50 天。

(2)化学防治。①树干喷雾。5 ~6 月间初孵幼虫期,使用 2.5% 溴氰菊酯可湿性粉剂 1500 ~2000 倍液,或 1.2% 苦参碱· 烟碱乳油 800 ~1000 倍液,或 10% 吡虫啉乳油 1500 ~2000 倍液或 100 亿孢子/毫升苏云金杆菌乳剂 500 ~800 倍液,或 20% 除虫脲悬浮剂 5000 ~8000 倍液等,对树皮裂缝及旧蛀孔处进行喷雾防治。②干基打孔注药。7 ~9 月幼虫期,使用干基打孔注药,在树干距地面 30 厘米处,钻与树干呈 45°角、6 ~8 厘米深斜下孔,使用 10% 吡虫啉乳油,或 30% 氯胺磷乳油 100 ~500 倍液,按 0.3 毫升/厘米胸径药量注药防治。注药后以泥浆封孔。③药剂熏蒸。7 ~9 月幼虫期,使用56.6% ~58.5% 磷化铝片剂(每片 3.3 克),按每虫孔 1/20 片剂量填入树干或根部木蠹蛾虫孔内,或用毒签或棉团蘸药塞入虫孔防治,外敷黏泥。堵孔时需将蛀孔中的粪便和木屑去除,投注药后以泥浆封孔。操作时必须确保安全。④树干涂白。刮除树干老皮,刷白涂剂,防止成虫产卵。

(3)物理防治。人工勾杀主干和较大枝条虫道的幼虫。老熟幼虫自枝干内出来准备入土越冬在地面爬行时,进行人工捕杀。

(4)生物防治。5 月中旬至 8 月中旬,20 ~23 时为成虫羽化高峰期,连续用黑光灯或悬挂芳香木蠹蛾性信息素诱芯诱捕器进行诱杀成虫。悬挂高度 1.5 米,间距60 ~80 米。保护和招引啄木鸟,释放寄生蜂防治。

14. 桑天牛[*Apriona germari* (Hope)]

危害: 以成虫啃食寄主 1 年生枝条皮部,幼虫蛀食枝干,造成寄主生长衰弱,乃至枯死,对材质造成严重损害。桑科植物受害最为严重,在桑树、杨树并存区也可严重为害杨树。

寄主: 桑树、构树、杨树、白蜡、柳树、榆树、刺槐、朴树、苹果树、梨树、樱桃、梅、无花果等。

形态特征：

成虫：体黑褐色，密生暗黄色细绒毛，触角鞭状。第1、2节黑色，其余各节灰白色，端部黑色。鞘翅基部密生黑瘤突，肩角有黑刺1个。全身密被棕黄色或青棕色绒毛；体长26～51毫米，体宽8～16毫米。头部额区窄，复眼特别大，其横径相当于额宽的2倍，颊窄小。眼后沿有2～3行颗粒，前唇基棕红色。触角雌虫较体略长，雄虫超出体长2～3节，柄节和梗节黑色，以后各节前半黑色、后半灰白。前胸近方形，背面有横皱，侧刺突基部及前胸侧片均有黑色光亮的隆起刻点。鞘翅基部黑色光亮的瘤状颗粒区占全翅1/4；翅端缝角和缘角呈刺状突出。

卵：长5～7毫米，长椭圆形，前端较细，稍弯曲，乳白或黄白色。

幼虫：圆筒形，乳黄色，老熟幼虫长达76毫米，前胸最宽处13毫米。前胸背板的"凸"字形锈色硬化斑的前缘色深，后半部密布赤褐色片状刺突，中部刺突较大，向前伸展成3对纺锤状纹，呈放射状排列。腹部背步泡突由2条横沟组成，腹步泡突只有1条横沟。

蛹：纺锤形，长约50毫米，黄白色。触角后披，末端卷曲。翅达第3腹节。腹部1～6节背面两侧各有1对刚毛区，尾端较尖削，轮生刚毛。

(1)成虫

(2)老龄幼虫

图2-3-14　桑天牛

生物学特性：多数3年1代，少数2年1代。以幼虫在被害枝干内越冬。3月上、中旬越冬幼虫开始活动取食，4月进入为害盛期，5月中旬老熟幼虫沿虫道上移作蛹室化蛹。成虫6月中、下旬羽化出孔，至7月中、下旬达到羽化高峰。成虫羽化后即啃食桑科植物的嫩皮进行补充营养，8月上旬为产卵盛期。初孵幼虫于韧皮部和木质部之间向枝条上方蛀食约1厘米，然后蛀入木质部内向下蛀食，稍大即蛀入髓部。开始每蛀5～6厘米长向外蛀1排粪孔，随着虫体的增长而排粪孔距离加大。小幼虫粪便红褐色、细绳状，大幼虫的粪便为锯屑状。幼虫一生蛀隧道长达2米左右，隧道内无粪便与木屑。11月中、下旬幼虫停止取食，进入越冬状态。卵期8～15天。幼虫历期22～23个月，为害期达16～17个月。蛹期26～29天。成虫羽化后常在蛹室内静伏5～7天，新成虫必须在补充营养寄主如桑树、构树、朴树等树上取食才能繁殖，补充营养10～15

天后交配产卵,有假死性。卵产在"U"形刻槽内,每刻槽产卵1粒。每雌产100余粒。卵多产于径粗5~35毫米的枝干上,以径粗10~15毫米产卵最多,约占80%。产卵高度依寄主树龄而异,距地面1~6米均有。

防治方法:

(1)植物检疫。加强检疫,防止携带害虫活体的木材、包装板、苗木等运入、运出。

(2)林业技术防治。伐除受害严重的树木或受灾严重无保留价值的林带,对新发生区进行拔点除源。结合修剪除掉虫枝,集中处理。尽量避免在杨树周围栽植桑树、构树、栎树和小叶朴等桑天牛成虫补充营养的树种。

(3)化学防治。①毒签熏杀,查到有新鲜天牛排出物蛀孔后,向孔道深部向下插入毒签,深4~5厘米,随后取泥封住蛀孔。②棉花球蘸药塞孔,使用棉花球蘸8%敌敌畏乳油30~50倍液,塞入最下部排泄孔,并用泥堵住封口,隔5~7天检查1次,若见有新鲜虫粪排出时,再补治1次。使用兽用注射器或将压缩喷雾器喷头改装注射针头,把敌敌畏乳油注入虫孔,同样有效。堵孔时需将蛀孔中的粪便和木屑去除干净。③7月中、上旬成虫发生期,使用8%氯氰菊酯微囊悬浮剂150~300倍液,对树干进行常量或超低量喷雾防治,或使用20%吡虫啉乳油按0.3毫升/厘米胸径用药量,进行干基打孔注药防治。打孔注药一般在干基部距地面30厘米处钻孔,钻头与树干呈45°角,钻6~8厘米深的斜向下孔。视树木胸径大小绕杆钻3~5个孔,注药后以泥浆封孔。

(4)物理防治。7~8月卵期、初孵幼虫发生期,锤击刻槽,杀死卵和初孵幼虫。幼虫蛀入木质部后,也可以用细铁丝刺杀木质部内的幼虫,即找到新鲜排粪孔,用细铁丝插入,向下刺到隧道端,反复几次可刺死幼虫。成虫发生期及时捕杀成虫,消灭在产卵之前。

(5)生物防治。注意保护和招引啄木鸟等天敌,卵期可用桑天牛卵啮小蜂防治。

(四)地下类害虫

四纹丽金龟[*Popillia quadriguttata* Fab]

四纹丽金龟又名"中华弧丽金龟""豆金龟子""四斑丽金龟"。

危害:以幼虫取食草坪根系。为害时,幼虫不仅取食须根,也取食主根,将主根基部咬断,使草坪失绿,甚至枯死。7~8月严重时,被为害处用手抓可以很容易揭起大片草坪,在揭起草坪的地面上有大量幼虫。受害草坪多呈长条枯死斑,严重降低草坪的观赏价值。其成虫咬食月季等植株的叶片、花蕾、花瓣、花蕊,导致叶片、花瓣出现孔洞或不规则缺刻。

寄主：月季、樱桃、草坪草等。

形态特征：

成虫：体长7.5～12毫米，宽4.5～6.5毫米，椭圆形。翅基宽，前后收狭。体色多为深铜绿色。鞘翅浅褐至草黄色，四周深褐至墨绿色。足黑褐色。臀板基部具白色毛斑2个。腹部第1～5节腹板两侧各具白色毛斑1个，由密细毛组成。头小，刻点密布其上。触角9节，鳃叶状，棒状部由3节构成。雄虫大于雌虫。前胸背板具强闪光且明显隆凸，中间有光滑的窄纵凹线。小盾片三角形，前方呈弧状凹陷。鞘翅宽短略扁平，后方窄缩，肩凸发达，背面具近平行的刻点纵沟6条，沟间有5条纵肋。足短粗。前足胫节外缘具2齿，端齿大而钝，内方距位于第2齿基部对面的下方。爪成双，不对称，前足、中足内爪大、分叉，后足则外爪大、不分叉。

(1)成虫

(2)幼虫

图2－4－1　四纹丽金龟

卵：椭圆形至球形，长1.46毫米，短0.95毫米，初产时乳白色。

幼虫：体长15毫米，头宽约3毫米，头赤褐色，体乳白色。头部前顶刚毛每侧5～6根排成1纵列；后顶刚毛每侧6根，其中5根成1斜列。肛背片后部具心脏形臀板，肛腹片后部覆毛区中间刺毛列呈“八”字形岔开，每侧由5～8根(多为6～7根)锥状刺毛组成。

蛹：长9～13毫米，宽5～6毫米，唇基长方形。

生物学特征：1年发生1代，多以3龄幼虫在30～80厘米土层内越冬。次春4月上旬，当20厘米土温达到9.5℃时，幼虫上移至表土层活动为害。6月，老熟幼虫多在3～8厘米土层中作椭圆形土室开始化蛹，蛹期8～20天。当10厘米深土壤均温达19.7℃时，成虫开始羽化，成虫羽化期为6月中、下旬至8月下旬。成虫羽化后稍加停留就出土活动，气温20℃以上进入羽化出土盛期，高于29.5度成虫多静伏不动。7月是为害盛期。6月底开始产卵，7月中旬至8月上旬为产卵盛期，卵期8～18天。幼虫为害至秋末达3龄时，钻入深土层越冬。成虫白天活动，适温20～25℃。飞行力强，具假死性，晚间入土潜伏，无趋光性。成虫出土2天后取食，群集为害一段时间后交尾产卵，卵散产在2～5厘米土层里，每雌可产卵20～65粒，多为40～50粒，分多次产下。成虫寿命18～30天，多为25天。成虫喜于地势平坦、保水力强、土壤疏松、有机质含量高的果园和田园产卵,一般以大豆、花生、甘薯地落卵较多。初孵幼虫以腐殖质或幼根为食,稍大为害地下组织。当10厘米土层均温低于6.7℃时,幼虫开始向深土层转移,进入11月中旬开始越冬。

防治方法:

(1)物理防治。利用其假死性,在清晨或傍晚人工振落、捕杀。振前在树盘地面喷散4.5%甲敌粉或4%敌马粉,效果更好。

(2)化学防治。①树上喷药。于花木临近开花期,喷洒50%杀螟松乳油1800倍液、20%速灭杀丁乳油3000倍液、2.5%敌杀死乳油4000倍液等。每10天1次,连喷2~3次,杀死白天取食的成虫。②地面施药。用5%辛硫磷颗粒剂3千克/亩,拌入细土30千克,制成毒土,均匀撒于花圃地面,毒杀傍晚潜入土层的成虫。辛硫磷撒后应及时浅耙,以防光解。

(五)种实类害虫

1. 桃蛀螟[*Conogethes punctiferalis* (Guenée)]

桃蛀螟又名"桃斑螟",俗称"桃蛀心虫""桃蛀野螟"。

危害:杂食性害虫,以幼虫蛀食寄主果实,致使被害果多变色脱落、腐烂,或果内充满虫粪而不能食用,产量和商品率严重下降。

寄主:桃树、梨树、苹果树、柿树、枣树、石榴、葡萄、无花果、银杏、黑松、云杉、圆柏等。

形态特征:

成虫:体长12毫米,翅展22~25毫米,黄至橙黄色,体、翅表面具许多黑斑点似豹纹(胸背有7个)。腹背第1、3~6节各有3个横列,第7节有时只有1个,第2、8节无黑点,前翅25~28个,后翅15~16个,雄虫第9节末端黑色,雌虫不明显。

图2-5-1 桃蛀螟

卵:椭圆形,长0.6毫米,宽0.4毫米,表面粗糙布细微圆点,初乳白色,渐变橘黄、红褐色。

幼虫：体长 22 毫米，体色多变，有淡褐、浅灰、浅灰蓝、暗红等色，腹面多为淡绿色。头暗褐色，前胸盾片褐色，臀板灰褐色，各体节毛片明显，灰褐至黑褐色，背面的毛片较大，第 1～8 腹节气门以上各具 6 个，成 2 横列（前 4 后 2）。气门椭圆形，围气门片黑褐色突起。腹足趾钩不规则的 3 序环。

蛹：长 13 毫米，初淡黄绿色，后变褐色，臀棘细长，末端有曲刺 6 根。

生物学特性：1 年发生 3～4 代。主要以老熟幼虫在干僵果内、树干枝杈、树洞、翘皮下、贮果场、土块下及玉米、高粱、秸秆、玉米棒、向日葵花盘、蓖麻种子等处结厚茧越冬。越冬幼虫于次年 4 月初化蛹，4 月下旬进入化蛹盛期，4 月下旬至 5 月下旬羽化，越冬代成虫 4 月下旬始见。成虫白天静伏于枝叶稠密处的叶背、杂草丛中，夜晚飞出活动，羽化、交尾、产卵，取食花蜜、露水以补充营养，对黑光灯有较强趋性，对糖醋液也有趋性。卵多散产在果实萼筒内，其次为两果相靠处及枝叶遮盖的果面或梗洼上。发生期长，世代重叠严重。初孵幼虫啃食花丝或果皮，随即蛀入果内，食掉果内子粒及隔膜，同时排出黑褐色粒状粪便，堆集或悬挂于蛀孔部位，遇雨从虫孔渗出黄褐色汁液，引起果实腐烂。幼虫一般从花或果的萼筒、果与果、果和叶、果与枝的接触处钻入。卵、幼虫发生盛期一般与石榴花、幼果盛期基本一致，第 1 代卵盛期在 6 月上旬，幼虫盛期在 6 月上、中旬，第 2 代卵盛期在 7 月上、中旬，第 3 代卵盛期在 8 月上旬，幼虫盛期在 8 月上、中旬。

防治方法：

（1）林业技术防治。①及时捡拾落果，摘除虫果，集中烧毁，消灭果内幼虫，以减少虫源。②冬、春季节，刮除苹果树、梨树、桃树等果树翘皮，消除越冬幼虫，减少虫口基数，减轻虫害发生为害。③秋季采果前，于树干绑草诱集越冬幼虫，早春集中销毁。④果实套袋。在套袋前结合防治其他病虫害，使用化学农药进行喷雾防治 1 次，防治早期桃蛀螟所产的卵。⑤可在果园中春季种植少量早花向日葵、晚花向日葵或玉米等桃蛀螟的喜食植物，生长期对向日葵花盘或玉米进行化学农药喷雾防治，可取得好的防治效果。或者将葵秸、葵盘或玉米秆及时集中烧毁，避免为桃蛀螟提供繁殖场所。

（2）物理防治。在桃园内使用黑光灯或用糖醋液诱杀成虫，可结合诱杀梨小食心虫进行。

（3）化学防治。不套袋的果园，要掌握第 1、2 代成虫产卵高峰期和卵孵化盛期喷药。可使用 50% 杀螟松乳剂 1000 倍液，或 35% 赛丹乳油 2500～3000 倍液，或 2.5% 功夫乳油 3000 倍液，或 50% 辛硫磷乳油 1000 倍，或 2.5% 高效氯氟氰菊酯乳油 2000～300 倍液，或爱福丁 1 号（阿维菌素）6000 倍，或 25% 灭幼脲 1500～2500 倍等，进行喷雾防治。每隔 7 天防治 1 次，连续 2 次。

（4）生物防治。①在成虫产卵高峰期和卵孵化盛期，喷洒 100 亿孢子/毫升苏云金杆菌乳剂 500 倍液。②注意保护利用广大腿小蜂等天敌。③利用桃蛀螟雄蛾对雌蛾释放的性信息素具有明显趋性，采用人工合成的性信息素或拟性信息素制成性诱芯放于田间，诱杀雄虫或干扰雄虫寻觅雌虫交配，使雌虫不育而达到控制桃蛀螟的目的。

2. 桃蛀果蛾[*Carposina niponensis* Walsingham]

桃蛀果蛾又名“桃小食心虫”，简称“桃小”。

危害：以幼虫蛀蚀苹果树、枣、山楂、桃树、李树、杏树、海棠等果树的果实。对仁果类为害，多直入果心为害种子，并串食果肉排粪于其中，俗称“豆沙馅”，幼果受害多呈畸形“猴头果”。对核果类和枣树为害，多于果核周围蛀食果肉，排粪于其中。

寄主：苹果树、枣树、山楂、桃树、李树、杏树、海棠等。

形态特征：

成虫：成虫体灰白至浅灰褐色，雌虫体长 7 ~ 8 毫米，翅展 16 ~ 18 毫米，雄虫体长 5 ~ 6 毫米，翅展 13 ~ 15 毫米。复眼红褐至深褐色，触角丝状。前翅前缘中部有 1 个蓝黑色近三角形的大斑，翅面上有 7 簇黄褐色或蓝褐色的斜立鳞片，顶角显著，缘毛灰褐色。后翅灰色，缘毛较长。

卵：近椭圆形或桶形，初产时橙色，后渐变深红色，以底部黏附于果实上，卵壳具有不规则略呈椭圆形的刻纹，顶部环生 2 ~ 3 圈“Y”状刺毛。

(1)成虫

(2)幼虫

图 2 – 5 – 2　桃蛀果蛾

幼虫：老龄幼虫体长 13 ~ 16 毫米，桃红色，腹部色淡。幼龄幼虫体为淡黄白色。无臀栉。头褐色，前胸背板红褐色，体肥胖。腹足趾钩单序环。

蛹：蛹体长 6.5 ~ 8.6 毫米，初黄白后变黄褐色，羽化前为灰黑色，翅、足和触角部游离。

茧：茧分夏、冬两型。夏茧又称“羽化茧”，纺锤形，质地疏松，包被蛹体，一端留有羽化孔；越冬茧扁圆形，质地紧密，包被老龄休眠幼虫。两种茧外表黏着土砂粒。

生物学特性：北方 1 年发生 1 ~ 2 代，以老熟幼虫在土中结冬茧越冬，树干周围 1 米范围内、3 ~ 6 厘米以上土层中占绝大多数，在堆果场等处亦有部分越冬。越冬幼虫因地区、年份、寄主的不同，出土期而有所不同，一般年份在 6 月中旬至 7 月上旬，有时延续2个月,雨后土壤含水量达10%以上进入出土高峰,干旱(土壤含水量在5%以下)推迟出土。越冬幼虫出土后,在土石块或草根旁1天即可作成夏茧,并在其中化蛹,于7月上旬陆续羽化,至9月上旬结束。羽化交尾后2~3天产卵。成虫昼伏夜出,无明显趋光性。卵孵化后多自果实中、下部蛀入果内,不食果皮,为害20~30天后老熟脱果,入土结冬茧越冬。

防治方法:

(1)在越冬幼虫出土盛期,树冠下培土或覆盖地膜。防止幼虫出土及羽化为成虫。

(2)药剂处理土壤。用辛硫磷微胶囊加水50倍,均匀喷于树冠下。或上述药剂加水5倍拌250倍细土,将毒土均匀撒于树冠下,可取得一定防治效果。

(3)在幼虫出土前,于5月进行果实套袋,减少其为害。

(4)当卵果率达1%~2%时,树上进行药剂防治。常用药剂有:10%天王星2500~3000倍液、30%桃小灵1500~2000倍液、20%灭扫利2000~2500倍液、1.8%阿维菌素2500~3000倍液、2.5%功夫菊酯1500~2000倍液、20%速灭杀丁1500~2000倍液、25%灭幼脲3号1500倍液、20%除虫脲4000~6000倍液等药剂,同时加入农药助剂,防治效果更明显。此外,注意梨园附近堆果场及其他树上(如枣树)的防治。

(5)用性信息素诱杀成虫。

3. 桃仁蜂[*Eurytoma maslovskii* (Nikolskaya)]

危害:幼虫在正在发育的桃核内蛀食,桃仁多被食尽,仅残留部分种皮。被害果逐渐干缩成僵果,或早期脱落。

寄主:桃树、毛桃、杏树、李子树。

(1)幼虫

(2)为害状

图2-5-3 桃仁蜂

形态特征:

成虫:体长6~8毫米,体黑色,前翅部分透明,中间褐色,翅脉简单,近前缘有1条褐色粗脉,后翅无色透明,前半翅有起伏不光滑,后半翅较光滑。

卵：长椭圆形，略弯曲，乳白色，近透明，近孵化时呈淡黄色。

幼虫：乳白色，纺锤形，略扁，稍弯曲。

蛹：纺锤形，乳白色，后变黄褐色，羽化前为黑褐色。

生物学特性：1 年发生 1 代，以老熟幼虫在被害果内越冬。4 月中旬至 5 月上旬化蛹，4 月下至 5 月初为盛期，蛹期 15 天。田间 5 月中旬成虫始见，5 月下旬盛发，卵产于核尚未硬化的幼果内，1 果只产 1 粒，每雌可产百余粒卵。幼虫蛀食桃仁 40 余天，至 7 月中、下旬老熟，幼虫即在果核里越冬。

防治方法：

（1）成虫羽化前，彻底清除受害果，集中深埋或烧毁。

（2）成虫发生期，可喷 80% 敌敌畏乳油或 25% 哇硫磷乳油 1500 倍液。

附 录

附录 1：

淄博市林业局

淄林保字［2014］17 号

淄博市林业局
关于开展全市林业有害生物普查工作的通知

各区县林业局，高新区林业与园林管理处，文昌湖区林业局，市属国有林业场圃：

最近，国家林业局、省林业厅先后下发了关于开展林业有害生物普查工作的通知。根据国家局、省厅的安排部署，结合我市实际，现就如何做好全市林业有害生物普查工作提出以下要求：

一、加强组织领导

开展这次林业有害生物普查，是根据《植物检疫条例》《森林病虫害防治条例》及有关规定，为贯彻落实《国务院办公厅关于进一步加强林业有害生物防治工作的意见》而进行的一项全国性的重大林业决策部署，是全面掌握林业有害生物现状的需要，是满足科学防控和推进生态文明建设的需要。各区县（含高新区、文昌湖区）林业主管部门和局属有关单位要高度重视这项普查工作，充分认识普查的重大意义，统一思想，提高认识，切实加强组织领导。要成立由主管领导任组长、有关领导任成员的普查领导小组，负责普查工作的组织和领导，协调处理普查工作中的重大问题，保证我市林业有害生物普查工作顺利开展和整体推进。

二、制定普查方案

各调查单位要结合本地实际，进行调查摸底，制定具体可操作性强的当地林业有害生物普查工作方案和技术方案，并于 2014 年 12 月 19 日前报市林业局。普查工作共分为三个阶段，2014 年 10 月 10 日至 2015 年 2 月 28 日为前期准备阶段，各单位要成立领导小组、技术小组，组建调查队伍，筹集普查经费，收集相关资料，购买所需仪器、设备、工具；2015 年 3 月 1 日至 2016 年 2 月 29 日为外业调查阶段，各单位要完成本辖区外业调查、标本采集、有害生物信息采集处理等工作；2016 年 3 月 1 日至 7 月 31 日为汇总评估阶段,各调查单位要汇总和编辑整理各类数据资料,完成普查工作报告、技术报告等文字材料。

三、组建普查队伍

这次普查,需调查的林业有害生物种类繁多,其中需重点调查的全国林业检疫性有害生物14种,山东省林业危险性有害生物108种,山东其他林业有害生物232种。人员调配、种类鉴定、标本采集制作保存是调查工作的重点难点。特别是人员素质和技能水平关乎调查质量和成效。为保证基本的调查人员队伍,每个单位至少组建3人以上的调查队。鲁山林场、原山林场要组建专职调查队。市铁山园艺场、市林木良种繁育场、市苗圃要落实监测观察人员,并开展标本采集工作。所有调查队员应于2014年12月19日前组建完成并上报名单,骨干队员参加省统一组织的培训。

四、落实普查经费

普查经费由市、区(县)分级负责,各区县(含高新区、文昌湖区)要积极争取当地财政部门支持,将普查经费列入预算,并迅速采购工作开展所需的仪器、设备、工具,保证普查工作能够顺利开展。

五、严格材料报送

各调查单位于2016年7月30日前,将普查技术报告、工作总结、风险评估结果、普查结果汇总表、林业有害生物生物学照片(每种一套)、生活史标本、重点物种观测记录整理材料等报市林业局。不得虚报、拒报、迟报、瞒报普查材料,不得伪造、篡改普查数据。对涉及的疫情材料和数据,要按照有关规定报批处理。各调查单位及调查人员要积极采集、拍摄有关调查对象的标本图片,各普查单位采集上报生活史标本/照片数量如下:博山区、临淄区、淄川区、沂源县50/130种(套)以上;张店区、周村区、桓台县、高青县40/110种(套)以上;高新区、文昌湖区30/50种(套)以上;市属鲁山、原山林场80/100(套)种以上,各单位要对辖区内特色树木上的林业有害生物进行重点调查和观测记录,形成生活史观测记录文字材料。为编印《淄博市林业有害生物》(暂定名)提供稿件素材。

附件:淄博市林业有害生物普查工作实施方案

淄博市林业局

2014年11月28日

附件

淄博市林业有害生物普查工作实施方案

根据《植物检疫条例》和《森林病虫害防治条例》有关规定，为贯彻落实《国务院办公厅关于进一步加强林业有害生物防治工作的意见》（国办发[2014]26号）精神，按照《国家林业局关于开展全国林业有害生物普查工作的通知》（林造发[2014]36号）、《山东省林业厅关于开展全省林业有害生物普查工作的通知》（鲁林保字[2014]299号）的要求和部署，结合淄博市实际，制定本工作方案。

一、普查的目的和意义

通过组织和开展全市林业有害生物普查（调查），查清我市林业有害生物种类、分布、为害、寄主植物等方面的基本情况，创建全市林业有害生物数据库，为科学制定防治规划，有效开展预防和治理，维护林木资源和国土生态安全，提供较为全面、准确、客观的林业有害生物翔实信息。

二、普查组织领导及工作职责

市林业局成立全市林业有害生物普查工作领导小组（以下简称“领导小组”），领导小组下设办公室，组建专家技术组。

（一）领导小组

组　长：于秀栋（市林业局局长）

副组长：王允刚（市林业局副局长）

杨　刚（市林业局总工程师）

王慧真（市林业局副调研员）

成　员：戴诗玮（市林业局办公室主任）

李成业（市林业科学研究所所长）

王俊亮（市森林病虫害防治检疫站站长）

单保爽（市果树技术推广站站长）

侯乐明（市林业站站长）

董永刚（张店区绿化委员会办公室主任）

李丰云（淄川区林业局副局长）

孙思维（博山区林业局副局长）

张　军（周村区林业局党组成员）

李凌云（临淄区林业局副局长）

陈维学（桓台县林业局副局长）

彭红英（高青县林业局党组成员）

张宗刚（沂源县林业局副局长）

罗光刚(高新区林业与园林管理处副主任)

王万橦(文昌湖区地方事业局科长)

李　兵(市鲁山林场副场长)

贾万利(市原山林场总工程师)

寇宗耀(市铁山园艺场副场长)

徐海涛(市林木良种繁育场场长)

王新峰(市鲁山林场副场长、市苗圃主任)

领导小组的主要职责:

1. 领导和组织实施全市林业有害生物普查工作;

2. 落实林业有害生物普查工作资金;

3. 组织专业技术人员制订林业有害生物普查工作实施方案和技术方案;

4. 研究和解决普查所需的人才队伍、标本制作实验室及标本存放场所;

5. 审定和发布林业有害生物普查信息和成果。

(二)领导小组办公室

领导小组办公室设在市森林病虫害防治检疫站。

主　任:王俊亮

领导小组办公室的职责:

1. 针对普查工作中的组织领导、技术培训、人员调配、办公用房、资金保障、普查工具及仪器设备等重大问题提出解决思路和建议办法,报领导批准同意后组织实施;

2. 编制全市林业有害生物普查工作实施方案和技术方案;

3. 协助各区县及市属林场编制林业有害生物普查工作实施方案和技术方案;

4. 组织实施市级林业有害生物普查专业队的实地调查工作;

5. 编写全市林业有害生物普查工作报告和技术报告;

6. 完成领导小组和上级业务部门交办的其他工作。

(三)专家技术组

本次林业有害生物普查专业性和技术性强,标准要求高,工作量及技术难度大,需要成立专家技术组。

组　长:王俊亮(市森林病虫害防治检疫站站长、高级工程师)

副组长:于爱萍(市森林病虫害防治检疫站支部书记、高级工程师)

赵　杨(市森林病虫害防治检疫站工程师)

成　员:刘建强(张店区森林植物保护检疫站站长、助理农艺师)

孟庆华(淄川区林果技术服务站农艺师)

张建福(博山区林业技术推广服务站高级工程师)

刘玉亭(周村区林业站农艺师)

朱卫国(临淄区林业局森保科科长)

杨晓芹（桓台县森林保护站站长、工程师）

彭红英（高青县林业局党组成员）

田永峰（沂源县林木和野生动（植）物保护站站长）

隽金忠（高新区林业与园林管理处生态恢复办主任）

王万橦（文昌湖区地方事业局科长）

专家技术组的主要职责：

1. 研究制定普查技术方案及有关技术文件；

2. 为普查工作开展和顺利实施提供科技指导协调，研究处理普查过程中的技术问题；

3. 负责组织实施普查有关的培训和种类鉴定；

4. 负责起草全市林业有害生物普查技术报告；

5. 负责市级调查队标本采集、制作、保存，影像资料的录制及管理等；

6. 督促市属林场成立专业调查队，开展实际调查工作；

7. 为编印《淄博市林业有害生物》积累和提供原始素材；

8. 根据需要，可邀请协商山东理工大学生命科学学院参与调查工作。

（四）市级专业调查队

王俊亮（市森林病虫害防治检疫站站长、高级工程师）

于爱萍（市森林病虫害防治检疫站高级工程师）

赵　杨（市森林病虫害防治检疫站工程师）

成方永（市森林病虫害防治检疫站经济师）

赵秀美（市森林病虫害防治检疫站工程师）

姚志诚（市森林病虫害防治检疫站助理工程师）

市调查队计划在市铁山园艺场、市苗圃（高青花沟）、市林木良种繁育场设立固定观测实验点，负责开展野外实际调查和内业材料起草整理，巡回指导和联合区县及市属林场调查队开展外业调查及内业整理工作。

三、普查时间安排

本次普查自2014年10月10日开始，到2016年12月31日结束。普查工作分为前期准备、外业调查、内业整理及汇总评估三个阶段。

（一）前期准备阶段

各区县（含高新区、文昌湖区）、局属有关单位准备阶段，2014年10月10日至2015年2月28日：

1. 成立普查工作领导小组、专家技术小组；

2. 组建普查队伍。各区县（含高新区、文昌湖区）、市属鲁山、原山林场组建专业调查队；

3. 制定普查工作方案和技术方案；

4. 筹集普查经费。各区县(含高新区、文昌湖区)将普查所需经费列入财政预算,确保普查工作正常开展;

5. 开展技术培训和宣传工作;

6. 收集资料。收集当地林业有害生物的种类、分布和发生为害情况等多方面的现实和历史资料,为普查工作做好充分准备;

7. 申报采购普查所需仪器、工具、材料、试剂。主要包括专业书籍(可用平板电脑存入电子书籍)、采集箱包、测绳、手电筒、卷尺、胸径尺、地形图、海拔仪、定位仪、GPS、摄像机、相机、诱虫灯、诱捕器、放大镜、高枝剪、捕虫网、活虫采集笼、锯、铲、刀采集袋、毒瓶、指形管、镊子、昆虫针、标本盒、三角袋、三级板、整姿台、展翅板、标本纸、标本夹、标签、量筒、量杯、脱脂棉、标本橱等,试剂包括乙醇、乙酸乙酯、福尔马林、甲醛、冰醋酸、蒸馏水、醋酸钾、醋酸铜、白糖等,另外需准备野外帐篷、工作服、胶鞋、防蚊头罩、手套等劳保用品;

8. 落实标本制作实验室及标本储存室。

(二)外业调查阶段

从2015年3月1日开始,到2016年2月29日结束。完成本辖区外业调查、标本采集、有害生物信息采集与处理等工作。

(三)汇总评估阶段

从2016年3月1日开始,到2016年7月31日结束。

1. 补充采集制作生活史标本;

2. 汇总和编辑整理各类数据(含影像资料);

3. 完成主要林业有害生物的标本制作、完善种类鉴定、外业的补充调查;建立和完善标本室(含影像资料);

4. 对发生面积10万亩以上的林业有害生物种类要编写风险评估报告;

5. 对2003年以来从国(境)外或省级行政区外传入的林业有害生物种类要编写风险评估报告;

6. 完成普查工作报告、技术报告;

7. 完成《淄博市林业有害生物》初稿。

四、普查方法

调查采用定点观测、采集、线路踏查标准地调查等方式进行。因地制宜确定标准地、观测点、调查方法及调查技术;国家级、省级测报点在踏查和标准地调查基础上,使用诱虫灯和引诱剂辅助调查。

五、标本采集和影像拍摄

在调查过程中,要采集、制作、保存林业有害生物标本并进行影像资料录制拍摄。同时对采集的标本及时进行分类鉴定,做好采集记录。对不能识别确定的林业有害生物种类,要及时与专家、教授及有关技术人员联系、鉴定。同一种类的标本采集数量每个物种最好不低于5件(套)。

六、林业有害生物鉴定

林业有害生物鉴定采取采集现场鉴定、室内鉴定及网上专家鉴定相结合的方法，以传统形态学方法为主要鉴定技术，结合现代分子生物学手段。调查队要按照技术方案细则完成各种普查对象的鉴定工作。疑难种类的采集、保存、培养、鉴定工作细则见普查工作技术方案。疑难物种的分离培养和分子生物学鉴定委托山东农业大学和青岛农业大学负责。

七、数据整理和普查材料报送

各调查队要按照技术方案认真开展调查，规范、科学、准确填报各类表格，逐级上报。各区县（含高新区、文昌湖区）、市属鲁山、原山林场要建立本地林业有害生物标本库和影像资料数据库，为指导生产实践服务。各调查单位普查工作报告、技术报告、风险评估报告、标本及影像资料，于2016年7月30日前报市调查队，汇总整理后上报省林业厅。

附录 2：

淄博市林业局

淄林保字［2016］9 号　　　　签发人：于秀栋

淄博市林业局
关于全市林业有害生物普查
工作情况的报告

山东省林业厅：

为深入贯彻落实《国务院办公厅关于进一步加强林业有害生物防治工作的意见》（国办发［2014］26 号）和《国家林业局关于开展全国林业有害生物普查工作的通知》（林造发［2014］36 号）等文件精神，按照《山东省林业厅关于开展全省林业有害生物普查工作的通知》（鲁林保字［2014］299 号）、《山东省森林病虫害防治检疫站关于印发全省林业有害生物普查汇总工作方案的通知》（鲁林保函字［2016］17 号）等有关文件的要求和部署，我市积极筹备，认真组织，普查工作自 2014 年 11 月中旬开始，2016 年 9 月 25 日结束，现将普查工作开展情况总结如下：

一、组织领导和组织形式

（一）组织领导

1. 普查工作领导小组

市林业局专门成立全市林业有害生物普查工作领导小组（以下简称“领导小组”），市林业局局长、党委书记于秀栋担任组长，市林业局副局长王允刚、总工程师杨刚、副调研员王慧真担任副组长，领导小组成员由市林业局办公室、市林业站、市野生动植物保护站、市果树技术推广站、市林业科学研究所负责人及各普查单位分管负责人组成，领导和组织实施全市林业有害生物普查工作，落实林业有害生物普查工作资金，定期组织领导小组会议，调度普查工作进展，解决存在的问题。全市五区三县、高新区、市鲁山林场、市原山林场均成立了普查工作领导小组,领导辖区林业有害生物普查工作。

2. 普查工作专家技术组

为做好技术指导工作,市林业局成立全市林业有害生物普查专家技术小组,市野生动植物保护站站长王俊亮担任组长,党支部书记于爱萍、副站长赵杨任副组长,各普查单位技术负责人担任技术组成员,研究制定普查技术方案及有关技术文件,为普查工作的开展和顺利实施提供科技指导,研究处理普查过程中遇到的技术问题,负责组织实施普查相关的培训等问题。全市五区三县、高新区、市鲁山林场、市原山林场均成立了普查工作专家技术小组,负责辖区林业有害生物普查技术工作。

3. 调查队

为做好普查工作,市林业局成立两支调查队伍。Ⅰ队由市野生动植物保护站王俊亮、于爱萍、赵秀美、赵杨、成方永、姚志诚6 人组成;Ⅱ队由普查中标公司聘请 5 名技术人员组成,在市铁山园艺场、市苗圃(高青花沟)、市林木良种繁育场设立固定观测实验点,负责开展野外调查和内业材料起草整理,巡回指导和联合各普查单位调查队开展外业调查及内业整理工作。全市五区三县、高新区、市鲁山林场、市原山林场也先后成立各自的调查队伍,开展外业调查工作。全市共成立调查队 13 支,调查人员六十余人。

市林业有害生物普查工作领导小组先后转发《国家林业局关于开展全国林业有害生物普查工作的通知》(林造发[2014]36 号)、《山东省林业厅关于开展全省林业有害生物普查工作的通知》(鲁林保字[2014]299 号)、《山东省森林病虫害防治检疫站关于印发全省林业有害生物普查汇总工作方案的通知》(鲁林保函字[2016]17 号),制定下发了《淄博市林业局关于开展全市林业有害生物普查工作的通知》(淄林保字[2014]17 号)、《淄博市林业局关于转发山东省森林病虫害防治检疫站鲁林保函字[2016]17 号文件的通知》(淄林保字[2016]6 号)等文件,在外业调查、内业汇总期间前后组织召开会议 14 次,巡回督导 3 次,对外业调查、内业整理、普查管理系统数据输入等提出具体要求和时间表,推动普查工作分阶段按时完成。

(二)组织形式

为做好本次普查工作,市林业局在依托本部门完成普查任务的同时,采取公开招标的方式,联合淄博毓泽龙庭农林发展有限公司,负责为各普查单位提供技术支撑、开展市级外业调查任务、市级内业汇总等工作。该公司外聘 2 名相关专业的博士研究生、1 名硕士研究生加入普查团队,使我市普查技术力量得到加强。

二、普查方案制订

(一)市林业有害生物普查方案制订情况

根据国家林业局、省林业厅林业有害生物普查工作统一部署,市林业局认真学习通知要求、工作方案、技术方案,于 2014 年 11 月 28 日制定下发《淄博市林业局关于开展全市林业有害生物普查工作的通知》(淄林保字[2014]17 号),将全市普查工作分为三个阶段:2014 年 10 月 10 日至 2015 年 2 月 28 日为前期准备阶段,各单位要成立领导小组、技术小组，组建调查队伍，筹集普查经费，收集相关资料，购买所需仪器、设备、工具；2015 年 3 月 1 日至 2016 年 2 月 29 日为外业调查阶段，各单位要完成本辖区外业调查、标本采集、有害生物信息采集处理等工作；2016 年 3 月 1 日至 7 月 31 日为汇总评估阶段，各调查单位要汇总和编辑整理各类数据资料，完成普查工作报告、技术报告等文字材料。市林业有害生物普查工作专家技术组 8 月集中完成全市林业有害生物普查内业整理工作。

（二）下级普查单位林业有害生物普查方案制订情况

市林业有害生物普查工作领导小组要求各普查单位结合本地实际，进行调查摸底，制定具体可操作性强的当地林业有害生物普查工作方案和技术方案，并于 2014 年 12 月 19 日前报市林业局。根据这一统一安排，全市五区三县、高新区、市鲁山林场、市原山林场均按时制订了本级《林业有害生物普查工作方案》《林业有害生物普查技术方案》，将普查工作划分三个时段，制订各时段目标任务，落实相关人员的责任。

三、普查经费及物资筹备

（一）普查经费

为顺利完成本次普查工作，全市共投入林业有害生物普查资金 169.11 万元。其中省级投入 20 万元，市级投入 28 万元，各普查单元自筹 121.11 万元。

1. 省级投入

省林业有害生物普查资金共计 20 万元，按照 10 个调查单元、每个调查单元补助 2 万元标准进行投入。

2. 市级投入

市林业有害生物普查共投入 28 万元，其中投入 9 万元用于公开招标确定淄博毓泽龙庭农林发展有限公司作为全市普查技术合作单位，协助市调查队开展普查工作；投入 2 万元，购买了一批普查工具、仪器、药剂；投入 2 万元，自费组织普查技术人员参加全省林业有害生物普查技术培训；投入 3 万元，用于市级调查队外业调查、督导指导等交通、食宿方面的花费；投入 12 万元，用于编辑出版《淄博市林业有害生物》书籍。

3. 各普查单位投入

市级以下普查单位自筹资金 121.11 万元，用于林业有害生物普查购买社会服务、普查物资、外业调查交通费、食宿费、人员补助费、内业汇总整理等工作。其中张店区投入 5 万元，淄川区投入 4.8 万元，博山区投入 7.7 万元，周村区投入 2.01 万元，临淄区投入 17 万元，桓台县投入 8 万元，高青县投入 12 万元，沂源县投入 21.5 万元，高新区投入 33 万元，市鲁山林场投入 2 万元，市原山林场投入 8.1 万元。

（二）物资筹备

根据市林业有害生物普查工作领导小组统一安排，全市12 个普查单位共设立标本制作实验室 12 间、标本储藏室 12 间，准备数码相机 15 台，固定 12 辆专车作为普查专用交通工具，根据普查技术方案要求，购置了标本橱、GPS、双目生物显微镜、高枝剪、昆虫采集铲钗耙、扫网、带光源放大镜、镊子、多用刮树挠、折叠锹、毒瓶、活虫采集养虫管、捕虫网、养虫笼、三级台、固定展翅板、标本钳、昆虫标本盒、昆虫针、载玻片、手锯、皮盒布卷尺、福尔马林、乙酸乙酯、脱脂棉、乙醇等工具及药剂。

四、技术培训情况

(一)参加全省林业有害生物普查技术培训情况

2014 年 11 月 18 ~ 20 日,全省林业有害生物普查技术培训班在我市淄博饭店开班,在省森防站的支持下,除省计划分配给我市的 22 个参训名额外,市林业局又投入资金 2 万余元,额外增加 21 名计划外学员参加培训,全市共计 43 名技术人员参加了省林业有害生物普查培训班。

本次培训采取集中授课与野外实习相结合的形式,开设四门室内课,分别是"昆虫分类及主要类群特征识别"(顾耘教授主讲)、"昆虫标本采集与制作"(顾耘教授主讲)、"林木病原生物普查技术"(刘振宇教授主讲)、"林业有害生物拍摄技术"(王爱平高级工程师主讲),原计划在我市高新区花山开展的野外实习,因季节和天气原因临时取消。通过本次集中培训,我市 43 名参训学员提高了普查专业技能,基本具备了开展普查工作的知识储备,为我市普查工作奠定了坚实的基础。

(二)举办全市林业有害生物普查管理系统培训

2016 年 7 月 28 日,省森防站在烟台市举办全省林业有害生物普查管理系统应用培训班。此次培训主要为各市培训师资人才,省站要求参加培训人员必须能够承担本市培训任务,经市普查工作领导小组研究,挑选两名骨干技术人员参加了培训。

2016 年 8 月 4 日,在市林业局九楼会议室举办全市林业有害生物普查管理系统应用培训班。培训从林业有害生物普查汇总的目的和意义、林业有害生物普查汇总的任务和要求、林业有害生物普查管理系统的应用操作三个方面对全市负责内业整理汇总工作的 26 名技术人员进行了专门的培训,并开展了实践操作。通过本次培训,为全市规范普查数据汇总与上报流程,确保普查成果的统一性和完整性奠定了坚实基础。

五、督导检查及验收

(一)外业调查阶段督导检查

1. 编辑普查旬报,加强沟通交流

从 2015 年 4 月至 10 月上旬,市普查工作专家技术组每 10 天编辑一期普查旬报,通报全市各普查单位工作开展情况,共编辑旬报 18 期。通过旬报的编制和有关数据通报,各普查单位相互沟通和了解,相互学习和借鉴,起到了良性竞争的作用。

2. 组织调查队,每月联合开展外业调查

市调查队每月根据普查工作需要前往各普查单位开展联合外业调查和督导工作,指导和协调外业调查中出现的问题。利用与合作技术单位共同普查的机会,与各普查单位共同研讨普查存在的具体问题,并尽可能给各普查单位提供技术指导。

3. 定期督导检查，推进外业调查进度

市普查工作领导小组在外业调查阶段，按照每季度1次的频度，于2015年5月下旬、8月下旬、11月下旬、2016年2月下旬对各普查单位外业调查工作开展督导检查，听取各普查单位领导小组工作进展情况汇报，检查外业调查成果，协调解决外业调查工作中出现的问题。

（二）内业整理阶段督导检查

1. 开展巡回督导工作

市林业有害生物普查工作领导小组于2016年5月下旬、7月下旬分两次前往各普查单位，开展巡回督导工作，听取各普查单位领导小组内业整理工作进展汇报，协调各普查单位内业汇总出现的问题。

2. 召开会议，开展内业集中整理工作

市林业有害生物普查工作专家技术组于2016年5月上旬、7月上旬召开两次会议，组织各普查单位内业汇总技术人员携带笔记本电脑、普查资料，开展内业集中整理工作，沟通和交流在内业整理中存在的具体问题，统一内业完成标准。

3. 邀请省林业有害生物普查技术组专家来我市集中鉴定

我市普查到的种类繁多，依靠自己鉴定较为困难，为此，市普查工作专家技术组特别邀请省专家技术组来我市开展种类集中鉴定工作。2016年8月10～13日，由省林业厅森防站主任科员张秋梅、山东农业大学刘振宇教授、青岛农业大学顾耘教授和王思芳老师、山东师范大学刘腾腾博士、泰山职业技术学院马雪莉老师及5名相关专业大学生一行13人来到我市鲁山林场，现场为我市集中鉴定，并开展野外调查和采样工作，专家组现场确认种类近100种，又带回部分现场无法鉴定的种类分工鉴定，极大提高了我市普查工作质量。

（三）验收工作

1. 对购买社会服务单位的验收

对普查合作单位淄博毓泽龙庭农林发展有限公司的检查验收，贯穿于整个合作期间。通过开展联合外业调查，巡回指导各下级普查单位，听取阶段性汇报等方式，市林业有害生物普查工作专家技术组加强沟通联系，定期调度进展情况，推动普查工作顺利进行。

2016年9月20日，根据合同有关约定内容，市普查工作领导小组对服务内容逐一验收检查，因普查成果还需提交省林业厅审核，决定待省林业厅检查验收合格通过后，再履行甲方责任，完成资金支付。

2. 对下级普查单位验收工作

市林业有害生物普查工作领导小组于2016年8月4日在市林业局会议室召开会议，组织第1次成果验收工作。各普查单位按要求提交了影像资料、生活史标本、工作总结、技术报告、主要林业有害生物分布图，市普查工作专家技术组对各普查单位提报的成果进行审阅,提出修改意见开展整改工作。

2016 年 9 月中旬,市林业有害生物普查工作领导小组下发通知,开始逐一对普查单位开展验收工作,前往各普查单位听取各普查单位普查工作汇报,检查标本制作情况、原始记录表、普查汇总表、普查工作总结、技术报告、主要林业有害生物分布图、影像资料库等成果,现场提出第二次修改意见。

2016 年 9 月 26 日,市普查工作领导小组召开普查工作总结大会,接收各普查单位最终普查成果,分类归档,对全市普查工作进行总结。

六、普查成果

全市共设立踏查线路 218 条,累计完成踏查里程 46403 千米。设立标准地 46 个,调查面积 76677 平方米,代表面积 20 万公顷。外业调查覆盖除文昌湖区外所有行政区域。

全市普查到林业有害生物 667 种,其中病害 128 种,虫害 534 种,有害植物 5 种(详情见表 1)。另有部分种类因未确定种类名称未录入系统。共制作标本约 680 种 5300 余件,其中有 18 种完整生活史标本。拍摄了 600 余种 1 万余张林业有害生物生物学、形态学及为害状等影像资料。另外,我市临淄区普查发现 3 种国内新记录种(经山东农业大学何邦令教授初步鉴定):香椿干象、雪松腐烂病、小叶病(白蜡、青桐、丁香、大叶女贞)。

表 1　淄博市林业有害生物普查种类统计表

序号	普查单位	种类总计	病害种类	虫害种类	鼠害种类	有害植物
1	张店区	42	12	30	0	0
2	淄川区	120	12	108	0	0
3	博山区	62	12	50	0	0
4	周村区	105	24	81	0	0
5	临淄区	235	53	181	0	1
6	桓台县	47	15	32	0	0
7	高青县	94	36	58	0	0
8	沂源县	75	1	74	0	0
9	高新区	159	10	149	0	0
10	文昌湖区	0	0	0	0	0
11	鲁山林场	288	23	261	0	4
12	原山林场	76	1	75	0	0
	淄博市	668	128	535		

七、存在问题和建议

(一)存在的问题

1. 种类鉴定较为困难

林业有害生物种类鉴定专业技术性非常强,很多虫害形态特征非常相似,公开资料少,难以确定具体种类。还有很多病害受限于病原采集、保存、鉴定的技术要求、成本,鉴定人员大多凭为害特征、主观经验得出结论,未进行病原分离鉴定。

2. 普查种类重虫害,轻病害、草害、鼠害

受限于基层技术人员专业技能水平较低,普查过程中往往较为重视虫害,对病害、草害、鼠害等识别水平较低,因此普查到的病害、草害、鼠害种类比较少。

3. 普查种类存在缺失漏洞

普查工作伊始,技术人员主观判断需要将普查到的种类拍照、整姿、定型、做标本,体形较小的种类会产生繁重、困难、复杂的工作量,大部分普查技术人员主观上将小于1厘米,特别是小于0.5厘米的小型种类人为忽略了。事实上,在这一体形区间存在很多林业有害生物种类,因此人为因素造成本次普查种类的缺失漏洞。

4. 普查覆盖不够全面

普查强度和广度没有达到预期,在坚持全面普查的前提下,精力还是较多地集中在主要交通干道周边片林,树种集中于杨树和道路绿化树种,山区树种丰富的防护林、封山或杂木林涉及较少,经济林普查到的有害生物种类也较少。

5. 标本制作和保存质量不高

本次普查技术人员大都是第1次参加林业有害生物普查,虽然经过了集中培训,但都没动手实践学习过标本制作、保存,因此,一些带颜色的标本、幼虫标本,制作较为困难,成虫展翅、整姿做得不够好,质量不够高。另外制作好的标本保存也是个问题,很多普查单位标本未经消毒、通风等处理,在提交之前已经损坏。

6. 普查资金投入不足

部分普查单位资金投入不足,仪器工具不够,特别是微距镜头较为昂贵,无法购买,导致很多普查到的种类照片质量不高。外业调查、夜晚灯诱等缺乏必要的食宿、交通补助费用,致使外业工作量不足。

(二)建议

1. 将林业有害生物普查工作纳入常规,及时充实、更新林业有害生物数据库

充分利用各级测报点、监测人员队伍,将普查工作与日常测报、防治等经常性工作

结合，不断积累、更新普查种类，更新林业有害生物数据库。

2. 提高森防人员专业素质，尤其是种类识别鉴定水平

加大测报、防治、检疫等工作培训力度，利用培训机会，普及种类识别、鉴定技术，根据需要发放、学习林业有害生物种类识别、鉴定书籍、培训教材，切实提高森防人员对林业有害生物种类识别和鉴定的水平。

3. 修订和完善普查技术方案，合理分工，提高普查质量

总结本次普查经验教训，完善技术方案，进行合理分工，进一步明确普查种类，对技术性要求较强的病害、小型虫害，可完全交由大学、科研机构开展，各级森防队伍负责常规性病虫害种类，提高普查工作质量。

淄博市林业局

2016 年 9 月 29 日

淄博市林业局办公室　　2016 年 9 月 29 日印发

附录 3：

淄博市林业有害生物普查

技

术

报

告

淄博市林业局

二〇一六年九月

目　录

淄博市林业有害生物普查技术报告

根据国家林业局、山东省林业厅统一部署，我市于2014年10月至2016年9月组织开展林业有害生物普查，普查工作分三个阶段进行：2014年10月10日至2015年2月28日为前期准备阶段，全市12个普查单位通过成立领导小组、技术小组，组建调查队伍，筹集普查经费，收集相关资料，购买所需仪器、设备、工具，完成了相关准备工作。2015年3月1日至2016年2月29日为外业调查阶段，各普查单位通过对各自辖区的外业调查、标本采集、有害生物信息采集处理，初步完成了外业调查。2016年3月1日至9月20日为汇总评估阶段，在各调查单位汇总和编辑整理各类数据资料、完成普查工作报告、技术报告等文字材料的基础上，市林业有害生物普查工作专家技术组最终完成了全市林业有害生物内业汇总工作，全面查清了我市林业有害生物种类、分布、为害、寄主植物等方面的基本情况，建立了我市林业有害生物数据库。

一、森林资源概况

淄博市位于山东省中部，南依沂蒙山区，北临华北平原，东接潍坊，西与省会济南接壤，市域形态南北狭长，南北最大纵距151千米，东西最大横距87千米。是国务院批准的山东半岛经济开放区城市和“较大的市”。同时，在全省“两区一圈一带”的战略布局中，被确定为省会城市群经济圈“次中心”城市、全省东西部融合发展的枢纽城市。近年来，淄博市先后获得中国优秀旅游城市、国家卫生城市、全国文明城市、国家园林城市、全国绿化模范城市、国土绿化突出贡献单位等荣誉称号。2014年9月25日，“2014中国城市森林建设座谈会”在淄博市成功召开，全国绿化委员会、国家林业局在会上授予淄博市等17城市“国家森林城市”称号，进一步肯定了淄博市城市绿化工作取得的巨大成就。

(一)地理位置

淄博市地处鲁中腹地，在济南、东营、潍坊、临沂、泰安、莱芜、滨州等6个地级市的环绕之中，与惠民、滨城、博兴、广饶、青州、临朐、沂水、蒙阴、新泰、钢城、莱城、章丘、邹平等13个县(市、区)接壤。位于北纬35°55′20″~37°17′14″，东经117°32′15″~118°31′00″之间，南北最大纵距为151千米，东西最大横距为87千米，总面积5965平方千米。

(二)地势地貌

淄博市地处华北地台鲁西台北斜鲁中隆断区的北缘，为一向斜构造，称“淄博向斜”。构造特征是褶皱平缓舒展而不甚发育，除较高一级的“淄博向斜”外，其他系与

"淄博向斜"相伴生的次级小型褶皱;区内断层构造较为发育,尤以张性正断层为甚,纵横切割。岩浆岩石分布面广,并具有多期活动的特点。主要有金岭闪长岩杂岩体、昆仑辉长岩体等。

(三)气候类型

淄博市属暖温带半湿润大陆性季风气候区,气候温和,光照充足,热量丰富,四季分明,干燥度1.05~1.32。春季干燥多风雨量少,夏季高温多雨,秋季天气清爽,冬季寒冷干燥。全市平均气温11.9~13.2℃,平均12.7℃,7月最热,平均26.3℃,1月最低,平均-3.1℃,气温年较差29.4℃,年极端最高气温42.1℃,极端最低气温-23.2℃。大于0℃的年积温为4577~4961℃,平均4812℃。年日照时数为2501~2975小时,平均2570.6小时。太阳辐射量每平方米5094~5354千焦,全市初霜出现在10月7~25日,平均日期为10月21日,终霜期为4月21日至5月10日,平均日期为5月4日,无霜期为195天。淄博市多年平均年降水量564~698毫米,平均为636毫米,在省内属降水较少的地区。

(四)土壤种类及分布

淄博市土地总面积59.38万公顷,其中土壤面积51.74万公顷,按土地形态划分,在总土地面积中,山丘、涝洼、平原、荒滩、水面各占45.2%、13.8%、33.2%、6.7%、1.1%;按土壤种类划分,主要有棕壤、褐土、砂姜黑土、潮土、盐土,分别占13.6%、62.5%、7.5%、16.2%、0.2%;棕壤主要分布在南部山区,沂源县的北部、东北部、西南部和博山区的南部;褐土是淄博市最主要的土壤,除高青县以外各区县都有分布;砂姜黑土主要分布在胶济铁路以北,小清河以南的低洼地带,以临淄区面积最大;潮土分布在北部冲积平原区,主要分布在高青县和桓台县;盐土面积最少,是高青县的特色土壤,其他区县没有分布。

(五)河流及水资源

淄博市的河流分为小清河、大汶河、沂河、弥河四大水系,属黄河、淮河两大流域,均为雨源型河流。小清河水系的主要河流有淄河、孝妇河、乌河、东猪龙河、支脉河等;大汶河水系的主要河流有新汶河、汶河、牛角河;沂河水系主要河流有沂河;弥河水系的主要河流有弥河。全市具有独立性流域的河流16条,流域面积大于100平方千米的河流30余条,平均河网密度为0.21千米/平方千米,黄河、小清河属过境河流,黄河过境高青县,境内长53.2千米,小清河流经桓台、高青两县6个乡镇,单堤长度61.4千米,淄博市主要河流有黄河、小清河、淄河、孝妇河、乌河、东猪龙河、支脉河、沂河8条。

从水资源来看,淄博市是我国北方严重缺水的地区之一,当地淡水资源总量15.70亿立方米,占全省水资源总量的5.10%,随着经济社会的快速发展和城市化水平的不断提高,水资源供需矛盾将日趋加剧。

(六)植物资源

淄博市位于我国暖温带落叶阔叶林区,加上地势起伏较大,植物资源较为丰富。据调查，全市共有植物156科、208属、1645种。其中，木本植物98科、159属、600多个种和变种。用材树生长良好的有毛白杨、黑杨类、泡桐、柳树、刺槐、白榆、松类、栎类、侧柏、枫杨、银杏、国槐、臭椿、苦楝等，计有100多个树种；经济树种主要有苹果树、梨树、桃树、葡萄、杏树、李树、樱桃、山楂、核桃、枣树、板栗、柿树、石榴、花椒、香椿、桑树、柴穗槐、白蜡、杞柳等计60多个树种；观赏树有50余种，主要有雪松、银杏、圆柏、龙柏、法桐、国槐、龙爪槐、蜡梅、棣棠、玉兰、樱花、迎春、榆叶梅、珍珠梅、绣线菊、连翘、黄杨和女贞等；药用植物较为珍贵的有何首乌、白首乌、连翘、远志、酸枣仁等。我市现有古树名木580株(群)，分属29科、43属，以国槐、侧柏、银杏、流苏、元宝枫、黄连木为主。树龄以300年以上的居多，其中，具有上千年历史的唐槐2株，具有800年历史的侧柏1株。目前全国发现的唯一1株"叶籽银杏"现生长于沂源县国有织女洞林场，该树枝叶繁茂，其中大约五分之一的果实生长在扇形叶片上，具有极高的植物学研究价值。

(七)野生动物资源

淄博市野生动物资源比较丰富，有25目、55科、148种。兽类资源只有中小型兽类，如狼、狐、花面狸、獾、黄鼬、豹猫等。其中黄鼬、豹猫为省级保护动物。哺乳动物类计有5目、12科、37种。食虫目有刺猬，翼手目有大、小菊头蝠；食肉目有狼、狐、豺；兔形目有野兔；啮齿目有黑线姬鼠、小家鼠等。爬行动物类计有2目、6科、13种。龟鳖目有中华鳖及乌龟；有鳞目有无蹼壁虎、山地麻蜥、丽斑麻蜥、虎斑游蛇、黄脊游蛇、红点锦蛇及白条锦蛇等。两栖动物类计有1目、3科、7种，同属无尾目，有花背蟾蜍、金线蛙、北方狭口蛙等。鱼类资源及其他水生动物计21种。其中，野生鱼类有鲤鱼、鲫鱼、黑鱼、鲇鱼、黄鳝、黄颡鱼、泥鳅、白鲦、鳙鱼、麦穗鱼等11种；人工养殖的鱼类有草鱼、鲢鱼、鲂鱼、罗非鱼、虹鳟鱼、银鱼、鲤鱼、鲫鱼等10种。鸟类资源非常丰富。全市共有鸟类资源265种(含人工饲养品种)，其中留鸟品种共38种。

(八)湿地资源、自然保护区及森林公园

根据第二次全市湿地资源调查统计的最新数据，全市现有湿地面积为13578.96公顷，包括3个湿地类别。其中，人工湿地6019.25公顷，占湿地总面积的44.3%；河流湿地为6283.07公顷，占湿地总面积的46.3%；沼泽湿地1276.64公顷，占湿地总面积的9.4%。全市省级自然保护区2处；市级以上森林公园23处，其中国家级3处(鲁山、原山、峨庄古村落)、省级4处、市级16处；市级以上湿地公园6处，其中国家级1处(马踏湖)、省级5处。

(九)森林资源现状

截至2015年年底，全市林业用地面积340万亩、林木蓄积量589万立方米，森林面积保持在320万亩，农田林网化面积169万亩，森林覆盖率稳定在37%，2015年林业总产值继续保持在270亿元以上。按林种划分，全市有生态公益林175.2613万亩，其中国家级公益林107.1213万亩(沂源县)、省级公益林61.34万亩、市级公益林6.8万亩。

现有国有林场苗圃24处，面积20.4万亩，职工总人数1599人，在职职工979人。其中，市属场圃6个，经营面积11.04万亩。

在大力推进造林绿化的同时，不断加强森林防火、林业有害生物防控、林政执法等三项工作，实现了全市无重大森林火灾、无重大林木病虫害、无重大毁林案件的管护目标。

（十）林业有害生物历史状况

根据历史资料记载，20世纪八九十年代市鲁山林场、原山林场等有松林地区大规模发生松毛虫为害，市林业局组织开展了飞机防治松毛虫工作。

1.美国白蛾发生概况。2006年7月，我市首次在高青县、桓台县发现美国白蛾疫情，标志着全国检疫性林业有害生物美国白蛾传入我市，2007年在高新区、周村区、临淄区、张店区、淄川区也相继发现了美国白蛾疫情。2008年扩散至全市除沂源县外的8个区县95个乡镇、街道办事处，疫区面积21.47万亩。2010年，沂源县发现美国白蛾疫情，全市共有107个乡镇、街道办事处，累计28.1万亩林木发生了不同程度的美国白蛾疫情。从探索试点在局部地区飞防，继而扩展到2011年全市统一飞防，我市成功控制住了美国白蛾疫情，再难寻找到美国白蛾踪迹。

2.松材线虫病发生概况。2010年4月17日，省林业厅专家在市鲁山林场大涝洼现场采集到疑似松材线虫病样本，随后送到南京林业大学检验，于4月26日确诊为松材线虫为害，标志着又一全国检疫性林业有害生物传入我市。经过5年的预防和除治，我市最终拔除疫情，成功撤离松材线虫病疫区。

3.其他林业有害生物发生概况。自2011年全市统一组织飞机防治美国白蛾后，我市于2014年再次组织全市统一飞防，防治对象扩大到美国白蛾、杨树舟蛾等食叶害虫，探索出在我市3年左右开展1次飞机防治、防控效果保证3年的新模式。最近两年来，我市仅在局部区域发生草履蚧、春尺蠖、杨树舟蛾、国槐尺蠖、悬铃木方翅网蝽等为害，仅依靠局部防治即可控制虫情态势。

二、普查范围与对象

（一）普查范围

本次普查范围限于淄博市行政区域内，包含张店区、淄川区、博山区、周村区、临淄区、桓台县、高青县、沂源县、淄博高新技术产业开发区，市鲁山林场、市原山林场。淄博市范围内森林、湿地两大生态系统的防护林、用材林、经济林、薪炭林、特种用途林，观赏(名木古树)和四旁绿化树木以及花卉、苗木、种实、果品、木材及其制品的生产和经营场所等。对国有林场、重点生态区、森林公园和部分种苗生产集中的区域做重点调查。

（二）普查对象

对林木、种苗等林业植物及其产品造成为害的所有病原微生物、有害昆虫、有害植物及螨类等。具体包括：

1.在本地区已造成为害但尚未记录的林业有害生物。

2.国家现阶段重点关注的松材线虫、美国白蛾等重大林业有害生物以及林业有害植物。

3.国家林业局2013年第4号公告公布的《全国林业检疫性有害生物名单》和《全国林业危险性有害生物名单》,以及国家林业局2014年第6号公告新增列的林业危险性有害生物(椰子织蛾和松树蜂);2003年以来全国有发生、为害记录的506种林业有害生物种类(山东省林业有害生物普查技术方案附件一)。

4.除上述外,2003年以来山东省内有发生、为害记录的林业有害生物种类(山东省林业有害生物普查技术方案附件六);2003年以来从国(境)外或省级行政区外传入山东省的林业有害生物新纪录种类。山东省林业有害生物普查重点对象(山东省林业有害生物普查技术方案附件七)。

5.普查过程中遇到的部分天敌、益虫、农作物病虫害。

三、普查技术方法

本次调查采用普查和专项调查相结合的方法进行。各调查单元根据实际情况因地制宜确定标准地、调查方法及调查技术;国家级、省级测报点在踏查基础上,实现诱虫灯和引诱剂调查系统数据的全面获得。

(一)调查方法

1.访问调查。访问调查是针对某个地区(林区)、苗圃、储木场、木材加工厂、花圃等,或某种植物、某种病虫害,有目的对当地群众、技术人员、业主、有关专家等进行访问咨询,了解当地林业有害生物种类、分布、发生等情况。

2.踏查。踏查是本次普查的特点和重点,以林业有害生物为害为导向,通过发现为害来追溯林业有害生物。踏查首先是发现林业有害生物为害状况,进而初步确定林业有害生物的种类、寄主植物、为害部位以及分布范围。

3.标准地调查。对于我市未记录或未监测的林业有害生物种类,设立标准,详细地调查其发生面积、为害程度等;对于已知或已监测的林业有害生物种类,利用当年的测报数据。

(二)采集方法

1.害虫标本采集。害虫采集集中在害虫发生活动期进行,广泛采集要按照昆虫的生态环境采集,同时对重点树种、重点区域、重点生态系统进行专项采集。

采集方法可采用网捕、扫捕、振落、灯诱、性诱等方法进行。

2.病害标本采集。病害标本采集要采集具有典型症状的标本,并及时进行制作。一个标本,应只有一种病害;某些易混合发生的病害种类,可采集混合发生的病害标本。对于真菌病害,标本应带有子实体。每种病害的标本采集10份以上。

(1)病叶:剪取植物上的发病叶片,装入采集夹中。尽量剪取整个病叶,病叶上子实体等病征明显。采集时应随时携带吸水纸或废旧的书,随采随压,避免叶片迅速干缩卷曲。

（2）病果、病花：剪取发病果实、花，装入采集箱中。对于多汁的病果及病花，应先以标本纸分别包裹后，置于采集箱中，避免挤压变形，多汁类病果等要尽快进行室内浸渍保存。

（3）病枝干：剪取或者锯取发病枝干，标本既有病组织，又有健康组织；枝干标本要包括整个病斑，对于较大病斑的枝干，可截取含有病、健组织的材料。

（4）病根：挖取病根，装入采集筒中。在挖取此类病害的标本时，要注意挖取点的范围要比较大一些，以保证取得整个根部。

（5）全株性病害：对于系统发病的全株性病害，取根据症状，取具有典型特征的局部器官。

（三）统计分析方法

通过调查，采集病虫等标本，并对采集病虫标本的每一个病害的典型特征、编号、采集地点、采集时间、采集人以及发生的严重程度，例如：发病叶片占整个植株的10%以下的为轻度（+）、发病叶片占整个植株10% ~20%的为中度（+ +）、发病叶片占整个植株30%以上的为严重（+ + +）进行记录。

分析调查结果，参照《林业有害生物发生及成灾标准》（LY/T 1681-2006），有害生物发生程度分为“轻、中、重”3个等级。

（四）拍照和命名方法

影像资料采用数码相机和数码摄像机拍摄。数码相机具备微距功能，照片统一采用JPG格式，像素在1000万以上；数码摄像统一采用PAL制式。影像作品要特征突出、图像清晰、色彩正确、景别别致。

拍摄林业有害生物的有关生物学、形态学以及为害状影像，注明拍摄人、寄主植物、拍摄时间和拍摄地点（乡镇级行政区）。每次调查结束后及时保存影像，并对影像进行命名。命名格式为：“有害生物名称(虫害要求注明虫态) - 寄主植物 - 采集省县乡 - 年月日 - 拍摄人”。

四、普查结果及重要发现

（一）普查结果

全市共设立踏查线路218条，累计完成踏查里程46403千米。设立标准地46个，调查面积76677平方米，代表面积20万公顷。外业调查覆盖除文昌湖区外所有行政区域。

共普查到林业有害生物667种，其中病害128种，虫害534种，有害植物5种。另有不少种类因未确定种类名称未录入系统。全市共制作标本约680种5300余件，其中有6种完整生活史标本。拍摄了600余种1万余张林业有害生物生物学、形态学及为害状等影像资料。

1.淄博市林业有害生物普查种类情况统计。全市12个普查单位共计普查上报林业有害生物668种，上报1269条数据记录，详情见表1（按普查管理系统行政区划代码排序）：

表 1　淄博市林业有害生物普查种类统计表

序号	行政区划	有害生物类型	有害生物种类	害虫或病原的拉丁学名
1	山东省淄博市淄川区	虫害	绣纹螟蛾	*Pyralis pictalis*
2	山东省淄博市淄川区	虫害	蓝蝽(纯蓝蝽)	*Zicrona caerula*(Linnaeus)
3	山东省淄博市淄川区	虫害	无斑弧丽金龟(无斑丽金龟、豆蓝弧丽金龟)	*Popillia mutans* Newman
4	山东省淄博市淄川区	虫害	蟪蛄	*Platypleura kaern pferi* (Fabricius)
5	山东省淄博市淄川区	虫害	同型巴蜗牛	*Bradybaena similaris* (Ferussac)
6	山东省淄博市淄川区	虫害	围连环夜蛾	*Perigrapha circumducta* Lederer
7	山东省淄博市淄川区	虫害	白戟铜翅夜蛾(陌夜蛾)	*Trachea atriplicis* (Linnaeus)
8	山东省淄博市淄川区	虫害	柳阴翅斑螟	*Sciota adelphella* (Fischer)
9	山东省淄博市淄川区	虫害	含羞草雕蛾	*Homadaula anlsocentra*(Meyrick)
10	山东省淄博市淄川区	虫害	长尾麝凤蝶	*Byasa impediens* (Rothdchild,1895)
11	山东省淄博市淄川区	虫害	茶翅蝽(臭木椿象、臭木蝽、茶色蝽)	*Halyomorpha halys* (Sthl)
12	山东省淄博市淄川区	虫害	豆盗毒蛾(茶树豆盗毒蛾)	*Porthesia piperita* (Oberthür)
13	山东省淄博市淄川区	虫害	沟叩甲(沟线角叩甲、沟叩头甲、沟线须叩甲)	*Pleonomus canaliculatus* Faldernsnn
14	山东省淄博市淄川区	虫害	刺槐外斑尺蛾	*Ectropis excellens* Butler
15	山东省淄博市淄川区	虫害	甜菜白带野螟	*Hymenia recurvalis* (Fabricius)
16	山东省淄博市淄川区	虫害	星天牛(柑橘天牛、华星天牛)	*Anoplophora chinensis* (Forster)
17	山东省淄博市淄川区	病害	核桃炭疽病	*Colletotrichum gloeosporium* Penz.; [Gloeosporium rufomaculans (Berk.) Thum.]

续表

序号	行政区划	有害生物类型	有害生物种类	害虫或病原的拉丁学名
18	山东省淄博市淄川区	虫害	人纹污灯蛾	*Spilarctia subcarnea* (Walker)
19	山东省淄博市淄川区	虫害	牧女珍眼蝶(珍眼蝶)	*Coenonympha amaryllis* (Stoll)
20	山东省淄博市淄川区	虫害	大叶黄杨尺蛾(丝棉木金星尺蛾)	*Abraxas anda Bulter* [Calospilos suspecta Warren]
21	山东省淄博市淄川区	虫害	紫线尺蛾(紫条尺蛾)	*Timandra griseata* Petersen [Calothysanis comptaria Walker]
22	山东省淄博市淄川区	虫害	广腹同缘蝽	*Homoeocerus dilatatus* Horvath
23	山东省淄博市淄川区	虫害	黑弄蝶(带弄蝶、玉带弄蝶)	*Daimio tethys* Ménétriés
24	山东省淄博市淄川区	虫害	黄钩蛱蝶(金钩角蛱蝶)	*Polygonia c-aureum* (Linnaeus)
25	山东省淄博市淄川区	虫害	东方菜粉蝶	*Pieris canidia* (Sparrman)
26	山东省淄博市淄川区	虫害	斐豹蛱蝶	*Argyreus hyperbius* (Linnaeus)
27	山东省淄博市淄川区	虫害	细胸叩头虫(细胸锥尾叩甲、细胸金针虫)	*Agriotes subvittatus* Motschulsky [Agriotes fuscicollis Miwa]
28	山东省淄博市淄川区	虫害	小皱蝽	*Cyclopelta parva* Distant
29	山东省淄博市淄川区	虫害	棕色齿爪鳃金龟(棕色鳃金龟)	*Holotrichia titanis* Reitter
30	山东省淄博市淄川区	虫害	铜绿异丽金龟(铜绿丽金龟、铜绿金龟子)	*Anomala corpulenta* Motschulsky
31	山东省淄博市淄川区	虫害	中华晓扁犀金龟(晓扁犀金龟、华扁犀金龟)	*Eophileurus chinensis* (Faldermann)
32	山东省淄博市淄川区	虫害	大灰象(大灰象甲、云杉大灰象甲)	*Sympiezomias velatus* (Chevrolat)
33	山东省淄博市淄川区	虫害	白星花金龟(白星花潜、白纹铜花金龟)	*Protaetia brevitarsis* (Lewis)
34	山东省淄博市淄川区	虫害	桃蛀螟(桃蛀野螟)	*Conogethes punctiferalis* (Guenee)

续表

序号	行政区划	有害生物类型	有害生物种类	害虫或病原的拉丁学名
35	山东省淄博市淄川区	虫害	双条杉天牛(双条天牛、蛀木虫)	*Semanotus bifasciatus* Motschulsky
36	山东省淄博市淄川区	虫害	桑天牛(桑粒肩天牛、黄褐天牛、粒肩天牛、麻胸天牛、褐天牛)	*Apriona germari* (Hope)
37	山东省淄博市淄川区	虫害	红缘天牛(红缘亚天牛)	*Asias halodendri* (Pallas)
38	山东省淄博市淄川区	虫害	光肩星天牛(黄斑星天牛)	*Anoplophora glabripennis* (Motschulsky)
39	山东省淄博市淄川区	虫害	薄翅锯天牛(中华薄翅天牛、薄翅天牛、大棕天牛)	*Megopis sinica sinica* (White)
40	山东省淄博市淄川区	虫害	中野象蜡蝉(长头象蜡蝉)	*Dictyophara nakanonis*
41	山东省淄博市淄川区	虫害	桃瘤头蚜(桃瘤蚜、桃纵卷瘤蚜)	*Tuberocephalus momonis* (Matsumura)
42	山东省淄博市淄川区	虫害	小绿叶蝉(桃叶蝉、桃小浮尘子、桃小叶蝉、桃小绿叶蝉)	*Empoasca flavescens* (Fabricius)
43	山东省淄博市淄川区	虫害	雪松长足大蚜	*Cinara cedri* Mimeur
44	山东省淄博市淄川区	虫害	杨始叶螨	*Eotetranychus populi* (Koch)
45	山东省淄博市淄川区	虫害	中国槐蚜(槐蚜)	*Aphis sophoricola* Zhang
46	山东省淄博市淄川区	虫害	枣大球蚧(红枣大球蚧、瘤大球坚蚧、枣大球坚蚧)	*Eulecanium gigantea* (Shinji)
47	山东省淄博市淄川区	虫害	蚱蝉(黑蚱蝉)	*Cryptotympana atrata* (Fabricius)
48	山东省淄博市淄川区	虫害	紫薇绒蚧(红叶小檗毡蚧)	*Eriococcus lagerostroemiae* Kuwana
49	山东省淄博市淄川区	虫害	角红长蝽	*Lygaeus hanseni jekovlev*
50	山东省淄博市淄川区	虫害	合欢羞木虱	*Acizzia jamatonica* (Kuwayama)
51	山东省淄博市淄川区	虫害	点蜂缘蝽	*Riptortus pedestris* (Fabricius)

续表

序号	行政区划	有害生物类型	有害生物种类	害虫或病原的拉丁学名
52	山东省淄博市淄川区	虫害	刺肩普缘蝽	*Plinachtus dissimilis* Hsiao
53	山东省淄博市淄川区	虫害	菜蝽	*Eurydema dominulus* (Scopoli)
54	山东省淄博市淄川区	虫害	榆绿天蛾(云纹天蛾)	*Callambulyx tatarinovi* (Bremer et Grey)
55	山东省淄博市淄川区	虫害	杨小舟蛾	*Micromelalopha troglodyta* (Graeser)
56	山东省淄博市淄川区	虫害	杨扇舟蛾(白杨天社蛾)	*Clostera anachoreta* (Fabricius)
57	山东省淄博市淄川区	虫害	榆黄毛萤叶甲(榆黄叶甲、黑肩毛胸萤叶甲)	*Pyrrhalta maculicollis* (Motschu sky)
58	山东省淄博市淄川区	虫害	白毛蚜	*Chaitophorus populialbae* (Boyer de Fonscolombe)
59	山东省淄博市淄川区	虫害	斑衣蜡蝉(红娘子、斑衣、臭皮蜡蝉)	*Lycorma delicatula* (White)
60	山东省淄博市淄川区	虫害	日本草履蚧(草履蚧)	*Drosicha corpulenta* (Kuwana)
61	山东省淄博市淄川区	虫害	朝鲜球坚蜡蚧(朝鲜球坚蚧、杏球坚蚧、桃球坚蚧、槐球)	*Didesmococcus koreanus Borchsenius*
62	山东省淄博市淄川区	虫害	康氏粉蚧	*Pseudococcus comstocki* (Kuwana)
63	山东省淄博市淄川区	虫害	膜肩网蝽(柳膜肩网蝽)	*Hegesidemus habrus Drake*
64	山东省淄博市淄川区	虫害	梨网蝽(梨冠网蝽、梨花网蝽、梨军配虫)	*Stephanitis nashi* Esaki at Takeya
65	山东省淄博市淄川区	虫害	麻皮蝽(黄斑蝽)	*Erthesina fullo* (Thunberg)
66	山东省淄博市淄川区	虫害	鸣鸣蝉(雷鸣蝉、昼鸣蝉)	*Oncotympana maculaticollis* (Motachuisky)
67	山东省淄博市淄川区	虫害	葡萄斑叶蝉(葡萄二星叶蝉)	*Erythroneura apicalis* Nawa
68	山东省淄博市淄川区	虫害	梧桐木虱	*Thysanogyna limbata Enderlein*

续表

序号	行政区划	有害生物类型	有害生物种类	害虫或病原的拉丁学名
69	山东省淄博市淄川区	虫害	秋四脉绵蚜	*Tetraneura akinire Sasaki*
70	山东省淄博市淄川区	虫害	桑木虱(桑异脉木虱)	*Anomoneura mori Schwarz*
71	山东省淄博市淄川区	虫害	柿绒蚧(柿绵蚧、毛毡蚧、柿毡蚧)	*Eriococcus kaki Kuwana*
72	山东省淄博市淄川区	虫害	柿零叶蝉	*Limassolla diospyri Chou et Ma*
73	山东省淄博市淄川区	虫害	褐盔蜡蚧(扁平球坚蚧、东方盔蚧、糖槭蚧、糖槭盔蚧、水木坚蚧)	*Parthenolecanium corni* (Bouche)
74	山东省淄博市淄川区	虫害	桃粉大尾蚜	*Hyalopterus amygdali* (Blanchard)
75	山东省淄博市淄川区	虫害	杨枯叶蛾	*Gastropacha populifolia Esper*
76	山东省淄博市淄川区	虫害	杨二尾舟蛾(杨双尾天社蛾)	*Cerura menciana Moore*
77	山东省淄博市淄川区	虫害	线茸毒蛾	*Dasychira grotei Moore*
78	山东省淄博市淄川区	虫害	丝带凤蝶	*Sericinus montelus Gray*
79	山东省淄博市淄川区	虫害	霜天蛾	*Psilogramma menephron* (Cramer)
80	山东省淄博市淄川区	虫害	双齿绿刺蛾(棕边青刺蛾)	*Latoia hilarata* (Staudinger)
81	山东省淄博市淄川区	虫害	桑褐刺蛾(褐刺蛾、红绿刺蛾、桑刺蛾、刺毛虫)	*Setora postornata* (Hampson)
82	山东省淄博市淄川区	虫害	葡萄天蛾(葡萄轮纹天蛾)	*Ampelophaga rubiginosa rubiginosa* Bremer et Grey
83	山东省淄博市淄川区	虫害	黄连木尺蛾(黄连木尺蠖、木撩尺蠖、木燎尺蠖)	*Culcula panterinaria* (Bremer et Grey)
84	山东省淄博市淄川区	虫害	棉卷叶野螟(棉大卷叶螟)	*Sylepta derogata* Harnpson
85	山东省淄博市淄川区	虫害	马铃薯瓢虫	*Henosepilachna vigintioctomaculata* (Motschulsky)

续表

序号	行政区划	有害生物类型	有害生物种类	害虫或病原的拉丁学名
86	山东省淄博市淄川区	虫害	绿尾大蚕蛾	*Actias selene ningpoana* Felder
87	山东省淄博市淄川区	虫害	柳毒蛾(雪毒蛾)	*Stilpnotia salicis* (Linnaeus)
88	山东省淄博市淄川区	虫害	蓝目天蛾	*Smerinthus planus planus* Walker
89	山东省淄博市淄川区	虫害	梨剑纹夜蛾	*Acronicta rumicis* (Linnaeus)
90	山东省淄博市淄川区	虫害	戟盗毒蛾	*Porthesia kurosawai* Inoue
91	山东省淄博市淄川区	虫害	黄褐天幕毛虫(天幕枯叶蛾、顶针虫)	*Malacosoma neustria testacea* Motachulaky
92	山东省淄博市淄川区	虫害	黄刺蛾(洋辣子、茶树黄刺蛾)	*Monema flavescens* Walker
93	山东省淄博市淄川区	虫害	黄翅缀叶野螟(杨黄卷叶螟)	*Botyodes diniasalis* Walker
94	山东省淄博市淄川区	虫害	幻带黄毒蛾	*Euproctis varians* (Walker)
95	山东省淄博市淄川区	虫害	国槐尺蛾(槐尺蛾、国槐尺蠖)	*Semiothisa cinerearia Bremer* et Grey
96	山东省淄博市淄川区	虫害	红缘灯蛾(红袖灯蛾)	*Aloa lactinea* Cramer
97	山东省淄博市淄川区	虫害	黑星麦蛾	*Telphusa chloroderces* Meyrick
98	山东省淄博市淄川区	虫害	褐边绿刺蛾(黄缘绿刺蛾、褐袖刺蛾、绿刺蛾、青刺蛾)	*Latoia consocia* Walker
99	山东省淄博市淄川区	虫害	斗毛眼蝶	*Lasiommata deidamia* Eversmann
100	山东省淄博市淄川区	虫害	盗毒蛾(黄尾毒蛾)	*Porthesia similis* (Fueazly)
101	山东省淄博市淄川区	虫害	大造桥虫	*Ascotis selenaria* (Denis et Schiffermuller)
102	山东省淄博市淄川区	虫害	波纹斜纹象(波纹斜纹象甲、杨黄星象)	*Lepyrus japonicus* Roelofs

续表

序号	行政区划	有害生物类型	有害生物种类	害虫或病原的拉丁学名
103	山东省淄博市淄川区	虫害	扁刺蛾(杜仲刺蛾)	*Thosea sinensis* (Walker)
104	山东省淄博市淄川区	病害	枣疯病	MLO
105	山东省淄博市淄川区	病害	杨树溃疡病(毛白杨水泡溃疡病)	*Dothiorella gregaria* Sacc.; *Botryosphaeria ribis*(Tode) Gross.et Dugg.
106	山东省淄博市淄川区	病害	杨树黑斑病(毛白杨黑斑病)	*Marssonina brunnea* (Ell. et Ev.) Magn., M. populi (Lib.) Magn., M. castagnei(Desm.et Mont.) Magn.
107	山东省淄博市淄川区	病害	杨树白粉病	*Uncinula* spp.; *Phyllactinia populi* (Jacz.) Yu; *Pleochaeta populicola* Zhang
108	山东省淄博市淄川区	病害	香椿叶锈病	*Phakopsora cheoana*
109	山东省淄博市淄川区	病害	桃树流胶病(桃流胶病)	*Botryosphaeria dothidea*
110	山东省淄博市淄川区	病害	青杨叶锈病	*Melampsora larici-populina* Kleb.
111	山东省淄博市淄川区	病害	核桃溃疡病	*Dothiorella gregaria* Sacc; [Botryosphaeria dothidea (Moug. ex Fr.) Ces. Et de Not.]
112	山东省淄博市淄川区	病害	大叶黄杨白粉病	*Oidium euonymijaponicae* (Are.) Sacc.
113	山东省淄博市淄川区	病害	泡桐丛枝病	MLO
114	山东省淄博市淄川区	病害	梨锈病(梨树锈病、梨赤星病)	*Gynmosporangium asiaticum* Miyabe ex Yamada; *Gymnosporangium haraeanum* syd.
115	山东省淄博市淄川区	虫害	春尺蠖(春尺蛾)	*Apocheima cinerarius* Erschoff
116	山东省淄博市淄川区	虫害	柳瘿叶蜂(柳厚壁叶蜂)	*Pontania dolichura* Thomson
117	山东省淄博市淄川区	虫害	柳蓝圆叶甲(柳蓝叶甲)	*Plagiodera versicolora distincta* Baly
118	山东省淄博市淄川区	虫害	杨扁角叶爪叶蜂(杨扁角叶蜂、杨直角叶蜂)	*Stauronematus compressicornis* (Fabricius)

续表

序号	行政区划	有害生物类型	有害生物种类	害虫或病原的拉丁学名
119	山东省淄博市张店区	虫害	春尺蠖(春尺蛾)	*Apocheima cinerarius* Erschoff
120	山东省淄博市张店区	虫害	麻皮蝽(黄斑蝽)	*Erthesina fullo* (Thunberg)
121	山东省淄博市张店区	虫害	杨枯叶蛾	*Gastropacha populifolia* Esper
122	山东省淄博市张店区	虫害	大叶黄杨尺蛾(丝棉木金星尺蛾)	*Abraxas anda* Bulter[Calospilos suspecta Warren]
123	山东省淄博市张店区	病害	柳树烂皮病	*Valsa salicina*;*Valsa sordida* Nits.
124	山东省淄博市张店区	虫害	长喙天蛾	*Macroglossum corythus luteata* (Butler)
125	山东省淄博市张店区	虫害	菜粉蝶	*Pieris rapae* (Linnaeus)
126	山东省淄博市张店区	虫害	柑橘凤蝶(柑橘凤蝶、花椒凤蝶、黄波罗凤蝶)	*Papilio xuthus* Linnaeus
127	山东省淄博市张店区	虫害	老豹蛱蝶	*Argyronome laodice* (Pallas)
128	山东省淄博市张店区	虫害	铜绿异丽金龟(铜绿丽金龟、铜绿金龟子)	*Anomala corpulenta* Motschulsky
129	山东省淄博市张店区	虫害	斑喙丽金龟(华喙丽金龟、斑喙丽金龟、茶色金龟)	*Adoretus tenuimaculatus* Waterhouse
130	山东省淄博市张店区	虫害	波纹斜纹象(波纹斜纹象甲、杨黄星象)	*Lepyrus japonicus* Roelofs
131	山东省淄博市张店区	虫害	洋槐蚜(刺槐蚜)	*Aphis robiniae* Macchiati
132	山东省淄博市张店区	虫害	梧桐木虱	*Thysanogyna limbata* Enderlein
133	山东省淄博市张店区	虫害	紫薇绒蚧(红叶小檗毡蚧)	*Eriococcus lagerostroemiae* Kuwana
134	山东省淄博市张店区	虫害	斑衣蜡蝉(红娘子、斑衣、臭皮蜡蝉)	*Lycorma delicatula* (White)
135	山东省淄博市张店区	虫害	柳瘿蚊	*Rhabdophaga salicis* (Schrank)

续表

序号	行政区划	有害生物类型	有害生物种类	害虫或病原的拉丁学名
136	山东省淄博市张店区	虫害	桑天牛(桑粒肩天牛、黄褐天牛、粒肩天牛、麻胸天牛、褐天牛)	*Apriona germari* (Hope)
137	山东省淄博市张店区	病害	冠瘿病(杨根癌病)	*Agrobacterium tumefaciens* (Smith et Towns.) Conn.
138	山东省淄博市张店区	虫害	光肩星天牛(黄斑星天牛)	*Anoplophora glabripennis* (Motschulsky)
139	山东省淄博市张店区	虫害	锈色粒肩天牛	*Apriona swainsoni* (Hope)
140	山东省淄博市张店区	虫害	桃蛀果蛾(桃小食心虫、枣桃小食心虫)	*Carposina niponensis* Walsingham
141	山东省淄博市张店区	病害	白蜡烂皮病	*Cytoopora fraxini*
142	山东省淄博市张店区	病害	苹果炭疽病	*Glomerella cingulata* (Stonem.) Spauld. & Schrenk; [Colletotrichum gloeosporioides (Penz.) Penz.& Sacc.]
143	山东省淄博市张店区	病害	泡桐丛枝病	MLO
144	山东省淄博市张店区	病害	柿树炭疽病	*Glomerella cingulata*
145	山东省淄博市张店区	病害	杨树溃疡病(毛白杨水泡溃疡病)	*Dothiorella gregaria* Sacc.; *Botryosphaeria ribis*(Tode)Gross.et Dugg.
146	山东省淄博市张店区	病害	枣疯病	MLO
147	山东省淄博市张店区	病害	杨树白粉病	*Uncinula* spp.; *Phyllactinia populi* (Jacz.) Yu; *Pleochaeta populicola* Zhang
148	山东省淄博市张店区	病害	杨树黑斑病(毛白杨黑斑病)	*Marssonina brunnea* (Ell. et Ev.) Magn., M. populi (Lib.) Magn., M. *castagnei*(Desm.et Mont.)Magn.
149	山东省淄博市张店区	病害	杨树锈病	*Melampsora laricis*
150	山东省淄博市张店区	病害	柳树锈病(柳叶锈病)	*Melampsora arctica*
151	山东省淄博市张店区	虫害	桃蛀螟(桃蛀野螟)	*Conogethes punctiferalis* (Guenee)

续表

序号	行政区划	有害生物类型	有害生物种类	害虫或病原的拉丁学名
152	山东省淄博市张店区	虫害	柞蚕	*Antheraea pernyi* Guerin-Meoeville
153	山东省淄博市张店区	虫害	褐边绿刺蛾（黄缘绿刺蛾、褐袖刺蛾、绿刺蛾、青刺蛾）	*Latoia consocia* Walker
154	山东省淄博市张店区	虫害	茸毒蛾（苹毒蛾）	*Dasychira pudibunda* (Linnaeus); [Calliteara pudibunda (Linnaeus)]
155	山东省淄博市张店区	虫害	杨扁角叶爪叶蜂（杨扁角叶蜂、杨直角叶蜂）	*Stauronematus compressicornis* (Fabricius)
156	山东省淄博市张店区	虫害	日本草履蚧（草履蚧）	*Drosicha corpulenta* (Kuwana)
157	山东省淄博市张店区	虫害	国槐尺蛾（槐尺蛾、国槐尺蠖）	*Semiothisa cinerearia* Bremer et Grey
158	山东省淄博市张店区	虫害	黄刺蛾（洋辣子、茶树黄刺蛾）	*Monema flavescens* Walker
159	山东省淄博市博山区	虫害	大星步甲	*Calosoma maximoviczi* Morawitz
160	山东省淄博市博山区	虫害	蟪蛄	*Platypleura kaern pferi* (Fabricius)
161	山东省淄博市博山区	病害	苹果灰斑病	*Phyllosticta pirina* Sacc
162	山东省淄博市博山区	虫害	玳灰蝶（小灰蝶）	*Deudorix epijarbas* (Mooer)
163	山东省淄博市博山区	虫害	柑橘凤蝶（柑橘凤蝶、花椒凤蝶、黄波罗凤蝶）	*Papilio xuthus* Linnaeus
164	山东省淄博市博山区	虫害	盗毒蛾（黄尾毒蛾）	*Porthesia similis* (Fueazly)
165	山东省淄博市博山区	虫害	黄刺蛾（洋辣子、茶树黄刺蛾）	*Monema flavescens* Walker
166	山东省淄博市博山区	虫害	板栗大蚜	*Lachnus tropicalis* (van der Goot)
167	山东省淄博市博山区	虫害	国槐尺蛾（槐尺蛾、国槐尺蠖）	*Semiothisa cinerearia* Bremer et Grey
168	山东省淄博市博山区	虫害	褐黄前锹甲（褐黄前锹、黄褐锹甲、两点赤）	*Prosopocoilus astacoides blanchardi*

续表

序号	行政区划	有害生物类型	有害生物种类	害虫或病原的拉丁学名
169	山东省淄博市博山区	虫害	麝凤蝶	*Byasa alcinous*(Klug)
170	山东省淄博市博山区	虫害	丝带凤蝶	*Sericinus montelus* Gray
171	山东省淄博市博山区	虫害	菜粉蝶	*Pieris rapae* (Linnaeus)
172	山东省淄博市博山区	虫害	黄钩蛱蝶(金钩角蛱蝶)	*Polygonia c-aureum* (Linnaeus)
173	山东省淄博市博山区	虫害	榆三节叶蜂(榆红胸三节叶蜂、榆叶蜂)	*Arge captiva* Smith
174	山东省淄博市博山区	虫害	桃仁蜂	*Eurytoma maslovskii* Nikolskaya
175	山东省淄博市博山区	虫害	中华剑角蝗(中华蚱蜢、异色剑角蝗)	*Acrida cinerea* Thunberg
176	山东省淄博市博山区	虫害	棉蝗(大青蝗、蹬山倒)	*Chondracris rosea* (De Geer)
177	山东省淄博市博山区	虫害	草地瘤蝗(草地疣蝗)	*Trilophidia annulata mongolica* Saussure
178	山东省淄博市博山区	病害	刺槐叶斑病	*Macrophoma sophorae*
179	山东省淄博市博山区	病害	枸杞白粉病	*Oidium* sp.
180	山东省淄博市博山区	病害	苹果轮纹病	*Macrophoma kuwatsukai*
181	山东省淄博市博山区	病害	苹果炭疽病	*Glomerella cingulata* (Stonem.) Spauld. & Schrenk;[Colletotrichum gloeosporioides(Penz.) Penz. & Sacc.]
182	山东省淄博市博山区	病害	杨树黑斑病(毛白杨黑斑病)	*Marssonina brunnea* (Ell. et Ev.) Magn., M. populi (Lib.) Magn., M. castagnei(Desm.et Mont.) Magn.
183	山东省淄博市博山区	病害	杨树叶枯病(杨树叶焦枯病)	*Alternaria alternata* (Fr.) Keissl
184	山东省淄博市博山区	病害	五角槭白粉病	*Uncinula aceris*

续表

序号	行政区划	有害生物类型	有害生物种类	害虫或病原的拉丁学名
185	山东省淄博市博山区	病害	枣疯病	MLO
186	山东省淄博市博山区	虫害	桑褐刺蛾(褐刺蛾、红绿刺蛾、桑刺蛾、刺毛虫)	*Setora postornata* (Hampson)
187	山东省淄博市博山区	虫害	双齿绿刺蛾(棕边青刺蛾)	*Latoia hilarata* (Staudinger)
188	山东省淄博市博山区	虫害	背刺蛾(贝刺蛾)	*Belippa horrida* Walker
189	山东省淄博市博山区	虫害	枣奕刺蛾(枣刺蛾)	*Phlossa conjuncta* (Walker)
190	山东省淄博市博山区	虫害	桃蛀螟(桃蛀野螟)	*Conogethes punctiferalis* (Guenee)
191	山东省淄博市博山区	虫害	缀叶丛螟	*Locastra muscosalis* Walker
192	山东省淄博市博山区	虫害	春尺蠖(春尺蛾)	*Apocheima cinerarius* Erschoff
193	山东省淄博市博山区	虫害	豆天蛾	*Clanis bilineata tsingtauica* Mell
194	山东省淄博市博山区	虫害	黄连木尺蛾(黄连木尺蠖、木撩尺蠖、木燎尺蠖)	*Culcula panterinaria* (Bremer et Grey)
195	山东省淄博市博山区	虫害	桑剑纹夜蛾(桑夜蛾)	*Acronicta major* (Bremer)
196	山东省淄博市博山区	虫害	铜绿异丽金龟(铜绿丽金龟、铜绿金龟子)	*Anomala corpulenta* Motschulsky
197	山东省淄博市博山区	虫害	茄廿八星瓢虫(茄二十八星瓢虫)	*Henosepilachna vigintioctopunctata* (Fabricius) [*Henosepilachna sparsa orientalis* Dieke]
198	山东省淄博市博山区	虫害	光肩星天牛(黄斑星天牛)	*Anoplophora glabripennis* (Motschulsky)
199	山东省淄博市博山区	虫害	锈色粒肩天牛	*Apriona swainsoni* (Hope)
200	山东省淄博市博山区	虫害	双条杉天牛(双条天牛、蛀木虫)	*Semanotus bifasciatus* Motschulsky
201	山东省淄博市博山区	虫害	黄带黑绒天牛	*Embrik-Strandia unifasciata* (Ritsema)

续表

序号	行政区划	有害生物类型	有害生物种类	害虫或病原的拉丁学名
202	山东省淄博市博山区	虫害	黄多带天牛(多带天牛、黄带蓝天牛)	*Polyzonus fasciatus* (Fabricius)
203	山东省淄博市博山区	虫害	槐黑星虎天牛(槐黑星瘤虎天牛)	*Clytobius davidis* (Fairmaire)
204	山东省淄博市博山区	虫害	蠼螋	*Labidura riparia* Pallas
205	山东省淄博市博山区	虫害	梨小食心虫	*Grapholita molesta* (Buack)
206	山东省淄博市博山区	虫害	柳刺皮瘿螨	*Aculops niphocladae* Keifer
207	山东省淄博市博山区	虫害	点蜂缘蝽	*Riptortus pedestris* (Fabricius)
208	山东省淄博市博山区	虫害	瘤缘蝽	*Acanthocoris scaber* (Linnaeus)
209	山东省淄博市博山区	虫害	小皱蝽	*Cyclopelta parva* Distant
210	山东省淄博市博山区	虫害	斑衣蜡蝉(红娘子、斑衣、臭皮蜡蝉)	*Lycorma delicatula* (White)
211	山东省淄博市博山区	虫害	蚱蝉(黑蚱蝉)	*Cryptotympana atrata* (Fabricius)
212	山东省淄博市博山区	虫害	日本草履蚧(草履蚧)	*Drosicha corpulenta* (Kuwana)
213	山东省淄博市博山区	虫害	针叶小爪螨(板栗红蜘蛛)	*Oligonychus ununguis* (Jacobi)
214	山东省淄博市博山区	虫害	臭椿皮夜蛾(臭椿皮蛾、旋皮夜蛾)	*Eligma narcissus* (Cramer)
215	山东省淄博市博山区	虫害	杨毒蛾(杨雪毒蛾)	*Stilpnotia candida* Staudinger
216	山东省淄博市博山区	病害	桃树流胶病(桃流胶病)	*Botryosphaeria dothidea*
217	山东省淄博市博山区	病害	杨树溃疡病(毛白杨水泡溃疡病)	*Dothiorella gregaria* Sacc.; Botryosphaeria ribis (Tode) Gross.et Dugg.
218	山东省淄博市博山区	病害	板栗疫病	*Cryptonectria parasitica* (Murr.) P. J. et H. W.; Endothia parasitica (Murr.) P.J.et H.W. Anders.

续表

序号	行政区划	有害生物类型	有害生物种类	害虫或病原的拉丁学名
219	山东省淄博市临淄区	病害	柿树腐烂病	*Cytospora sp.*
220	山东省淄博市临淄区	病害	红瑞木溃疡病	*Botryosphaeria dothidea*
221	山东省淄博市临淄区	病害	海棠干腐病	*Botryosphaeria berengeriana*
222	山东省淄博市临淄区	病害	国槐枝枯病	*Mcrophoma sophoricola*
223	山东省淄博市临淄区	病害	山楂花叶病	*Camelia yellow spot virus*（CYSV）
224	山东省淄博市临淄区	病害	苹果树叶斑病（苹果斑点落叶病、苹果轮斑病）	*Alternaria mali*
225	山东省淄博市临淄区	病害	柳树溃疡病（柳大斑溃疡病、柳树水泡溃疡病）	*Botryosphaeria dothidea*
226	山东省淄博市临淄区	病害	牡丹褐斑病	*Cercospora variicolor*
227	山东省淄博市临淄区	病害	梨煤污病	*Gloeodespomige*（Schw.）Colby
228	山东省淄博市临淄区	病害	梨灰斑病	*Mycosphaerella sentina*
229	山东省淄博市临淄区	病害	海棠圆斑病（苹果圆斑病）	*Pyhllosticta solitaria*
230	山东省淄博市临淄区	病害	臭椿花叶病（椿树花叶病）	*Cucumber mosaic virus*
231	山东省淄博市临淄区	虫害	石榴蚜	*Aphis punicae Shinji*
232	山东省淄博市临淄区	虫害	黄绿祖夜蛾（黄绿足夜蛾）	*Anaplectoides virens*（Butler）
233	山东省淄博市临淄区	虫害	斜纹夜蛾（莲纹夜蛾、连纹夜蛾）	*Prodenia litura*（Fabricius）
234	山东省淄博市临淄区	虫害	茶袋蛾（茶蓑蛾、小窠蓑蛾、小袋蛾、小蓑蛾）	*Clania minuscula* Butler
235	山东省淄博市临淄区	虫害	紫苏野螟	*Pyrausta phoenicealis* Hubner

续表

序号	行政区划	有害生物类型	有害生物种类	害虫或病原的拉丁学名
236	山东省淄博市临淄区	虫害	黄多带天牛(多带天牛、黄带蓝天牛)	*Polyzonus fasciatus* (Fabricius)
237	山东省淄博市临淄区	虫害	紫薇梨象	*Pseudorobitis gibbus Redtenbacher*
238	山东省淄博市临淄区	虫害	扁刺蛾(杜仲刺蛾)	*Thosea sinensis* (Walker)
239	山东省淄博市临淄区	虫害	梨圆蚧(梨齿圆盾蚧、梨笠圆盾蚧、梨笠盾蚧、梨夸圆蚧)	*Quadraspidiotus* (Diaspidiotus) *perniciosus* (Comstock)
240	山东省淄博市临淄区	虫害	朝鲜黑背蛁蟟(朝鲜黑背蝉、朝鲜蝉、朝鲜蛁蟟)	*Oncotympana coreana* Kato
241	山东省淄博市临淄区	虫害	豆蓝金龟(豆蓝金龟子)	*Popillia livida*
242	山东省淄博市临淄区	病害	国槐煤污病	*Colletotrichum sophorae-japonicae*
243	山东省淄博市临淄区	虫害	杨扇舟蛾(白杨天社蛾)	*Clostera anachoreta* (Fabricius)
244	山东省淄博市临淄区	虫害	核桃小吉丁(核桃吉丁、核桃小吉丁虫、黑小吉丁虫、串皮虫)	*Agrilus lewisiellus* Kere.
245	山东省淄博市临淄区	病害	樱桃流胶病	*Cherry Botryosphaeria gummosis*
246	山东省淄博市临淄区	病害	杨树破腹病	*Poplar rupture*
247	山东省淄博市临淄区	虫害	山楂叶螨(山楂红蜘蛛)	*Tetranychus viennensis* Zacher
248	山东省淄博市临淄区	虫害	女贞卷叶绵蚜	*Prociphilus ligustrifoliae* (Tseng et Tao)
249	山东省淄博市临淄区	虫害	柳毒蛾(雪毒蛾)	*Stilpnotia salicis* (Linnaeus)
250	山东省淄博市临淄区	虫害	朱砂叶螨(红蜘蛛)	*Tetranychus cinnabarinus* (Boisduval)
251	山东省淄博市临淄区	虫害	焰夜蛾(烟火焰夜蛾、豆黄夜蛾)	*Pyrrhia umbra* Hüfnagel
252	山东省淄博市临淄区	虫害	构月天蛾(钩月天蛾)	*Parum colligata* (Walker)

续表

序号	行政区划	有害生物类型	有害生物种类	害虫或病原的拉丁学名
253	山东省淄博市临淄区	虫害	龟蜡蚧	*Ceroplastes floridensis* Comstock
254	山东省淄博市临淄区	虫害	柳蚜	*Aphis farinosa* Gamelin
255	山东省淄博市临淄区	虫害	萝藦艳青尺蛾	*Agathia carissima* Butler
256	山东省淄博市临淄区	虫害	坑卫翅夜蛾	*Amyna octo* (Guenee)
257	山东省淄博市临淄区	虫害	白轮盾蚧	*Aulacaspis thoracica* (Robinaon)
258	山东省淄博市临淄区	病害	核桃溃疡病	*Dothiorella gregaria* Sacc; [Botryosphaeria dothidea (Moug. ex Fr.) Ces. Et de Not.]
259	山东省淄博市临淄区	虫害	中国绿刺蛾	*Latoia sinica* (Moore)
260	山东省淄博市临淄区	虫害	石楠修尾蚜	*Sinomegoura photiniae* (Takahashi)
261	山东省淄博市临淄区	有害植物	菟丝子(中国菟丝子、菟丝子类)	*Cuscuta chinensis* Lam.
262	山东省淄博市临淄区	病害	红瑞木枝枯病	*Macrophoma* sp.
263	山东省淄博市临淄区	病害	芍药白粉病	*Erysiphe paeoniae* Zheng Chen
264	山东省淄博市临淄区	病害	杏叶穿孔病(杏细菌性穿孔病)	*Xanthomonas pruni*
265	山东省淄博市临淄区	虫害	枸杞瘿螨	*Aceria macrodonis* Keifer
266	山东省淄博市临淄区	病害	桃树流胶病(桃流胶病)	*Botryosphaeria dothidea*
267	山东省淄博市临淄区	病害	核桃炭疽病	*Colletotrichum gloeosporium* Penz.; [Gloeosporium rufomaculans (Berk.) Thum.]
268	山东省淄博市临淄区	虫害	梨小食心虫	*Grapholita molesta* (Buack)
269	山东省淄博市临淄区	病害	杨树烂皮病(杨树腐烂病、毛白杨腐烂病)	*Valsa sordida* Nit. [Cytospora chrysosperma (Pers.) Fr.]

续表

序号	行政区划	有害生物类型	有害生物种类	害虫或病原的拉丁学名
270	山东省淄博市临淄区	病害	葡萄褐斑病	*Phaeoisariopsis vitis* (Lev.) Sawada.
271	山东省淄博市临淄区	病害	杏褐腐病	*Phellinus* Pomaceus
272	山东省淄博市临淄区	虫害	云斑白条天牛(云斑天牛、多斑白条天牛、白条天牛)	*Batocera horsfieldi* (Hope)
273	山东省淄博市临淄区	虫害	刺槐种子小蜂(刺槐种子广肩小蜂)	*Eurytoma philorbinae* Liao
274	山东省淄博市临淄区	虫害	桃仁蜂	*Eurytoma maslovskii* Nikolskaya
275	山东省淄博市临淄区	虫害	桃蛀果蛾(桃小食心虫、枣桃小食心虫)	*Carposina niponensis* Walsingham
276	山东省淄博市临淄区	虫害	桃蛀螟(桃蛀野螟)	*Conogethes punctiferalis* (Guenee)
277	山东省淄博市临淄区	虫害	豆荚斑螟	*Etielia zinckeneiia* (Treitschke)
278	山东省淄博市临淄区	病害	杨树溃疡病(毛白杨水泡溃疡病)	*Dothiorella gregaria* Sacc.; Botryosphaeria ribis(Tode) Gross.et Dugg.
279	山东省淄博市临淄区	虫害	曲牙土天牛	*Dorysthenes hydropicus* Pascue
280	山东省淄博市临淄区	虫害	脐腹小蠹	*Scolytus schevyrewi* Semenov
281	山东省淄博市临淄区	虫害	灭字脊虎天牛	*Xylotrechus quadripes* Chevrolat
282	山东省淄博市临淄区	虫害	家茸天牛	*Trichoferus campestris* (Faldermann)
283	山东省淄博市临淄区	虫害	二斑黑绒天牛	*Embrik-Strandia bimaculata* (White)
284	山东省淄博市临淄区	虫害	双斑锦天牛	*Acalolepta sublusca* (Thomson)
285	山东省淄博市临淄区	虫害	黄毒蛾	*Euproctis chrysorrhoea* (Linnaeua)
286	山东省淄博市临淄区	虫害	掌夜蛾	*Tiracola plagiata* (Walker)

续表

序号	行政区划	有害生物类型	有害生物种类	害虫或病原的拉丁学名
287	山东省淄博市临淄区	虫害	黏虫(粟夜盗虫、剃枝虫)	*Mythimna separata*(Walker)
288	山东省淄博市临淄区	虫害	玉米螟	*Pyrausta nubilalis*
289	山东省淄博市临淄区	虫害	榆蠹蛾(榆木蠹蛾、柳干蠹蛾)	*Holcocerus vicarius* (Walker)
290	山东省淄博市临淄区	虫害	银纹潜蛾	*Lyonetia prunifoliella* Hbner
291	山东省淄博市临淄区	虫害	一点金刚钻	*Earias pudicana pupillana* Staudinger
292	山东省淄博市临淄区	虫害	杨梢叶甲	*Parnops glasunowi* Jacobson
293	山东省淄博市临淄区	病害	紫藤脉花叶病	*Wisteria vein mosaic virus* (WVMV)
294	山东省淄博市临淄区	虫害	杨二尾舟蛾(杨双尾天社蛾)	*Cerura menciana* Moore
295	山东省淄博市临淄区	虫害	朽木夜蛾	*Axylia putris* (Linnaeua)
296	山东省淄博市临淄区	病害	月季黑斑病(玫瑰黑斑病)	*Actinonema rosae* (Lib.) Fr.; [Diplocarpon rosae]
297	山东省淄博市临淄区	虫害	斜纹夜蛾(一点斜纹网蛾)	*Spodoptera litura* (Fabriciua)
298	山东省淄博市临淄区	病害	葡萄黑痘病	*Sphaceloma ampelinum* de Bary
299	山东省淄博市临淄区	病害	葡萄白腐病(葡萄腐烂病)	*Coniothyrium diplodiella* (Speg.) Sacc.
300	山东省淄博市临淄区	虫害	枣桃六点天蛾	*Marumba gaschkewitschi gaschkewitschi* (Bremer et Grey)
301	山东省淄博市临淄区	病害	木瓜褐斑病	*Pseudocercospora cydoniae*
302	山东省淄博市临淄区	虫害	霜天蛾	*Psilogramma menephron* (Cramer)
303	山东省淄博市临淄区	病害	梨叶肿病	*Eriophyes piri*
304	山东省淄博市临淄区	病害	梨树白粉病	*Phyllactinia corylea*

续表

序号	行政区划	有害生物类型	有害生物种类	害虫或病原的拉丁学名
305	山东省淄博市临淄区	病害	黄栌白粉病	*Uncinula verniciferae* P.Henn.
306	山东省淄博市临淄区	虫害	蛇眼蝶	*Minois dryas* (Scopoli)
307	山东省淄博市临淄区	虫害	桑剑纹夜蛾(桑夜蛾)	*Acronicta major* (Bremer)
308	山东省淄博市临淄区	病害	枸杞白粉病	*Oidium* sp.
309	山东省淄博市临淄区	病害	大叶黄杨白粉病	*Oidium euonymijaponicae* (Are.) Sacc.
310	山东省淄博市临淄区	虫害	桑螟	*Diaphania pyoalis* (Walker)
311	山东省淄博市临淄区	虫害	雀斜纹天蛾(雀纹天蛾)	*Theretra japonica* (Orza)
312	山东省淄博市临淄区	虫害	葡萄天蛾(葡萄轮纹天蛾)	*Ampelophaga rubiginosa rubiginosa Bremer* et Grey
313	山东省淄博市临淄区	虫害	棉铃虫	*Helicoverpa armigera* Hubner
314	山东省淄博市临淄区	虫害	芳香木蠹蛾东方亚种	*Cossus cossus orientalis* Gaede
315	山东省淄博市临淄区	虫害	苹果枯叶蛾	*Odonestis pruni* Linnaeus
316	山东省淄博市临淄区	虫害	苹掌舟蛾	*Phalera flavescens*
317	山东省淄博市临淄区	虫害	楸螟(楸蠹野螟)	*Omphisa plagialis* Wileman
318	山东省淄博市临淄区	虫害	双齿绿刺蛾(棕边青刺蛾)	*Latoia hilarata* (Staudinger)
319	山东省淄博市临淄区	虫害	大叶黄杨尺蛾(丝棉木金星尺蛾)	*Abraxas anda* Bulter[Calospilos suspecta Warren]
320	山东省淄博市临淄区	虫害	小地老虎(土蚕、地蚕)	*Agrotis ipsilon* (Rottemberg)
321	山东省淄博市临淄区	虫害	杨毒蛾(杨雪毒蛾)	*Stilpnotia candida* Staudinger

续表

序号	行政区划	有害生物类型	有害生物种类	害虫或病原的拉丁学名
322	山东省淄博市临淄区	虫害	黄翅缀叶野螟(杨黄卷叶螟)	*Botyodes diniasalis* Walker
323	山东省淄博市临淄区	虫害	春尺蠖(春尺蛾)	*Apocheima cinerarius* Erschoff
324	山东省淄博市临淄区	虫害	杨小舟蛾	*Micromelalopha troglodyta* (Graeser)
325	山东省淄博市临淄区	虫害	榆绿天蛾(云纹天蛾)	*Callambulyx tatarinovi* (Bremer et Grey)
326	山东省淄博市临淄区	虫害	杨枯叶蛾	*Gastropacha populifolia* Esper
327	山东省淄博市临淄区	虫害	大叶黄杨斑蛾(大叶黄杨长毛斑蛾、黄杨斑蛾)	*Pryeria sinica* Moore
328	山东省淄博市临淄区	虫害	柏肤小蠹(柏树小蠹、柏木合场肤小蠹)	*Phloeosinus aubei* (Ferris)
329	山东省淄博市临淄区	虫害	臭椿沟眶象(椿小象)	*Eucryptorrhynchus brandti* (Harold)
330	山东省淄博市临淄区	虫害	桑天牛(桑粒肩天牛、黄褐天牛、粒肩天牛、麻胸天牛、褐天牛)	*Apriona germari* (Hope)
331	山东省淄博市临淄区	虫害	双条杉天牛(双条天牛、蛀木虫)	*Semanotus bifasciatus* Motschulsky
332	山东省淄博市临淄区	虫害	桃红颈天牛	*Aromia bungii* (Faldermann)
333	山东省淄博市临淄区	虫害	星天牛(柑橘天牛、华星天牛)	*Anoplophora chinensis* (Forster)
334	山东省淄博市临淄区	虫害	锈色粒肩天牛	*Apriona swainsoni* (Hope)
335	山东省淄博市临淄区	虫害	蔷薇茎叶蜂(月季茎蜂、玫瑰茎蜂)	*Neosyrista similes* Moscary
336	山东省淄博市临淄区	虫害	柳蓝圆叶甲(柳蓝叶甲)	*Plagiodera versicolora distincta* Baly
337	山东省淄博市临淄区	虫害	绿尾大蚕蛾	*Actias selene ningpoana* Felder
338	山东省淄博市临淄区	病害	刺槐白粉病	*Microsphaera baumleri*

续表

序号	行政区划	有害生物类型	有害生物种类	害虫或病原的拉丁学名
339	山东省淄博市临淄区	病害	核桃细菌性黑斑病(核桃黑斑病)	*Xanthomonas jualandis*(pierce) Dowson
340	山东省淄博市临淄区	病害	梨桧锈病	*Gymnosporangium Haraeanum* Syd
341	山东省淄博市临淄区	病害	泡桐丛枝病	MLO
342	山东省淄博市临淄区	病害	苹果白粉病	*Podosphaera leucotricha* (Ell. et. Ev.) salm.
343	山东省淄博市临淄区	病害	苹果花叶病	*Apple mosaic virus* (ApMV)
344	山东省淄博市临淄区	病害	葡萄霜霉病	*Plasmopara viticola*
345	山东省淄博市临淄区	病害	槭树毛毡病	*Eriophyes macrochelus -eriobius*
346	山东省淄博市临淄区	病害	山楂白粉病	*Podosphaera oxyacanthae* (DC.) De Bary
347	山东省淄博市临淄区	病害	山楂锈病	*Gymnosporangium haraeanum* Syd. f. sp. crataegicola; Gymnosporangium asiaticum
348	山东省淄博市临淄区	病害	月季花叶病	*Rose mosaic virus* (RMV)
349	山东省淄博市临淄区	病害	枣疯病	MLO
350	山东省淄博市临淄区	病害	合欢枯萎病	*Fusarium oxysporum* Schlecht.
351	山东省淄博市临淄区	病害	核桃干腐病	*Physalospora juglandis* Syd. et Hara
352	山东省淄博市临淄区	病害	柳树腐烂病	*Cytospora chrysosperma*
353	山东省淄博市临淄区	病害	苹果腐烂病	*Valsa mali Miyabe* et Yamada
354	山东省淄博市临淄区	病害	苹果干腐病	*Botryosphaeria ribis* (Tode) Grooenb. et Dugg.
355	山东省淄博市临淄区	病害	苹果轮纹病	*Macrophoma kuwatsukai*

续表

序号	行政区划	有害生物类型	有害生物种类	害虫或病原的拉丁学名
356	山东省淄博市临淄区	虫害	琉璃灰蝶	*Celastrina argiolus* Linnaeus
357	山东省淄博市临淄区	虫害	梨剑纹夜蛾	*Acronicta rumicis* (Linnaeus)
358	山东省淄博市临淄区	虫害	宽胫夜蛾	*Protoschinia scutosa* (Denis et Schif-fermOller)
359	山东省淄博市临淄区	虫害	咖啡木蠹蛾(咖啡豹蠹蛾、咖啡黑点蠹蛾、豹纹木蠹蛾)	*Zeuzera coffeae* Nietner
360	山东省淄博市临淄区	虫害	黄杨绢野螟(黄杨野螟、黑缘透翅蛾)	*Diaphania perspectalis* (Walker)
361	山东省淄博市临淄区	虫害	黄钩蛱蝶(金钩角蛱蝶)	*Polygonia c-aureum* (Linnaeus)
362	山东省淄博市临淄区	虫害	黄地老虎	*Agrotis segetum* (Denis et Schiffer-muller)
363	山东省淄博市临淄区	虫害	花胫绿纹蝗	*Aiolopus tamulus* (Fabriciua)
364	山东省淄博市临淄区	虫害	柑橘凤蝶(柑橘凤蝶、花椒凤蝶、黄波罗凤蝶)	*Papilio xuthus* Linnaeus
365	山东省淄博市临淄区	虫害	槐羽舟蛾	*Pterostoma sinicum* Moore
366	山东省淄博市临淄区	虫害	白薯天蛾(甘薯天蛾)	*Herse convolvuli* (Linnaeus) [Agrius convolvuli]
367	山东省淄博市临淄区	虫害	茄廿八星瓢虫(茄二十八星瓢虫)	*Henosepilachna vigintioctopunctata* (Fabricius) [*Henosepilachna sparsa orientalis* Dieke]
368	山东省淄博市临淄区	虫害	盗毒蛾(黄尾毒蛾)	*Porthesia similis* (Fueazly)
369	山东省淄博市临淄区	虫害	大袋蛾(南大蓑蛾)	*Clania variegata* Snellen
370	山东省淄博市临淄区	虫害	菜粉蝶	*Pieris rapae* (Linnaeus)
371	山东省淄博市临淄区	虫害	八字地老虎	*Xestia c-nigrum* (Linnaeus)
372	山东省淄博市临淄区	虫害	沟叩甲(沟线角叩甲、沟叩头甲、沟线须叩甲)	*Pleonomus canaliculatus* Faldernsnn

续表

序号	行政区划	有害生物类型	有害生物种类	害虫或病原的拉丁学名
373	山东省淄博市临淄区	虫害	小青花金龟（双斑小花金龟）	*Oxycetonia jucunda* (Faldermann)
374	山东省淄博市临淄区	虫害	曲带弧丽金龟	*Popillia pustulata* Fairmaire
375	山东省淄博市临淄区	虫害	苹毛丽金龟（苹毛金龟子、长毛金龟子）	*Proagopertha lucidula* (Faldermann)
376	山东省淄博市临淄区	虫害	毛喙丽金龟	*Adoretus hirsutus* Ohaus
377	山东省淄博市临淄区	虫害	黄褐异丽金龟	*Anomala exoleta* Falderman
378	山东省淄博市临淄区	虫害	华北大黑鳃金龟（朝鲜黑金龟）	*Holotrichia oblita* (Faldermann)
379	山东省淄博市临淄区	虫害	东方码绢金龟（东方玛金龟、黑绒金龟、黑绒鳃金龟、东方金龟子、赤绒鳃金龟）	*Maladera orientalis* (Motschulsky)
380	山东省淄博市临淄区	虫害	多色异丽金龟	*Anomala chamaelon* Fairmaire
381	山东省淄博市临淄区	虫害	白星花金龟（白星花潜、白纹铜花金龟）	*Protaetia brevitarsis* (Lewis)
382	山东省淄博市临淄区	虫害	短壮异蝽	*Urochela falloui* Reuter
383	山东省淄博市临淄区	虫害	合欢羞木虱	*Acizzia jamatonica* (Kuwayama)
384	山东省淄博市临淄区	虫害	黑角蝉（黑圆角蝉）	*Gargara genistae* Fabricius
385	山东省淄博市临淄区	虫害	点蜂缘蝽	*Riptortus pedestris* (Fabricius)
386	山东省淄博市临淄区	虫害	宽碧蝽	*Palomena viridissima* (Poda)
387	山东省淄博市临淄区	虫害	竹蚜	*Astegopteryx bambusae* (Budkton)
388	山东省淄博市临淄区	虫害	竹叶螨	*Tetranychus bambusae* Wang et Ma
389	山东省淄博市临淄区	虫害	月季长管蚜	*Macrosiphum rosivarum* Zhang

续表

序号	行政区划	有害生物类型	有害生物种类	害虫或病原的拉丁学名
390	山东省淄博市临淄区	虫害	朴绵叶蚜	*Shivaphis celti* Das
391	山东省淄博市临淄区	虫害	葡萄斑叶蝉(葡萄二星叶蝉)	*Erythroneura apicalis* Nawa
392	山东省淄博市临淄区	虫害	木瓜刺圆盾蚧	*Octaspidiotas staantoniae* (Takahashi)
393	山东省淄博市临淄区	虫害	玫瑰谷网管蚜	*Sitobion rosaeiformis* (Das)
394	山东省淄博市临淄区	虫害	柳星粉虱	*Asterobemisia yanagicola* Takahahi)
395	山东省淄博市临淄区	虫害	梨木虱(中国梨木虱)	*Psylla chinensis* Yang et Li
396	山东省淄博市临淄区	虫害	梨网蝽(梨冠网蝽、梨花网蝽、梨军配虫)	*Stephanitis nashi* Esaki at Takeya
397	山东省淄博市临淄区	虫害	膜肩网蝽(柳膜肩网蝽)	*Hegesidemus habrus* Drake
398	山东省淄博市临淄区	虫害	麻皮蝽(黄斑蝽)	*Erthesina fullo* (Thunberg)
399	山东省淄博市临淄区	虫害	白杨伪卷叶绵蚜	*Thecabius populi* Tao
400	山东省淄博市临淄区	虫害	苹果蚜(苹果黄蚜)	*Aphis pomi* De Geer
401	山东省淄博市临淄区	虫害	日本龟蜡蚧(枣龟蜡蚧、龟蜡蚧)	*Ceroplastes japonicus* Green
402	山东省淄博市临淄区	虫害	柿绒蚧(柿绵蚧、毛毡蚧、柿毡蚧)	*Eriococcus kaki* Kuwana
403	山东省淄博市临淄区	虫害	黑松大蚜	*Cinara atratipinivora* Zhang
404	山东省淄博市临淄区	虫害	桃瘤头蚜(桃瘤蚜、桃纵卷瘤蚜)	*Tuberocephalus momonis* (Matsumura)
405	山东省淄博市临淄区	虫害	桃蚜	*Myzus persicae* (Sulzer)
406	山东省淄博市临淄区	虫害	杏瘤蚜	*Myzus mumecola* (Mataumura)
407	山东省淄博市临淄区	虫害	雪松长足大蚜	*Cinara cedri* Mimeur

续表

序号	行政区划	有害生物类型	有害生物种类	害虫或病原的拉丁学名
408	山东省淄博市临淄区	虫害	京枫多态毛蚜	*Periphyllus diacerivorus* Zhang
409	山东省淄博市临淄区	虫害	枣大球蚧(红枣大球蚧、瘤大球坚蚧、枣大球坚蚧)	*Eulecanium gigantea* (Shinji)
410	山东省淄博市临淄区	虫害	蚱蝉(黑蚱蝉)	*Cryptotympana atrata* (Fabricius)
411	山东省淄博市临淄区	虫害	紫薇绒蚧(红叶小檗毡蚧)	*Eriococcus lagerostroemiae* Kuwana
412	山东省淄博市临淄区	虫害	小皱蝽	*Cyclopelta parva* Distant
413	山东省淄博市临淄区	虫害	暗黑齿爪鳃金龟(暗黑鳃金龟、暗黑金龟子)	*Holotrichia parallela* Motschulsky
414	山东省淄博市临淄区	虫害	东方蝼蛄(蝼蛄)	*Gryllotalpa orientalis* Burmeister
415	山东省淄博市临淄区	虫害	细胸叩头虫(细胸锥尾叩甲、细胸金针虫)	*Agriotes subvittatus* Motschulsky [Agriotes fuscicollis Miwa]
416	山东省淄博市临淄区	虫害	铜绿异丽金龟(铜绿丽金龟、铜绿金龟子)	*Anomala corpulenta* Motschulsky
417	山东省淄博市临淄区	虫害	波纹斜纹象(波纹斜纹象甲、杨黄星象)	*Lepyrus japonicus* Roelofs
418	山东省淄博市临淄区	虫害	侧柏毒蛾(柏毛虫)	*Parocneria furva* (Leech)
419	山东省淄博市临淄区	虫害	臭椿皮夜蛾(臭椿皮蛾、旋皮夜蛾)	*Eligma narcissus* (Cramer)
420	山东省淄博市临淄区	虫害	豆天蛾	*Clanis bilineata tsingtauica* Mell
421	山东省淄博市临淄区	虫害	枸杞负泥虫	*Lema decempunctata* Gebler
422	山东省淄博市临淄区	虫害	国槐尺蛾(槐尺蛾、国槐尺蠖)	*Semiothisa cinerearia* Bremer et Grey
423	山东省淄博市临淄区	虫害	褐边绿刺蛾(黄缘绿刺蛾、褐袖刺蛾、绿刺蛾、青刺蛾)	*Latoia consocia* Walker
424	山东省淄博市临淄区	虫害	星白雪灯蛾(红腹灯蛾、黄腹灯蛾、星白灯蛾)	*Spilosoma menthastri* (Esper)

续表

序号	行政区划	有害生物类型	有害生物种类	害虫或病原的拉丁学名
425	山东省淄博市临淄区	虫害	红天蛾	*Pergesa elpenor lewisi* (Butler)
426	山东省淄博市临淄区	虫害	红缘灯蛾(红袖灯蛾)	*Aloa lactinea* Cramer
427	山东省淄博市临淄区	虫害	黄刺蛾(洋辣子、茶树黄刺蛾)	*Monema flavescens* Walker
428	山东省淄博市临淄区	虫害	蓝目天蛾	*Smerinthus planus planus* Walker
429	山东省淄博市临淄区	虫害	柳瘿叶蜂(柳厚壁叶蜂)	*Pontania dolichura* Thomson
430	山东省淄博市临淄区	虫害	榉四脉绵蚜	*Tetraneura zelkovisucta* Zhang
431	山东省淄博市临淄区	虫害	金银花长毛管蚜	*Myzus clavatus* Paik
432	山东省淄博市临淄区	虫害	落叶松小爪螨	*Oligonychus karamatus* (Ehara)
433	山东省淄博市临淄区	虫害	柑桔始叶螨	*Eotetranychus kankitus* Ehara
434	山东省淄博市临淄区	虫害	枫杨刻蚜	*Kurisakia onigurumii* (Shinji)
435	山东省淄博市临淄区	虫害	东亚接骨木蚜	*Aphis horii* Takahashi
436	山东省淄博市临淄区	虫害	日本草履蚧(草履蚧)	*Drosicha corpulenta* (Kuwana)
437	山东省淄博市临淄区	虫害	柏大蚜(侧柏大蚜)	*Cinara tujafilina* (del Guercio)
438	山东省淄博市临淄区	虫害	朝鲜球坚蜡蚧(朝鲜球坚蚧、杏球坚蚧、桃球坚蚧、槐球)	*Didesmococcus koreanus* Borchsenius
439	山东省淄博市临淄区	虫害	洋槐蚜(刺槐蚜)	*Aphis robiniae* Macchiati
440	山东省淄博市临淄区	虫害	大青叶蝉(沙棘叶蝉)	*Cicadella viridis* (Linnaeus)

续表

序号	行政区划	有害生物类型	有害生物种类	害虫或病原的拉丁学名
441	山东省淄博市临淄区	虫害	褐盔蜡蚧(扁平球坚蚧、东方盔蚧、糖槭蚧、糖槭盔蚧、水木坚蚧)	*Parthenolecanium corni* (Bouche)
442	山东省淄博市临淄区	虫害	中国槐蚜(槐蚜)	*Aphis sophoricola* Zhang
443	山东省淄博市临淄区	虫害	皱大球蚧(槐花球蚧)	*Eulecanium kuwanai* (Kanda)
444	山东省淄博市临淄区	虫害	栾多态毛蚜	*Periphyllus koelreuteriae* (Takahashi)
445	山东省淄博市临淄区	虫害	卫矛蚜	*Aphis euonymi* Fabricius
446	山东省淄博市临淄区	虫害	梨二叉蚜	*Schizaphis piricola* (Matsumura)
447	山东省淄博市临淄区	虫害	白蜡蚧	*Ericerus pela* Chavannes
448	山东省淄博市临淄区	虫害	白蜡树卷叶绵蚜	*Prociphilus fraxini* Fabricius
449	山东省淄博市临淄区	虫害	斑衣蜡蝉(红娘子、斑衣、臭皮蜡蝉)	*Lycorma delicatula* (White)
450	山东省淄博市周村区	病害	杨树烂皮病(杨树腐烂病、毛白杨腐烂病)	*Valsa sordida* Nit.[Cytospora chrysosperma (Pers.) Fr.]
451	山东省淄博市周村区	虫害	大造桥虫	*Ascotis selenaria* (Denis et Schiffermuller)
452	山东省淄博市周村区	虫害	广鹿蛾	*Amata emma* (Butler)
453	山东省淄博市周村区	病害	白蜡褐斑病	*Cercospora fraxinites*
454	山东省淄博市周村区	病害	梨黑星病	*Venturia piritna* Aderh; Venturia nashicola Tanak et Yamamota; Fusicladium plrinum (Lib) Fuck
455	山东省淄博市周村区	病害	银杏赤枯病	*Pestalotia ginkgo* Hori
456	山东省淄博市周村区	病害	银杏叶斑病	*Phyllosticta ginkgo* Brun.
457	山东省淄博市周村区	病害	桃树流胶病(桃流胶病)	*Botryosphaeria dothidea*

续表

序号	行政区划	有害生物类型	有害生物种类	害虫或病原的拉丁学名
458	山东省淄博市周村区	虫害	人纹污灯蛾	*Spilarctia subcarnea* (Walker)
459	山东省淄博市周村区	虫害	银杏大蚕蛾(白果蚕、核桃楸大蚕蛾)	*Dictyoploca japonica* Moore
460	山东省淄博市周村区	虫害	丽绿刺蛾(绿刺蛾、茶树丽绿刺蛾)	*Latoia lepida* (Cramer)
461	山东省淄博市周村区	病害	柳树腐烂病	*Cytospora chrysosperma*
462	山东省淄博市周村区	病害	刺槐白粉病	*Microsphaera baumleri*
463	山东省淄博市周村区	病害	苹果花叶病	*Apple mosaic virus* (ApMV)
464	山东省淄博市周村区	病害	苹果腐烂病	*Valsa mali* Miyabe et Yamada
465	山东省淄博市周村区	病害	苹果树叶斑病(苹果斑点落叶病、苹果轮斑病)	*Alternaria mali*
466	山东省淄博市周村区	病害	苹果炭疽病	*Glomerella cingulata* (Stonem.) Spauld. & Schrenk;[Colletotrichum gloeosporioides (Penz.) Penz. & Sacc.]
467	山东省淄博市周村区	病害	苹果小叶病	*Armillariella tabescens*
468	山东省淄博市周村区	病害	苹果轮纹病	*Macrophoma kuwatsukai*
469	山东省淄博市周村区	病害	杨树溃疡病(毛白杨水泡溃疡病)	*Dothiorella gregaria* Sacc.; *Botryosphaeria ribis*(Tode) Gross.et Dugg.
470	山东省淄博市周村区	病害	杨树白粉病	*Uncinula* spp.; *Phyllactinia populi* (Jacz.) Yu; *Pleochaeta populicola* Zhang
471	山东省淄博市周村区	病害	杨树黑斑病(毛白杨黑斑病)	*Marssonina brunnea* (Ell. et Ev.) Magn., M. populi (Lib.) Magn., M. castagnei(Desm.et Mont.) Magn.
472	山东省淄博市周村区	病害	杨树锈病	*Melampsora laricis*
473	山东省淄博市周村区	病害	杨树黑星病	*Venturia populina* (Vuill.) Fabr.; *Venturia macularis* (Fr.) E.Muller

续表

序号	行政区划	有害生物类型	有害生物种类	害虫或病原的拉丁学名
474	山东省淄博市周村区	病害	葡萄白腐病(葡萄腐烂病)	*Coniothyrium diplodiella* (Speg.) Sacc.
475	山东省淄博市周村区	病害	葡萄霜霉病	*Plasmopara viticola*
476	山东省淄博市周村区	病害	葡萄褐斑病	*Phaeoisariopsis vitis* (Lev.) Sawada.
477	山东省淄博市周村区	病害	泡桐丛枝病	MLO
478	山东省淄博市周村区	病害	桂花叶枯病	*Cercospora osmanthicola*
479	山东省淄博市周村区	虫害	柿零叶蝉	*Limassolla diospyri* Chou et Ma
480	山东省淄博市周村区	虫害	柳蓝圆叶甲(柳蓝叶甲)	*Plagiodera versicolora distincta* Baly
481	山东省淄博市周村区	虫害	柳蚜	*Aphis farinosa* Gamelin
482	山东省淄博市周村区	虫害	华北大黑鳃金龟(朝鲜黑金龟)	*Holotrichia oblita* (Faldermann)
483	山东省淄博市周村区	虫害	麻皮蝽(黄斑蝽)	*Erthesina fullo* (Thunberg)
484	山东省淄博市周村区	虫害	桃蛀螟(桃蛀野螟)	*Conogethes punctiferalis* (Guenee)
485	山东省淄博市周村区	虫害	双齿绿刺蛾(棕边青刺蛾)	*Latoia hilarata* (Staudinger)
486	山东省淄博市周村区	虫害	短额负蝗	*Atractomorpha sinensis* Bolivar
487	山东省淄博市周村区	虫害	亚洲飞蝗	*Locusta migratoria migratoria* (Linnaeua)
488	山东省淄博市周村区	虫害	朝鲜球坚蜡蚧(朝鲜球坚蚧、杏球坚蚧、桃球坚蚧、槐球)	*Didesmococcus koreanus* Borchsenius
489	山东省淄博市周村区	虫害	日本双棘长蠹	*Sinoxylon japonicus* Lesne
490	山东省淄博市周村区	虫害	春尺蠖(春尺蛾)	*Apocheima cinerarius* Erschoff

续表

序号	行政区划	有害生物类型	有害生物种类	害虫或病原的拉丁学名
491	山东省淄博市周村区	虫害	刺槐外斑尺蛾	*Ectropis excellens* Butler
492	山东省淄博市周村区	虫害	小绿叶蝉(桃叶蝉、桃小浮尘子、桃小叶蝉、桃小绿叶蝉)	*Empoasca flavescens* (Fabricius)
493	山东省淄博市周村区	虫害	柿绒蚧(柿绵蚧、毛毡蚧、柿毡蚧)	*Eriococcus kaki* Kuwana
494	山东省淄博市周村区	虫害	瓜绢野螟(瓜绢螟)	*Diaphania indica* (Sauders)
495	山东省淄博市周村区	虫害	杨二尾舟蛾(杨双尾天社蛾)	*Cerura menciana* Moore
496	山东省淄博市周村区	虫害	黄刺蛾(洋辣子、茶树黄刺蛾)	*Monema flavescens* Walker
497	山东省淄博市周村区	虫害	梨剑纹夜蛾	*Acronicta rumicis* (Linnaeus)
498	山东省淄博市周村区	虫害	中华象蜡蝉	*Dictyophara sinica* Walker
499	山东省淄博市周村区	虫害	杨扁角叶爪叶蜂(杨扁角叶蜂、杨直角叶蜂)	*Stauronematus compressicornis* (Fabricius)
500	山东省淄博市周村区	虫害	绿螽蜥	*Holochiora nawae* Matsumura et Shiraki
501	山东省淄博市周村区	虫害	蚱蝉(黑蚱蝉)	*Cryptotympana atrata* (Fabricius)
502	山东省淄博市周村区	虫害	桃蛀果蛾(桃小食心虫、枣桃小食心虫)	*Carposina niponensis* Walsingham
503	山东省淄博市周村区	虫害	金凤蝶(黄凤蝶)	*Papilio machaon* Linnaeus
504	山东省淄博市周村区	虫害	梨网蝽(梨冠网蝽、梨花网蝽、梨军配虫)	*Stephanitis nashi* Esaki at Takeya
505	山东省淄博市周村区	虫害	臭椿皮夜蛾(臭椿皮蛾、旋皮夜蛾)	*Eligma narcissus* (Cramer)
506	山东省淄博市周村区	虫害	白蜡树卷叶绵蚜	*Prociphilus fraxini* Fabricius
507	山东省淄博市周村区	虫害	白薯天蛾(甘薯天蛾)	*Herse convolvuli* (Linnaeus) [Agrius convolvuli]

续表

序号	行政区划	有害生物类型	有害生物种类	害虫或病原的拉丁学名
508	山东省淄博市周村区	虫害	霜天蛾	*Psilogramma menephron* (Cramer)
509	山东省淄博市周村区	虫害	刺肩普缘蝽	*Plinachtus dissimilis* Hsiao
510	山东省淄博市周村区	虫害	棉铃虫	*Helicoverpa armigera* Hubner
511	山东省淄博市周村区	虫害	朱砂叶螨(红蜘蛛)	*Tetranychus cinnabarinus* (Boisduval)
512	山东省淄博市周村区	虫害	中国绿刺蛾	*Latoia sinica* (Moore)
513	山东省淄博市周村区	虫害	丽毒蛾	*Cailiteara pudibunda* (Linnaeua)
514	山东省淄博市周村区	虫害	斑须蝽	*Dolycoris baccarum* (Linnaeua)
515	山东省淄博市周村区	虫害	丝带凤蝶	*Sericinus montelus* Gray
516	山东省淄博市周村区	虫害	茸毒蛾(苹毒蛾)	*Dasychira pudibunda* (Linnaeus); [Calliteara pudibunda(Linnaeus)]
517	山东省淄博市周村区	虫害	黄翅缀叶野螟(杨黄卷叶螟)	*Botyodes diniasalis* Walker
518	山东省淄博市周村区	虫害	刺槐掌舟蛾	*Phalera grolei* Moore
519	山东省淄博市周村区	虫害	槐羽舟蛾	*Pterostoma sinicum* Moore
520	山东省淄博市周村区	虫害	扁刺蛾(杜仲刺蛾)	*Thosea sinensis* (Walker)
521	山东省淄博市周村区	虫害	锈色粒肩天牛	*Apriona swainsoni* (Hope)
522	山东省淄博市周村区	虫害	咖啡木蠹蛾(咖啡豹蠹蛾、咖啡黑点蠹蛾、豹纹木蠹蛾)	*Zeuzera coffeae* Nietner
523	山东省淄博市周村区	虫害	柿广翅蜡蝉	*Ricania sublimbata* Jacobi
524	山东省淄博市周村区	虫害	杨白纹潜蛾(杨白潜蛾)	*Leucoptera susinella* Herrich-Sch

续表

序号	行政区划	有害生物类型	有害生物种类	害虫或病原的拉丁学名
525	山东省淄博市周村区	虫害	波纹斜纹象(波纹斜纹象甲、杨黄星象)	*Lepyrus japonicus* Roelofs
526	山东省淄博市周村区	虫害	蓝灰蝶(闪蓝灰蝶)	*Everes argiades* (Pallas)
527	山东省淄博市周村区	虫害	杨枯叶蛾	*Gastropacha populifolia* Esper
528	山东省淄博市周村区	虫害	雪松长足大蚜	*Cinara cedri* Mimeur
529	山东省淄博市周村区	虫害	芳香木蠹蛾	*Cossus cossus* Linnaeus
530	山东省淄博市周村区	虫害	大粒横沟象	*Dyscerus cribripennis* Matsumura et Kono
531	山东省淄博市周村区	虫害	国槐尺蛾(槐尺蛾、国槐尺蠖)	*Semiothisa cinerearia* Bremer et Grey
532	山东省淄博市周村区	虫害	梧桐木虱	*Thysanogyna limbata* Enderlein
533	山东省淄博市周村区	虫害	斑衣蜡蝉(红娘子、斑衣、臭皮蜡蝉)	*Lycorma delicatula* (White)
534	山东省淄博市周村区	虫害	星白雪灯蛾(红腹灯蛾、黄腹灯蛾、星白灯蛾)	*Spilosoma menthastri* (Esper)
535	山东省淄博市周村区	虫害	白星花金龟(白星花潜、白纹铜花金龟)	*Protaetia brevitarsis* (Lewis)
536	山东省淄博市周村区	虫害	柑橘凤蝶(柑橘凤蝶、花椒凤蝶、黄波罗凤蝶)	*Papilio xuthus* Linnaeus
537	山东省淄博市周村区	虫害	铜绿异丽金龟(铜绿丽金龟、铜绿金龟子)	*Anomala corpulenta* Motschulsky
538	山东省淄博市周村区	虫害	大叶黄杨尺蛾(丝棉木金星尺蛾)	*Abraxas anda Bulter* [Calospilos suspecta Warren]
539	山东省淄博市周村区	虫害	细胸叩头虫(细胸锥尾叩甲、细胸金针虫)	*Agriotes subvittatus* Motschulsky [Agriotes fuscicollis Miwa]
540	山东省淄博市周村区	虫害	桑天牛(桑粒肩天牛、黄褐天牛、粒肩天牛、麻胸天牛、褐天牛)	*Apriona germari* (Hope)
541	山东省淄博市周村区	虫害	杨毒蛾(杨雪毒蛾)	*Stilpnotia candida* Staudinger

续表

序号	行政区划	有害生物类型	有害生物种类	害虫或病原的拉丁学名
542	山东省淄博市周村区	虫害	点蜂缘蝽	*Riptortus pedestris* (Fabricius)
543	山东省淄博市周村区	虫害	白钩蛱蝶(桦蛱蝶)	*Polygonia c-album* (Linnaeus)
544	山东省淄博市周村区	虫害	臭椿沟眶象(椿小象)	*Eucryptorrhynchus brandti* (Harold)
545	山东省淄博市周村区	虫害	光肩星天牛(黄斑星天牛)	*Anoplophora glabripennis* (Motschulsky)
546	山东省淄博市周村区	虫害	星天牛(柑橘天牛、华星天牛)	*Anoplophora chinensis* (Forster)
547	山东省淄博市周村区	虫害	杨扇舟蛾(白杨天社蛾)	*Clostera anachoreta* (Fabricius)
548	山东省淄博市周村区	虫害	杨小舟蛾	*Micromelalopha troglodyta* (Graeser)
549	山东省淄博市周村区	虫害	绿尾大蚕蛾	*Actias selene ningpoana* Felder
550	山东省淄博市周村区	虫害	日本草履蚧(草履蚧)	*Drosicha corpulenta* (Kuwana)
551	山东省淄博市桓台县	虫害	超桥夜蛾	*Anomis fulvida* Guenee
552	山东省淄博市桓台县	病害	樱花褐斑穿孔病	*Cercospora circumscissa*
553	山东省淄博市桓台县	虫害	绣线菊蚜(苹果黄蚜)	*Aphis citricola* van der Goot
554	山东省淄博市桓台县	虫害	桃蚜	*Myzus persicae* (Sulzer)
555	山东省淄博市桓台县	病害	冬青卫矛白粉病(冬青白粉病)	*Oidium euonymi Japonici*
556	山东省淄博市桓台县	虫害	麻皮蝽(黄斑蝽)	*Erthesina fullo* (Thunberg)
557	山东省淄博市桓台县	虫害	朱砂叶螨(红蜘蛛)	*Tetranychus cinnabarinus* (Boisduval)
558	山东省淄博市桓台县	病害	大叶黄杨白粉病	*Oidium euonymijaponicae* (Are.) Sacc.
559	山东省淄博市桓台县	病害	柿角斑病	*Cercospora kaki* Ell. Et Ev.

续表

序号	行政区划	有害生物类型	有害生物种类	害虫或病原的拉丁学名
560	山东省淄博市桓台县	虫害	樗蚕蛾(樗蚕)	*Samia cynthia cynthia* (Drurvy)
561	山东省淄博市桓台县	虫害	桑褐刺蛾(褐刺蛾、红绿刺蛾、桑刺蛾、刺毛虫)	*Setora postornata* (Hampson)
562	山东省淄博市桓台县	病害	核桃炭疽病	*Colletotrichum gloeosporium* Penz.;[Gloeosporium rufomaculans (Berk.) Thum.]
563	山东省淄博市桓台县	病害	杏叶穿孔病(杏细菌性穿孔病)	*Xanthomonas pruni*
564	山东省淄博市桓台县	病害	桃穿孔病(桃细菌性穿孔病、桃树细菌性穿孔病)	*Xanthomonas compestris* PV. pruni (Smith) Dye
565	山东省淄博市桓台县	病害	梨叶斑病(梨褐斑病)	*Mycosphaerella sentina*(Fr.) Schr ter; *Septoria piricola* Desm.
566	山东省淄博市桓台县	病害	杨树白粉病	*Uncinula* spp.; *Phyllactinia populi* (Jacz.) Yu; *Pleochaeta populicola* Zhang
567	山东省淄博市桓台县	虫害	柳蓝圆叶甲(柳蓝叶甲)	*Plagiodera versicolora distincta* Baly
568	山东省淄博市桓台县	虫害	榆毒蛾(榆黄足毒蛾)	*Ivela ochropoda* (Eversmann)
569	山东省淄博市桓台县	虫害	杨毒蛾(杨雪毒蛾)	*Stilpnotia candida* Staudinger
570	山东省淄博市桓台县	虫害	杨扁角叶爪叶蜂(杨扁角叶蜂、杨直角叶蜂)	*Stauronematus compressicornis* (Fabricius)
571	山东省淄博市桓台县	虫害	柳瘿叶蜂(柳厚壁叶蜂)	*Pontania dolichura* Thomson
572	山东省淄博市桓台县	虫害	杨银叶潜蛾(杨银潜蛾)	*Phyllocnistis saligna* Zeller
573	山东省淄博市桓台县	虫害	黄翅缀叶野螟(杨黄卷叶螟)	*Botyodes diniasalis* Walker
574	山东省淄博市桓台县	虫害	杨干象(杨干隐喙象、杨干白尾象虫、杨干象甲、白尾象鼻虫)	*Cryptorrhynchus lapathi* Linnaeus
575	山东省淄博市桓台县	虫害	桑天牛(桑粒肩天牛、黄褐天牛、粒肩天牛、麻胸天牛、褐天牛)	*Apriona germari* (Hope)

续表

序号	行政区划	有害生物类型	有害生物种类	害虫或病原的拉丁学名
576	山东省淄博市桓台县	虫害	铜绿异丽金龟（铜绿丽金龟、铜绿金龟子）	*Anomala corpulenta* Motschulsky
577	山东省淄博市桓台县	虫害	朝鲜球坚蜡蚧（朝鲜球坚蚧、杏球坚蚧、桃球坚蚧、槐球）	*Didesmococcus koreanus* Borchsenius
578	山东省淄博市桓台县	虫害	日本草履蚧（草履蚧）	*Drosicha corpulenta* (Kuwana)
579	山东省淄博市桓台县	虫害	柿绒蚧（柿绵蚧、毛毡蚧、柿毡蚧）	*Eriococcus kaki* Kuwana
580	山东省淄博市桓台县	虫害	光肩星天牛（黄斑星天牛）	*Anoplophora glabripennis* (Motschulsky)
581	山东省淄博市桓台县	虫害	桃红颈天牛	*Aromia bungii* (Faldermann)
582	山东省淄博市桓台县	病害	杨树叶斑病（杨树褐斑病）	*Septoria populi* Desm.; S. Populicola Peck; S.tianschanica Kravtz.
583	山东省淄博市桓台县	病害	杨树溃疡病（毛白杨水泡溃疡病）	*Dothiorella gregaria* Sacc.; Botryosphaeria ribis (Tode) Gross.et Dugg.
584	山东省淄博市桓台县	病害	杨树黑斑病（毛白杨黑斑病）	*Marssonina brunnea* (Ell. et Ev.) Magn., M. populi (Lib.) Magn., M. castagnei (Desm.et Mont.) Magn.
585	山东省淄博市桓台县	病害	青杨叶锈病	*Melampsora larici-populina* Kleb.
586	山东省淄博市桓台县	病害	杨树煤污病	*Fumago vagans* Pers.
587	山东省淄博市桓台县	虫害	杨小舟蛾	*Micromelalopha troglodyta* (Graeser)
588	山东省淄博市桓台县	虫害	杨扇舟蛾（白杨天社蛾）	*Clostera anachoreta* (Fabricius)
589	山东省淄博市桓台县	虫害	日本龟蜡蚧（枣龟蜡蚧、龟蜡蚧）	*Ceroplastes japonicus* Green
590	山东省淄博市桓台县	虫害	硕蝽（板栗硕蝽）	*Eurostus validus* Dallas
591	山东省淄博市桓台县	虫害	东方菜粉蝶	*Pieris canidia* (Sparrman)
592	山东省淄博市桓台县	虫害	华北大黑鳃金龟（朝鲜黑金龟）	*Holotrichia oblita* (Faldermann)

续表

序号	行政区划	有害生物类型	有害生物种类	害虫或病原的拉丁学名
593	山东省淄博市桓台县	虫害	春尺蠖(春尺蛾)	*Apocheima cinerarius* Erschoff
594	山东省淄博市桓台县	虫害	国槐尺蛾(槐尺蛾、国槐尺蠖)	*Semiothisa cinerearia* Bremer et Grey
595	山东省淄博市高青县	病害	杨灰斑病(杨树灰斑病)	*Mycosphaerella mandshurica* M.Miura
596	山东省淄博市高青县	病害	葡萄叶枯病	*Cercospora voesleri*
597	山东省淄博市高青县	虫害	桃蚜	*Myzus persicae* (Sulzer)
598	山东省淄博市高青县	病害	桃叶穿孔病	*Xanthomonas pruni*
599	山东省淄博市高青县	病害	桃缩叶病	*Taphrina deformans* (Berk) Tul.
600	山东省淄博市高青县	虫害	刺肩普缘蝽	*Plinachtus dissimilis* Hsiao
601	山东省淄博市高青县	病害	槐树白粉病	*Uncinula sinensis*
602	山东省淄博市高青县	虫害	纹须同缘蝽	*Homoeocerus striicornis* Scott
603	山东省淄博市高青县	虫害	柏肤小蠹(柏树小蠹、柏木合场肤小蠹)	*Phloeosinus aubei* (Ferris)
604	山东省淄博市高青县	虫害	杨柳小卷蛾(杨小卷叶蛾)	*Gypsonoma minutana* (Hubner)
605	山东省淄博市高青县	虫害	柳刺皮瘿螨	*Aculops niphocladae* Keifer
606	山东省淄博市高青县	虫害	木棉新离子瘿螨	*Leipothrix bombycis* Huang
607	山东省淄博市高青县	病害	柳树锈病(柳叶锈病)	*Melampsora arctica*
608	山东省淄博市高青县	病害	杨树黑斑病(毛白杨黑斑病)	*Marssonina brunnea* (Ell. et Ev.) Magn., M. populi (Lib.) Magn., M. castagnei(Desm.et Mont.)Magn.
609	山东省淄博市高青县	病害	杨树烂皮病(杨树腐烂病、毛白杨腐烂病)	*Valsa sordida* Nit.[Cytospora chrysosperma (Pers.) Fr.]

续表

序号	行政区划	有害生物类型	有害生物种类	害虫或病原的拉丁学名
610	山东省淄博市高青县	病害	杨树黑星病	*Venturia populina* (Vuill.) Fabr.; Venturia macularis (Fr.) E.Muller
611	山东省淄博市高青县	病害	杨树溃疡病(毛白杨水泡溃疡病)	*Dothiorella gregaria* Sacc.; Botryosphaeria ribis(Tode)Gross.et Dugg.
612	山东省淄博市高青县	病害	柳树腐烂病	*Cytospora chrysosperma*
613	山东省淄博市高青县	病害	柳树灰斑病	*Septoria salicicola*
614	山东省淄博市高青县	病害	核桃白粉病	*Phyllactinia juglandis* Tao & Qin; microsphaera yamadai (Salm.) Syd.
615	山东省淄博市高青县	病害	核桃干腐病	*Physalospora juglandis* Syd. et Hara
616	山东省淄博市高青县	病害	核桃褐斑病	*Marssonina juglandis*
617	山东省淄博市高青县	病害	苹果腐烂病	*Valsa mali Miyabe* et Yamada
618	山东省淄博市高青县	病害	苹果轮纹病	*Macrophoma kuwatsukai*
619	山东省淄博市高青县	病害	苹果炭疽病	*Glomerella cingulata* (Stonem.) Spauld. & Schrenk; [Colletotrichum gloeosporioides (Penz.) Penz. & Sacc.]
620	山东省淄博市高青县	病害	葡萄黑痘病	*Sphaceloma ampelinum* de Bary
621	山东省淄博市高青县	病害	葡萄霜霉病	*Plasmopara viticola*
622	山东省淄博市高青县	病害	梨桧锈病	*Gymnosporangium* Haraeanum Syd
623	山东省淄博市高青县	病害	桃树流胶病(桃流胶病)	*Botryosphaeria dothidea*
624	山东省淄博市高青县	病害	樱桃腐朽病	*Pycnoporus cinnabarineus*
625	山东省淄博市高青县	病害	大叶黄杨炭疽病	*Gloeosporium frigidium* Sacc.
626	山东省淄博市高青县	病害	紫藤脉花叶病	*Wisteria vein mosaic virus* (WVMV)

续表

序号	行政区划	有害生物类型	有害生物种类	害虫或病原的拉丁学名
627	山东省淄博市高青县	病害	紫荆角斑病(紫荆叶斑病)	*Cercospora chionea* Ell. Et Ev.
628	山东省淄博市高青县	虫害	国槐尺蛾(槐尺蛾、国槐尺蠖)	*Semiothisa cinerearia* Bremer et Grey
629	山东省淄博市高青县	虫害	芳香木蠹蛾	*Cossus cossus* Linnaeus
630	山东省淄博市高青县	虫害	四斑绢野螟	*Diaphania quadrimaculalis* (Bremer et Grey)
631	山东省淄博市高青县	虫害	黄翅缀叶野螟(杨黄卷叶螟)	*Botyodes diniasalis* Walker
632	山东省淄博市高青县	虫害	白薯天蛾(甘薯天蛾)	*Herse convolvuli* (Linnaeus) [Agrius convolvuli]
633	山东省淄博市高青县	虫害	蓝目天蛾	*Smerinthus planus planus* Walker
634	山东省淄博市高青县	虫害	霜天蛾	*Psilogramma menephron* (Cramer)
635	山东省淄博市高青县	虫害	杨白纹潜蛾(杨白潜蛾)	*Leucoptera susinella* Herrich-Sch
636	山东省淄博市高青县	虫害	杨银叶潜蛾(杨银潜蛾)	*Phyllocnistis saligna* Zeller
637	山东省淄博市高青县	虫害	臭椿皮夜蛾(臭椿皮蛾、旋皮夜蛾)	*Eligma narcissus* (Cramer)
638	山东省淄博市高青县	虫害	杨二尾舟蛾(杨双尾天社蛾)	*Cerura menciana* Moore
639	山东省淄博市高青县	虫害	杨小舟蛾	*Micromelalopha troglodyta* (Graeser)
640	山东省淄博市高青县	虫害	榆掌舟蛾(榆黄斑舟蛾、黄掌舟蛾、榆毛虫)	*Phalera fuscescens* Butler
641	山东省淄博市高青县	虫害	榆三节叶蜂(榆红胸三节叶蜂、榆叶蜂)	*Arge captiva* Smith
642	山东省淄博市高青县	虫害	杨扁角叶爪叶蜂(杨扁角叶蜂、杨直角叶蜂)	*Stauronematus compressicornis* (Fabricius)
643	山东省淄博市高青县	虫害	斑衣蜡蝉(红娘子、斑衣、臭皮蜡蝉)	*Lycorma delicatula* (White)
644	山东省淄博市高青县	虫害	金纹小潜细蛾(金纹细蛾、苹果细蛾)	*Phyllonorycter ringoniella* (Matsumura)

续表

序号	行政区划	有害生物类型	有害生物种类	害虫或病原的拉丁学名
645	山东省淄博市高青县	虫害	茶翅椿(臭木蝽象、臭木蝽、茶色蝽)	*Halyomorpha halys* (Sthl)
646	山东省淄博市高青县	虫害	红脊长蝽	*Tropidothorax elegans* (Distant)
647	山东省淄博市高青县	虫害	麻皮蝽(黄斑蝽)	*Erthesina fullo* (Thunberg)
648	山东省淄博市高青县	虫害	梨网蝽(梨冠网蝽、梨花网蝽、梨军配虫)	*Stephanitis nashi* Esaki at Takeya
649	山东省淄博市高青县	虫害	小皱蝽	*Cyclopelta parva* Distant
650	山东省淄博市高青县	虫害	蚱蝉(黑蚱蝉)	*Cryptotympana atrata* (Fabricius)
651	山东省淄博市高青县	虫害	白蜡树卷叶绵蚜	*Prociphilus fraxini* Fabricius
652	山东省淄博市高青县	虫害	苹果蚜(苹果黄蚜)	*Aphis pomi* De Geer
653	山东省淄博市高青县	虫害	龟蜡蚧	*Ceroplastes floridensis* Comstock
654	山东省淄博市高青县	虫害	光肩星天牛(黄斑星天牛)	*Anoplophora glabripennis* (Motschulsky)
655	山东省淄博市高青县	虫害	柳毒蛾(雪毒蛾)	*Stilpnotia salicis* (Linnaeus)
656	山东省淄博市高青县	虫害	柳瘿叶蜂(柳厚壁叶蜂)	*Pontania dolichura* Thomson
657	山东省淄博市高青县	虫害	红缘天牛(红缘亚天牛)	*Asias halodendri* (Pallas)
658	山东省淄博市高青县	虫害	桑天牛(桑粒肩天牛、黄褐天牛、粒肩天牛、麻胸天牛、褐天牛)	*Apriona germari* (Hope)
659	山东省淄博市高青县	虫害	星天牛(柑橘天牛、华星天牛)	*Anoplophora chinensis* (Forster)
660	山东省淄博市高青县	虫害	云斑白条天牛(云斑天牛、多斑白条天牛、白条天牛)	*Batocera horsfieldi* (Hope)
661	山东省淄博市高青县	虫害	臭椿沟眶象(椿小象)	*Eucryptorrhynchus brandti* (Harold)

续表

序号	行政区划	有害生物类型	有害生物种类	害虫或病原的拉丁学名
662	山东省淄博市高青县	虫害	波纹斜纹象（波纹斜纹象甲、杨黄星象）	*Lepyrus japonicus* Roelofs
663	山东省淄博市高青县	虫害	朱砂叶螨（红蜘蛛）	*Tetranychus cinnabarinus* (Boisduval)
664	山东省淄博市高青县	病害	杨树白粉病	*Uncinula* spp.; *Phyllactinia populi* (Jacz.) Yu; *Pleochaeta populicola* Zhang
665	山东省淄博市高青县	病害	刺槐白粉病	*Microsphaera baumleri*
666	山东省淄博市高青县	病害	大叶黄杨白粉病	*Oidium euonymijaponicae* (Are.) Sacc.
667	山东省淄博市高青县	病害	柳树白粉病	*Uncinula salicis*
668	山东省淄博市高青县	病害	核桃白腐病	*Polystictus betulina*
669	山东省淄博市高青县	病害	槐树腐烂病（国槐腐烂病）	*Dothiorella gregaria* Sacc; *Botryosphaeria ribis* Gross. et Duggar; *Fusarium tricinatum* (Cord.) Sacc.
670	山东省淄博市高青县	病害	杨树锈病	*Melampsora laricis*
671	山东省淄博市高青县	虫害	棉蚜（花椒棉蚜、榆树棉蚜）	*Aphis gossypii* Glover
672	山东省淄博市高青县	虫害	柿斑叶蝉	*Erythroneura multipunctata* Matsumura
673	山东省淄博市高青县	虫害	枣球蜡蚧	*Eucalymnatus gigantea* (Shinji)
674	山东省淄博市高青县	虫害	枣奕刺蛾（枣刺蛾）	*Phlossa conjuncta* (Walker)
675	山东省淄博市高青县	虫害	榆绿柄天牛	*Aphrodisium provosti* (Fairmaire)
676	山东省淄博市高青县	虫害	槐小卷蛾（槐树小卷蛾、国槐小卷蛾、国槐叶柄小蛾、槐卷蛾）	*Cydia trasias* (Meyrick)
677	山东省淄博市高青县	虫害	柳叶小卷蛾	*Epinotia cruciana* (Linnaeua)

续表

序号	行政区划	有害生物类型	有害生物种类	害虫或病原的拉丁学名
678	山东省淄博市高青县	虫害	扁刺蛾(杜仲刺蛾)	*Thosea sinensis* (Walker)
679	山东省淄博市高青县	病害	梨黑斑病	*Alternaria kikuchiana* Tanaka
680	山东省淄博市高青县	病害	冬青叶斑病	*Macrophoma illicis-cornutae*
681	山东省淄博市高青县	病害	柳树白腐病	*Daedaleopsis coafragosa*
682	山东省淄博市高青县	虫害	春尺蠖(春尺蛾)	*Apocheima cinerarius* Erschoff
683	山东省淄博市高青县	虫害	杨扇舟蛾(白杨天社蛾)	*Clostera anachoreta* (Fabricius)
684	山东省淄博市高青县	虫害	黄连木尺蛾(黄连木尺蠖、木撩尺蠖、木燎尺蠖)	*Culcula panterinaria* (Bremer et Grey)
685	山东省淄博市高青县	虫害	黄刺蛾(洋辣子、茶树黄刺蛾)	*Monema flavescens* Walker
686	山东省淄博市沂源县	病害	柳树锈病(柳叶锈病)	*Melampsora arctica*
687	山东省淄博市沂源县	虫害	长尾麝凤蝶	*Byasa impediens* (Rothdchild, 1895)
688	山东省淄博市沂源县	虫害	朝鲜球坚蜡蚧(朝鲜球坚蚧、杏球坚蚧、桃球坚蚧、槐球	*Didesmococcus koreanus* Borchsenius
689	山东省淄博市沂源县	虫害	杨柳小卷蛾(杨小卷叶蛾)	*Gypsonoma minutana* (Hubner)
690	山东省淄博市沂源县	虫害	蟪蛄	*Platypleura kaern pferi* (Fabricius)
691	山东省淄博市沂源县	虫害	谐夜蛾	*Acontia trabealis* (Scopoli) [Emmelia trabealis Scopoli]
692	山东省淄博市沂源县	虫害	鸣鸣蝉(雷鸣蝉、昼鸣蝉)	*Oncotympana maculaticollis* (Mota-chuisky)
693	山东省淄博市沂源县	虫害	灰土苔蛾	*Eilema grieseola* (Hubner, 1827)
694	山东省淄博市沂源县	虫害	杨扇舟蛾(白杨天社蛾)	*Clostera anachoreta* (Fabricius)

续表

序号	行政区划	有害生物类型	有害生物种类	害虫或病原的拉丁学名
695	山东省淄博市沂源县	虫害	杨小舟蛾	*Micromelalopha troglodyta* (Graeser)
696	山东省淄博市沂源县	虫害	秋四脉绵蚜	*Tetraneura akinire* Sasaki
697	山东省淄博市沂源县	虫害	青革土蝽	*Macroscytus subaeneus* (Dallas)
698	山东省淄博市沂源县	虫害	黄星桑天牛(桑黄星天牛)	*Psacothea hilaris* (Pascoe)
699	山东省淄博市沂源县	虫害	中华剑角蝗(中华蚱蜢、异色剑角蝗)	*Acrida cinerea* Thunberg
700	山东省淄博市沂源县	虫害	红褐斑腿蝗	*Catantops pinguis* (Stal)
701	山东省淄博市沂源县	虫害	绣线菊蚜(苹果黄蚜)	*Aphis citricola* van der Goot
702	山东省淄博市沂源县	虫害	茶翅椿(臭木蝽象、臭木蝽、茶色蝽)	*Halyomorpha halys* (Sthl)
703	山东省淄博市沂源县	虫害	杨柳绿虎天牛(杨柳云天牛)	*Chlorophorus motschulskyi* (Gangi)
704	山东省淄博市沂源县	虫害	花胫绿纹蝗	*Aiolopus tamulus* (Fabriciua)
705	山东省淄博市沂源县	虫害	云斑车蝗	*Gastrimargus marmoratus* (Thunberg)
706	山东省淄博市沂源县	虫害	棉蝗(大青蝗、蹬山倒)	*Chondracris rosea* (De Geer)
707	山东省淄博市沂源县	虫害	银二星舟蛾	*Euhampsonia splendida* (Oberthur)
708	山东省淄博市沂源县	虫害	苹掌舟蛾	*Phalera flavescens*
709	山东省淄博市沂源县	虫害	臭椿皮夜蛾(臭椿皮蛾、旋皮夜蛾)	*Eligma narcissus* (Cramer)
710	山东省淄博市沂源县	虫害	牧女珍眼蝶(珍眼蝶)	*Coenonympha amaryllis* (Stoll)
711	山东省淄博市沂源县	虫害	枣桃六点天蛾	*Marumba gaschkewitschi gaschkewitschi* (Bremer et Grey)
712	山东省淄博市沂源县	虫害	霜天蛾	*Psilogramma menephron* (Cramer)

续表

序号	行政区划	有害生物类型	有害生物种类	害虫或病原的拉丁学名
713	山东省淄博市沂源县	虫害	中华鹿蛾(鹿蛾)	*Amata sinersis*
714	山东省淄博市沂源县	虫害	黑鹿蛾	*Amata ganssuensis* (Grum-Grshimailo)
715	山东省淄博市沂源县	虫害	黄钩蛱蝶(金钩角蛱蝶)	*Polygonia c-aureum* (Linnaeus)
716	山东省淄博市沂源县	虫害	丝带凤蝶	*Sericinus montelus* Gray
717	山东省淄博市沂源县	虫害	柑橘凤蝶(柑橘凤蝶、花椒凤蝶、黄波罗凤蝶)	*Papilio xuthus* Linnaeus
718	山东省淄博市沂源县	虫害	菜粉蝶	*Pieris rapae* (Linnaeus)
719	山东省淄博市沂源县	虫害	星白雪灯蛾(红腹灯蛾、黄腹灯蛾、星白灯蛾)	*Spilosoma menthastri* (Esper)
720	山东省淄博市沂源县	虫害	人纹污灯蛾	*Spilarctia subcarnea* (Walker)
721	山东省淄博市沂源县	虫害	红缘灯蛾(红袖灯蛾)	*Aloa lactinea* Cramer
722	山东省淄博市沂源县	虫害	绿尾大蚕蛾	*Actias selene ningpoana* Felder
723	山东省淄博市沂源县	虫害	短额负蝗	*Atractomorpha sinensis* Bolivar
724	山东省淄博市沂源县	虫害	黄胫小车蝗	*Oedaleus infernalis* de Saussure
725	山东省淄博市沂源县	虫害	大叶黄杨尺蛾(丝棉木金星尺蛾)	*Abraxas anda* Bulter[Calospilos suspecta Warren]
726	山东省淄博市沂源县	虫害	樗蚕蛾(樗蚕)	*Samia cynthia cynthia* (Drurvy)
727	山东省淄博市沂源县	虫害	白雪灯蛾	*Chionarctia nivea* (Menetries)
728	山东省淄博市沂源县	虫害	小青花金龟(双斑小花金龟)	*Oxycetonia jucunda* (Faldermann)
729	山东省淄博市沂源县	虫害	东方码绢金龟(东方玛金龟、黑绒金龟、黑绒鳃金龟、东方金龟子、赤绒鳃金龟)	*Maladera orientalis* (Motschulsky)

续表

序号	行政区划	有害生物类型	有害生物种类	害虫或病原的拉丁学名
730	山东省淄博市沂源县	虫害	华北大黑鳃金龟(朝鲜黑金龟)	*Holotrichia oblita* (Faldermann)
731	山东省淄博市沂源县	虫害	豆天蛾	*Clanis bilineata tsingtauica* Mell
732	山东省淄博市沂源县	虫害	构月天蛾(钩月天蛾)	*Parum colligata* (Walker)
733	山东省淄博市沂源县	虫害	核桃鹰翅天蛾	*Oxyambulyx schauffelbergeri* (Bremer et Grey)
734	山东省淄博市沂源县	虫害	榆绿天蛾(云纹天蛾)	*Callambulyx tatarinovi* (Bremer et Grey)
735	山东省淄博市沂源县	虫害	白星花金龟(白星花潜、白纹铜花金龟)	*Protaetia brevitarsis* (Lewis)
736	山东省淄博市沂源县	虫害	铜绿异丽金龟(铜绿丽金龟、铜绿金龟子)	*Anomala corpulenta* Motschulsky
737	山东省淄博市沂源县	虫害	波纹斜纹象(波纹斜纹象甲、杨黄星象)	*Lepyrus japonicus* Roelofs
738	山东省淄博市沂源县	虫害	光肩星天牛(黄斑星天牛)	*Anoplophora glabripennis* (Motschulsky)
739	山东省淄博市沂源县	虫害	黄杨绢野螟(黄杨野螟、黑缘透翅蛾)	*Diaphania perspectalis* (Walker)
740	山东省淄博市沂源县	虫害	松阿扁叶蜂(松扁叶蜂、松阿扁蜂)	*Acantholyda posticalis* Matsumura
741	山东省淄博市沂源县	虫害	杨毒蛾(杨雪毒蛾)	*Stilpnotia candida* Staudinger
742	山东省淄博市沂源县	虫害	斑衣蜡蝉(红娘子、斑衣、臭皮蜡蝉)	*Lycorma delicatula* (White)
743	山东省淄博市沂源县	虫害	春尺蠖(春尺蛾)	*Apocheima cinerarius* Erschoff
744	山东省淄博市沂源县	虫害	黄地老虎	*Agrotis segetum* (Denis et Schiffermuller)
745	山东省淄博市沂源县	虫害	褐边绿刺蛾(黄缘绿刺蛾、褐袖刺蛾、绿刺蛾、青刺蛾)	*Latoia consocia* Walker
746	山东省淄博市沂源县	虫害	葡萄天蛾(葡萄轮纹天蛾)	*Ampelophaga rubiginosa rubiginosa* Bremer et Grey
747	山东省淄博市沂源县	虫害	红缘天牛(红缘亚天牛)	*Asias halodendri* (Pallas)

续表

序号	行政区划	有害生物类型	有害生物种类	害虫或病原的拉丁学名
748	山东省淄博市沂源县	虫害	栗瘿蜂(板栗瘿蜂)	*Dryocosmus kuriphilus* Yasumatsu
749	山东省淄博市沂源县	虫害	桃瘤头蚜(桃瘤蚜、桃纵卷瘤蚜)	*Tuberocephalus momonis* (Matsumura)
750	山东省淄博市沂源县	虫害	曲牙土天牛	*Dorysthenes hydropicus* Pascue
751	山东省淄博市沂源县	虫害	桑天牛(桑粒肩天牛、黄褐天牛、粒肩天牛、麻胸天牛、褐天牛)	*Apriona germari* (Hope)
752	山东省淄博市沂源县	虫害	桃红颈天牛	*Aromia bungii* (Faldermann)
753	山东省淄博市沂源县	虫害	蚱蝉(黑蚱蝉)	*Cryptotympana atrata* (Fabricius)
754	山东省淄博市沂源县	虫害	东方蝼蛄(蝼蛄)	*Gryllotalpa orientalis* Burmeister
755	山东省淄博市沂源县	虫害	八字地老虎	*Xestia c-nigrum* (Linnaeus)
756	山东省淄博市沂源县	虫害	双条杉天牛(双条天牛、蛀木虫)	*Semanotus bifasciatus* Motschulsky
757	山东省淄博市沂源县	虫害	日本草履蚧(草履蚧)	*Drosicha corpulenta* (Kuwana)
758	山东省淄博市沂源县	虫害	黄连木尺蛾(黄连木尺蠖、木撩尺蠖、木燎尺蠖)	*Culcula panterinaria* (Bremer et Grey)
759	山东省淄博市鲁山林场	虫害	刺槐突瓣细蛾	*Chrysaster ostensackenella* (Fitch)
760	山东省淄博市鲁山林场	虫害	赤缘片头叶蝉(绿胸片头叶蝉、片头叶蝉)	*Petalocephala rufa* Cen Cai [Petalocephala viridis Cai et He]
761	山东省淄博市鲁山林场	虫害	弓巾夜蛾	*Parallelia arcuata* Moore
762	山东省淄博市鲁山林场	虫害	中华食蜂郭公虫(红斑郭公虫、黑斑棋纹甲、黑斑红毛郭公虫、中华郭公虫、青带郭公虫)	*Trichodes sinae* Chevrolat
763	山东省淄博市鲁山林场	虫害	华波纹蛾	*Habrosyne pyritoides* (Hufnagel)

续表

序号	行政区划	有害生物类型	有害生物种类	害虫或病原的拉丁学名
764	山东省淄博市鲁山林场	虫害	棉褐带卷蛾(苹小卷叶蛾、苹果小卷叶蛾)	*Adoxophyes orana* (Fischer von Roslerstamm)
765	山东省淄博市鲁山林场	虫害	稻纵卷叶野螟(稻纵卷叶螟)	*Cnaphalocrocis medinalis* (Guenee)
766	山东省淄博市鲁山林场	虫害	白毒蛾	*Arctornis l-nigrum* (Muller)
767	山东省淄博市鲁山林场	虫害	二点织螟	*Aphomia zelleri* (Joannis)
768	山东省淄博市鲁山林场	虫害	银纹夜蛾	*Argyrogramma agnata* (Staudinger)
769	山东省淄博市鲁山林场	虫害	白桦角须野螟	*Agrotera nemoralis* Scopoli
770	山东省淄博市鲁山林场	虫害	红黏夜蛾	*Mythimna rufipennis* Butler
771	山东省淄博市鲁山林场	虫害	梨娜刺蛾	*Narosoideus flavidorsalis* (Staudinger)
772	山东省淄博市鲁山林场	虫害	长腹凯刺蛾	*Caissa longisaccula* Wu et Fang
773	山东省淄博市鲁山林场	虫害	山枝子尺蛾	*Aspitates geholaria* OberthUr
774	山东省淄博市鲁山林场	虫害	双流潢尺蛾	*Xanthorhoe biriviata* (Borhauson)
775	山东省淄博市鲁山林场	虫害	猫蛱蝶	*Timelaea maculata* (Bremer et Grey)
776	山东省淄博市鲁山林场	虫害	华北蝼蛄(蝼蝈、啦啦蛄)	*Gryllotalpa unispina* Sausaure
777	山东省淄博市鲁山林场	虫害	日本绿螽蜥	*Holochiora japonica* Brunner von Wattenwyl
778	山东省淄博市鲁山林场	虫害	褐喙尾虫脩(褐喙尾竹节虫)	*Rhamphophasma modestum* Brunner
779	山东省淄博市鲁山林场	病害	松苗叶枯病	*Cercospora pini-densiflorae* Hari. et Nambu
780	山东省淄博市鲁山林场	有害植物	野葛(葛藤)	*Pueraria lobata* (Willd.) Ohwi
781	山东省淄博市鲁山林场	有害植物	南蛇藤	*Celastrus orbiculatus* Thunb.

续表

序号	行政区划	有害生物类型	有害生物种类	害虫或病原的拉丁学名
782	山东省淄博市鲁山林场	有害植物	槲寄生(槲寄生植物)	*Viscum coloratum* (Kom.) Nakai
783	山东省淄博市鲁山林场	病害	板栗锈病(板栗粉锈病)	*Pucciniastrum castaneae* Diet.
784	山东省淄博市鲁山林场	病害	板栗白粉病	*Phyllactinia corylea*; Phyllactinia roboris
785	山东省淄博市鲁山林场	病害	华山松煤污病(松树煤污病)	*Fumago vagans* Pers.
786	山东省淄博市鲁山林场	病害	刺槐烂根病	*Sclerotium rolfsii*
787	山东省淄博市鲁山林场	病害	板栗溃疡病(板栗枝枯病)	*Pseudovalsella modonia* (Tul.) Kobayashi; [Coryneum kunzei Corda var. Castanea Sacc.& Roum
788	山东省淄博市鲁山林场	病害	板栗褐腐病(板栗心材褐腐病)	*Fomitopsis spraguei* (Berk. M. A. Curtis) Gilb. Ryvarden
789	山东省淄博市鲁山林场	病害	枫杨枝枯病	*Melanconium oblogum*
790	山东省淄博市鲁山林场	病害	水杉赤枯病	*Cercospora sequoiae* Ell. et Ev. (C. cryptomeriae Shirai); *Pestalitiopsis foedans*; *Alternaria alternata* (Fr.) Keiss
791	山东省淄博市鲁山林场	病害	杨树枝瘤病(毛白杨根癌病)	*Diplodia tumefaciens* (Shear) Zalasky; Macrophoma tumeifaciens
792	山东省淄博市鲁山林场	病害	山核桃叶斑病	*Xanthomonas jualandis* (pierce)
793	山东省淄博市鲁山林场	虫害	悬勾上瘿螨(悬钩子瘿螨)	*Epitrimerus rubus* sp. Nov.
794	山东省淄博市鲁山林场	虫害	葡萄叶斑蛾(葡萄星毛虫)	*Illiberis tenuis* Butler
795	山东省淄博市鲁山林场	虫害	肖二线绿尺蛾	*Thetidia chlorophyllaria* (Hedemann)
796	山东省淄博市鲁山林场	虫害	黄素毒蛾	*Laelia anamesa* Collenette
797	山东省淄博市鲁山林场	虫害	横带窄翅野螟	*Euclasta defamatalis* Walker

续表

序号	行政区划	有害生物类型	有害生物种类	害虫或病原的拉丁学名
798	山东省淄博市鲁山林场	虫害	深色白眉天蛾	*Celerio gallii* (Rottemburg)
799	山东省淄博市鲁山林场	虫害	宽毛胫夜蛾(宽径夜蛾)	*Mocis laxa* (Walker)
800	山东省淄博市鲁山林场	虫害	鹿裳夜蛾	*Catocala proxeneta*
801	山东省淄博市鲁山林场	虫害	雪疽夜蛾	*Nodaria niphona* (Butler)
802	山东省淄博市鲁山林场	虫害	侧带内斑舟蛾	*Peridea lativitta*(Wileman,1911)
803	山东省淄博市鲁山林场	虫害	黄胸木蜂	*Xylocopa appendiculata* Smith
804	山东省淄博市鲁山林场	虫害	黑斜纹象	*Chromoderus declivis* Olivier
805	山东省淄博市鲁山林场	虫害	阔胫码绢金龟(阔胫鳃金龟)	*Maladera verticalis* (Fairmaire)
806	山东省淄博市鲁山林场	有害植物	桑寄生(四川桑寄生)	*Taxillus sutchuenensis* (Lecomte) Danser
807	山东省淄博市鲁山林场	虫害	中华树蟋	*Oecanthus sinensis* Walker
808	山东省淄博市鲁山林场	虫害	苜蓿夜蛾	*Heliothis viriplace* (Htifnagel)
809	山东省淄博市鲁山林场	虫害	槲犹冬夜蛾	*Eupsilia transversa* (Hufnsgel)
810	山东省淄博市鲁山林场	虫害	双齿白边舟蛾	*Nericoides leechi*
811	山东省淄博市鲁山林场	虫害	大星步甲	*Calosoma maximoviczi* Morawitz
812	山东省淄博市鲁山林场	虫害	辉蝽	*Carbula obtusangula* Reuter
813	山东省淄博市鲁山林场	虫害	毛胫夜蛾	*Mocis undata* (Fabricius)
814	山东省淄博市鲁山林场	虫害	白点二线绿尺蛾	*Thetidia smaragdaria* Fabricius
815	山东省淄博市鲁山林场	虫害	桥夜蛾(中桥夜蛾)	*Anomis mesogona* (Walker)

续表

序号	行政区划	有害生物类型	有害生物种类	害虫或病原的拉丁学名
816	山东省淄博市鲁山林场	虫害	全蝽	*Homalogonia obtusa* (Walker)
817	山东省淄博市鲁山林场	虫害	菱斑食植瓢虫	*Epilachna insignis* Gorham
818	山东省淄博市鲁山林场	虫害	筛胸梳爪叩甲	*Melanotus cribricallis* (Faldermsnn)
819	山东省淄博市鲁山林场	虫害	山稻蝗	*Oxya agavisa* Tsai
820	山东省淄博市鲁山林场	虫害	青脊竹蝗(青脊角蝗、青草猛)	*Ceracris nigricornis* (Bolivar)
821	山东省淄博市鲁山林场	虫害	长角佛蝗	*Phlaeoba antennata* Brunner
822	山东省淄博市鲁山林场	虫害	纵坑切梢小蠹(云南松纵坑切梢小蠹)	*Tomicus piniperda* (Linnaeus)
823	山东省淄博市鲁山林场	虫害	榆绿毛萤叶甲(绿毛萤叶甲、榆蓝叶甲、榆毛胸萤叶甲)	*Pyrrhalta aenescens* (Fairmaire)
824	山东省淄博市鲁山林场	虫害	台湾索鳃金龟	*Sophrops formosa*
825	山东省淄博市鲁山林场	虫害	彩燕灰蝶	*Rapala selira* (Moore)
826	山东省淄博市鲁山林场	虫害	中华爱灰蝶	*Aricia mandschurica* (Staudinger)
827	山东省淄博市鲁山林场	虫害	深山珠弄蝶	*Erynnis montanus* (Bremer, 1861)
828	山东省淄博市鲁山林场	虫害	马尾松毛虫	*Dendrolimus punctatus* (Walker)
829	山东省淄博市鲁山林场	虫害	杨干透翅蛾	*Sesia siningensis* (Hau)
830	山东省淄博市鲁山林场	虫害	白蜡梢距甲(白蜡梢叶甲、白蜡梢金花虫)	*Temnaspis nankinea* (Pic)
831	山东省淄博市鲁山林场	虫害	榆紫叶甲(密点缺缘叶甲)	*Ambrostoma quadriimpressum* (Motscbulsky)
832	山东省淄博市鲁山林场	虫害	窗耳叶蝉	*Ledra auditura* Walker

续表

序号	行政区划	有害生物类型	有害生物种类	害虫或病原的拉丁学名
833	山东省淄博市鲁山林场	虫害	松铲头沫蝉	*Clovia conifera* (Walker)
834	山东省淄博市鲁山林场	虫害	蓝绿象(绿鳞象)	*Hypomeces squamosus* Fabricius
835	山东省淄博市鲁山林场	虫害	松梢螟(松梢斑螟、松干螟、云杉球果螟、华山松球果螟)	*Dioryctria splendidella* Herrich-Schaeffer
836	山东省淄博市鲁山林场	虫害	朽木叩甲	*Dirrhagofarsus lewisi* (Fleutiaux)
837	山东省淄博市鲁山林场	病害	枫杨煤污病	*Fumago vagans*
838	山东省淄博市鲁山林场	病害	黄栌枯萎病	*Verticillium dahliae* Kleb.
839	山东省淄博市鲁山林场	病害	刚竹煤污病(竹煤污病、毛竹煤污病)	*Meliola phyllostachydis*
840	山东省淄博市鲁山林场	病害	竹叶锈病	*Puccinia longicornis* Pat. Et Har.
841	山东省淄博市鲁山林场	病害	圆柏叶枯病	*Alternaria tenuis* Nees
842	山东省淄博市鲁山林场	病害	松落针病	*Lophodermium pinastri* (Schrad.) Chev
843	山东省淄博市鲁山林场	病害	松烂皮病	*Cenangium ferruginosum* Fr.ex Fr.
844	山东省淄博市鲁山林场	虫害	大叶黄杨尺蛾(丝棉木金星尺蛾)	*Abraxas anda* Bulter[Calospilos suspecta Warren]
845	山东省淄博市鲁山林场	虫害	金纹小潜细蛾(金纹细蛾、苹果细蛾)	*Phyllonorycter ringoniella* (Matsumura)
846	山东省淄博市鲁山林场	虫害	豆荚斑螟	*Etielia zinckeneiia* (Treitschke)
847	山东省淄博市鲁山林场	虫害	紫蓝曼蝽	*Menida violacea* Motschulsky
848	山东省淄博市鲁山林场	虫害	菲缘蝽	*Physomerus grossipes* Fabricius
849	山东省淄博市鲁山林场	虫害	构月天蛾(钩月天蛾)	*Parum colligata* (Walker)

续表

序号	行政区划	有害生物类型	有害生物种类	害虫或病原的拉丁学名
850	山东省淄博市鲁山林场	虫害	青革土蝽	*Macroscytus subaeneus* (Dallas)
851	山东省淄博市鲁山林场	虫害	缘纹广翅蜡蝉	*Ricania marginalis* (Walker)
852	山东省淄博市鲁山林场	虫害	斑喙丽金龟(华喙丽金龟、斑喙丽金龟、茶色金龟)	*Adoretus tenuimaculatus* Waterhouse
853	山东省淄博市鲁山林场	虫害	福婆鳃金龟	*Brahmina faldermanni* Kraatz
854	山东省淄博市鲁山林场	虫害	臭椿沟眶象(椿小象)	*Eucryptorrhynchus brandti* (Harold)
855	山东省淄博市鲁山林场	虫害	柳蓝圆叶甲(柳蓝叶甲)	*Plagiodera versicolora distincta* Baly
856	山东省淄博市鲁山林场	虫害	榆跳象	*Rhynchaenus alni* (Linnaeus)
857	山东省淄博市鲁山林场	虫害	杨扇舟蛾(白杨天社蛾)	*Clostera anachoreta* (Fabricius)
858	山东省淄博市鲁山林场	虫害	白雪灯蛾	*Chionarctia nivea* (Menetries)
859	山东省淄博市鲁山林场	虫害	艳刺蛾	*Arbelarosa rufotesseliata* (Moore)
860	山东省淄博市鲁山林场	虫害	苹果枯叶蛾	*Odonestis pruni* Linnaeus
861	山东省淄博市鲁山林场	虫害	黄娜刺蛾	*Narosoideus fuscicostalis* (Fixsen)
862	山东省淄博市鲁山林场	虫害	甘蓝夜蛾	*Mamestra brassicae* (Linnaeus)
863	山东省淄博市鲁山林场	虫害	白条夜蛾	*Argyrogramma albostriata* Bremer et Grey
864	山东省淄博市鲁山林场	虫害	扶桑四点野螟	*Lygropia quaternalis* Zeller
865	山东省淄博市鲁山林场	虫害	粉蝶灯蛾	*Nyctemera plagifera* Walker
866	山东省淄博市鲁山林场	虫害	幻带黄毒蛾	*Euproctis varians* (Walker)
867	山东省淄博市鲁山林场	虫害	背刺蛾(贝刺蛾)	*Belippa horrida* Walker

续表

序号	行政区划	有害生物类型	有害生物种类	害虫或病原的拉丁学名
868	山东省淄博市鲁山林场	虫害	肾纹绿尺蛾	*Comibaena procumbaria* (Fryer)
869	山东省淄博市鲁山林场	虫害	萝藦艳青尺蛾	*Agathia carissima* Butler
870	山东省淄博市鲁山林场	虫害	葡萄天蛾(葡萄轮纹天蛾)	*Ampelophaga rubiginosa rubiginosa* Bremer et Grey
871	山东省淄博市鲁山林场	虫害	黑跗眼天牛(蓝翅眼天牛、茶红颈天牛、枫杨黑跗眼天牛、黑驸眼天牛)	*Bacchisa atritarsis* (Pic)
872	山东省淄博市鲁山林场	虫害	云斑白条天牛(云斑天牛、多斑白条天牛、白条天牛)	*Batocera horsfieldi* (Hope)
873	山东省淄博市鲁山林场	虫害	薄翅锯天牛(中华薄翅天牛、薄翅天牛、大棕天牛)	*Megopis sinica sinica* (White)
874	山东省淄博市鲁山林场	虫害	圆纹宽广蜡蝉	*Pochazia guttifera* Walker
875	山东省淄博市鲁山林场	虫害	榛卷叶象	*Cycnotrachelus longiceps* Motschulsky
876	山东省淄博市鲁山林场	虫害	栗六点天蛾	*Marumba sperchius* Menentries
877	山东省淄博市鲁山林场	虫害	雀斜纹天蛾(雀纹天蛾)	*Theretra japonica* (Orza)
878	山东省淄博市鲁山林场	虫害	豆天蛾	*Clanis bilineata tsingtauica* Mell
879	山东省淄博市鲁山林场	虫害	枣桃六点天蛾	*Marumba gaschkewitschi gaschkewitschi* (Bremer et Grey)
880	山东省淄博市鲁山林场	虫害	后黄黑边天蛾	*Haemorrhagia radians* (Walker)
881	山东省淄博市鲁山林场	虫害	葡萄卷叶野螟	*Sylepta luctuosalis* Guenee
882	山东省淄博市鲁山林场	虫害	丝带凤蝶	*Sericinus montelus* Gray
883	山东省淄博市鲁山林场	虫害	捷豹蛱蝶	*Fabriciana adippe vorax* Butler
884	山东省淄博市鲁山林场	虫害	四斑绢野螟	*Diaphania quadrimaculalis* (Bremer et Grey)

续表

序号	行政区划	有害生物类型	有害生物种类	害虫或病原的拉丁学名
885	山东省淄博市鲁山林场	虫害	桃蛀螟(桃蛀野螟)	*Conogethes punctiferalis* (Guenee)
886	山东省淄博市鲁山林场	虫害	艳双点螟	*Orybina regaiis* Leech
887	山东省淄博市鲁山林场	虫害	黄痣苔蛾	*Stigmatophora flava* (Bremer et Grey)
888	山东省淄博市鲁山林场	虫害	白须天蛾	*Kentrochrysalis sieversi* Alpheraky
889	山东省淄博市鲁山林场	虫害	红天蛾	*Pergesa elpenor lewisi* (Butler)
890	山东省淄博市鲁山林场	虫害	灰天蛾	*Acosmerycoides leucocraspis leucocraspis* (Hampson)
891	山东省淄博市鲁山林场	虫害	梨六点天蛾	*Marumba gaschkewitschi corn placens* Walker
892	山东省淄博市鲁山林场	虫害	蓝目天蛾	*Smerinthus planus planus* Walker
893	山东省淄博市鲁山林场	虫害	鹰翅天蛾	*Oxyambulyx ochracea* (Butler)
894	山东省淄博市鲁山林场	虫害	榆绿天蛾(云纹天蛾)	*Callambulyx tatarinovi* (Bremer et Grey)
895	山东省淄博市鲁山林场	虫害	紫光盾天蛾	*Phyllosphingia dissimilis sinensis* Jordan
896	山东省淄博市鲁山林场	虫害	大光腹夜蛾	*Mythimna grandis* Butler
897	山东省淄博市鲁山林场	虫害	刻梦尼夜蛾	*Orthosia cruda* (Denis et Schiffermuller)
898	山东省淄博市鲁山林场	虫害	客来夜蛾	*Chrysorithrum amata* (Bremer et Grey)
899	山东省淄博市鲁山林场	虫害	枯叶夜蛾	*Eudocima tyrannus* (Guenee)
900	山东省淄博市鲁山林场	虫害	旋目夜蛾	*Spirama retorta* (Clerck)
901	山东省淄博市鲁山林场	虫害	艳修虎蛾	*Seudyra venusta* Leech

续表

序号	行政区划	有害生物类型	有害生物种类	害虫或病原的拉丁学名
902	山东省淄博市鲁山林场	虫害	银锭夜蛾	*Macdunnoughia crassisigna* (Warren)
903	山东省淄博市鲁山林场	虫害	榆剑纹夜蛾	*Acronicta hercules* Felder et Rogenhofer
904	山东省淄博市鲁山林场	虫害	刺槐掌舟蛾	*Phalera grolei* Moore
905	山东省淄博市鲁山林场	虫害	核桃美舟蛾	*Uropyia meticulodina* (Oberthuer)
906	山东省淄博市鲁山林场	虫害	槐羽舟蛾	*Pterostoma sinicum* Moore
907	山东省淄博市鲁山林场	虫害	黄二星舟蛾	*Euhampsonia cristata* (Butler)
908	山东省淄博市鲁山林场	虫害	栎黄掌舟蛾(栎掌舟蛾)	*Phalera assimilis* (Bremer et Grey)
909	山东省淄博市鲁山林场	虫害	栎枝背舟蛾	*Harpyia umbrosa* (Staudinger)
910	山东省淄博市鲁山林场	虫害	苹掌舟蛾	*Phalera flavescens*
911	山东省淄博市鲁山林场	虫害	烟灰舟蛾	*Notodonta tritophus uniformis* Oberthuer
912	山东省淄博市鲁山林场	虫害	无斑弧丽金龟(无斑丽金龟、豆蓝弧丽金龟)	*Popillia mutans* Newman
913	山东省淄博市鲁山林场	虫害	小青花金龟(双斑小花金龟)	*Oxycetonia jucunda* (Faldermann)
914	山东省淄博市鲁山林场	虫害	黑翅脊筒天牛	*Nupserha infantula* Gangibauber
915	山东省淄博市鲁山林场	虫害	红缘天牛(红缘亚天牛)	*Asias halodendri* (Pallas)
916	山东省淄博市鲁山林场	虫害	黄带黑绒天牛	*Embrik-Strandia unifasciata* (Ritsema)
917	山东省淄博市鲁山林场	虫害	家茸天牛	*Trichoferus campestris* (Faldermann)
918	山东省淄博市鲁山林场	虫害	菊小筒天牛(菊虎、菊天牛)	*Phytoecia rufiventris* Gautier

续表

序号	行政区划	有害生物类型	有害生物种类	害虫或病原的拉丁学名
919	山东省淄博市鲁山林场	虫害	栗山天牛(高山天牛)	*Mallambyx raddei* Blessig
920	山东省淄博市鲁山林场	虫害	麻天牛(麻竖毛天牛、麻茎天牛)	*Thyestilla gebleri* (Faldermann)
921	山东省淄博市鲁山林场	虫害	灭字脊虎天牛	*Xylotrechus quadripes* Chevrolat
922	山东省淄博市鲁山林场	虫害	桑天牛(桑粒肩天牛、黄褐天牛、粒肩天牛、麻胸天牛、褐天牛)	*Apriona germari* (Hope)
923	山东省淄博市鲁山林场	虫害	双斑锦天牛	*Acalolepta sublusca* (Thomson)
924	山东省淄博市鲁山林场	虫害	锈色粒肩天牛	*Apriona swainsoni* (Hope)
925	山东省淄博市鲁山林场	虫害	波纹斜纹象(波纹斜纹象甲、杨黄星象)	*Lepyrus japonicus* Roelofs
926	山东省淄博市鲁山林场	虫害	短带长毛象	*Enaptorrhinus cohvexiusculus* Heller
927	山东省淄博市鲁山林场	虫害	金边翠象	*Lepropus lateralis* Fabricius
928	山东省淄博市鲁山林场	虫害	柞栎象	*Curculio dentipes* Roelofs
929	山东省淄博市鲁山林场	虫害	短额负蝗	*Atractomorpha sinensis* Bolivar
930	山东省淄博市鲁山林场	虫害	黄胫小车蝗	*Oedaleus infernalis* de Saussure
931	山东省淄博市鲁山林场	虫害	中华稻蝗	*Oxya chinensis* (Thunberg)
932	山东省淄博市鲁山林场	虫害	银二星舟蛾	*Euhampsonia splendida* (Oberthur)
933	山东省淄博市鲁山林场	虫害	白星花金龟(白星花潜、白纹铜花金龟)	*Protaetia brevitarsis* (Lewis)
934	山东省淄博市鲁山林场	虫害	东北大黑鳃金龟(东北齿爪鳃金龟、大黑鳃金龟)	*Holotrichia diomphalia* Bates
935	山东省淄博市鲁山林场	虫害	东方藜丽金龟	*Blitopertha orientalis* Waterhouese

续表

序号	行政区划	有害生物类型	有害生物种类	害虫或病原的拉丁学名
936	山东省淄博市鲁山林场	虫害	短毛斑金龟	*Lasiotrichius succinctus* (Pallas)
937	山东省淄博市鲁山林场	虫害	褐绣花金龟	*Poecilophilides rusticola* Burrneister
938	山东省淄博市鲁山林场	虫害	亮绿彩丽金龟(墨绿彩丽金龟、亮条彩丽金龟)	*Mimela splendens* (Gyllenhal)
939	山东省淄博市鲁山林场	虫害	琉璃弧丽金龟(琉璃金龟)	*Popillia flavosellata* Fabricius; *Popillia atrocoerulea* Bates
940	山东省淄博市鲁山林场	虫害	蒙古异丽金龟	*Anomala mongolica* Motschulsky
941	山东省淄博市鲁山林场	虫害	苹毛丽金龟(苹毛金龟子、长毛金龟子)	*Proagopertha lucidula* (Faldermann)
942	山东省淄博市鲁山林场	虫害	暗黑齿爪鳃金龟(暗黑鳃金龟、暗黑金龟子)	*Holotrichia parallela* Motschulsky
943	山东省淄博市鲁山林场	虫害	东方码绢金龟(东方玛金龟、黑绒金龟、黑绒鳃金龟、东方金龟子、赤绒鳃金龟)	*Maladera orientalis* (Motschulsky)
944	山东省淄博市鲁山林场	虫害	大云斑鳃金龟(大云鳃金龟、云斑鳃金龟、大云斑金龟子)	*Polyphylla laticollis* Lewis
945	山东省淄博市鲁山林场	虫害	铜绿异丽金龟(铜绿丽金龟、铜绿金龟子)	*Anomala corpulenta* Motschulsky
946	山东省淄博市鲁山林场	虫害	黄闪彩丽金龟	*Mimela testaceoviridis* Blanchared
947	山东省淄博市鲁山林场	虫害	小黄鳃金龟	*Melolontha flavescens* Brenske
948	山东省淄博市鲁山林场	虫害	中华弧丽金龟(四斑弧丽金龟、四纹丽金龟)	*Popillia quadriguttata* Fabricius
949	山东省淄博市鲁山林场	虫害	棕色齿爪鳃金龟(棕色鳃金龟)	*Holotrichia titanis* Reitter
950	山东省淄博市鲁山林场	虫害	中华萝藦叶甲(中华萝叶甲)	*Chrysochus chinensis* Baly
951	山东省淄博市鲁山林场	虫害	光肩星天牛(黄斑星天牛)	*Anoplophora glabripennis* (Motschulsky)
952	山东省淄博市鲁山林场	虫害	星天牛(柑橘天牛、华星天牛)	*Anoplophora chinensis* (Forster)

续表

序号	行政区划	有害生物类型	有害生物种类	害虫或病原的拉丁学名
953	山东省淄博市鲁山林场	虫害	芳香木蠹蛾	*Cossus cossus* Linnaeus
954	山东省淄博市鲁山林场	虫害	榆白边舟蛾	*Nericoides davidi* (Oberthuer)
955	山东省淄博市鲁山林场	虫害	桑褐刺蛾(褐刺蛾、红绿刺蛾、桑刺蛾、刺毛虫)	*Setora postornata* (Hampson)
956	山东省淄博市鲁山林场	虫害	桑剑纹夜蛾(桑夜蛾)	*Acronicta major* (Bremer)
957	山东省淄博市鲁山林场	虫害	兀鲁夜蛾	*Xestia ditrapezium orientalis* (Denis et Schiffermidler)
958	山东省淄博市鲁山林场	虫害	黑门娇异蝽	*Urostylis westwoodi* Scott
959	山东省淄博市鲁山林场	虫害	斑背安缘蝽	*Anoplocnemis binotata* (Distant)
960	山东省淄博市鲁山林场	虫害	点蜂缘蝽	*Riptortus pedestris* (Fabricius)
961	山东省淄博市鲁山林场	虫害	广腹同缘蝽	*Homoeocerus dilatatus* Horvath
962	山东省淄博市鲁山林场	虫害	横带红长蝽(红长蝽)	*Lygaeus equestris* (Linnaeus)
963	山东省淄博市鲁山林场	虫害	红脊长蝽	*Tropidothorax elegans* (Distant)
964	山东省淄博市鲁山林场	虫害	碧凤蝶	*Papilio bianor* Cramer
965	山东省淄博市鲁山林场	虫害	花弄蝶	*Pyrgus maculatus* (Bremer et Grey)
966	山东省淄博市鲁山林场	虫害	野蚕蛾(野蚕)	*Bombyx mandarina* Moore
967	山东省淄博市鲁山林场	虫害	国槐尺蛾(槐尺蛾、国槐尺蠖)	*Semiothisa cinerearia* Bremer et Grey
968	山东省淄博市鲁山林场	虫害	红双线尺蛾	*Erastria obliqua* (Warren)
969	山东省淄博市鲁山林场	虫害	桦尺蛾	*Biston betularia* (Linnaeus)

续表

序号	行政区划	有害生物类型	有害生物种类	害虫或病原的拉丁学名
970	山东省淄博市鲁山林场	虫害	白桦尺蛾(白桦尺蠖)	*Phigalia djakonovi* Moltrecht
971	山东省淄博市鲁山林场	虫害	角顶尺蛾	*Menophra emaria* Bremer
972	山东省淄博市鲁山林场	虫害	双斜线尺蛾	*Conchia mundataria* Cramer
973	山东省淄博市鲁山林场	虫害	黑条眼尺蛾(长眉眼尺蛾)	*Problepsis diazoma* Prout
974	山东省淄博市鲁山林场	虫害	掌尺蛾	*Buzura recursaria superans* Butler
975	山东省淄博市鲁山林场	虫害	樗蚕蛾(樗蚕)	*Samia cynthia cynthia* (Drurvy)
976	山东省淄博市鲁山林场	虫害	红点浑黄灯蛾	*Rhyparioides subvarius* (Walker)
977	山东省淄博市鲁山林场	虫害	红缘灯蛾(红袖灯蛾)	*Aloa lactinea* Cramer
978	山东省淄博市鲁山林场	虫害	黄臀黑污灯蛾	*Spilarctia* Caesarea (Goeze)
979	山东省淄博市鲁山林场	虫害	强污灯蛾	*Spilarctia obusta*
980	山东省淄博市鲁山林场	虫害	人纹污灯蛾	*Spilarctia subcarnea* (Walker)
981	山东省淄博市鲁山林场	虫害	星白雪灯蛾(红腹灯蛾、黄腹灯蛾、星白灯蛾)	*Spilosoma menthastri* (Esper)
982	山东省淄博市鲁山林场	虫害	茶白毒蛾	*Arctornis aiba*(Bremer)
983	山东省淄博市鲁山林场	虫害	戟盗毒蛾	*Porthesia kurosawai* Inoue
984	山东省淄博市鲁山林场	虫害	双线盗毒蛾(棕夜黄毒蛾、桑褐斑毒蛾、绿黄毒蛾)	*Porthesia scintillans* (Walker)
985	山东省淄博市鲁山林场	虫害	舞毒蛾(秋千毛虫、柿毛虫、松针黄毒蛾、吉普赛蛾)	*Lymantria dispar* (Linnaeus)
986	山东省淄博市鲁山林场	虫害	杨毒蛾(杨雪毒蛾)	*Stilpnotia candida* Staudinger
987	山东省淄博市鲁山林场	虫害	蔗色毒蛾	*Aroa ochripicta* Moore

续表

序号	行政区划	有害生物类型	有害生物种类	害虫或病原的拉丁学名
988	山东省淄博市鲁山林场	虫害	六星黑点豹蠹蛾（豹纹木蠹蛾、木蠹蛾）	*Zeuzera leuconotum* Butler
989	山东省淄博市鲁山林场	虫害	茶长卷叶蛾（茶长卷蛾、茶卷叶蛾、褐带长卷叶蛾）	*Homona magnanima* Diakonoff
990	山东省淄博市鲁山林场	虫害	李枯叶蛾	*Gastropacha quercifolia* Linnaeus
991	山东省淄博市鲁山林场	虫害	广鹿蛾	*Amata emma*（Butler）
992	山东省淄博市鲁山林场	虫害	黑鹿蛾	*Amata ganssuensis*（Grum-Grshimailo）
993	山东省淄博市鲁山林场	虫害	落叶松毛虫（西伯利亚松毛虫）	*Dendrolimus superans*（Butler）
994	山东省淄博市鲁山林场	虫害	油松毛虫	*Dendrolimus tabulaeformis* Tsai et Liu
995	山东省淄博市鲁山林场	虫害	旱柳原野螟	*Proteuclasta stotzneri*（Caradja）
996	山东省淄博市鲁山林场	虫害	金黄镰翅野螟	*Circobotys aurealis*（Leech）
997	山东省淄博市鲁山林场	虫害	米缟螟（米黑虫）	*Aglossa dimidiata* Haworth
998	山东省淄博市鲁山林场	虫害	宽碧蝽	*Palomena viridissima*（Poda）
999	山东省淄博市鲁山林场	虫害	金绿宽盾蝽	*Poecilocoris lewisi*（Distant）
1000	山东省淄博市鲁山林场	虫害	大鳖土蝽	*Adrisa magna*（Uhler）
1001	山东省淄博市鲁山林场	虫害	红边片头叶蝉	*Petalocephala manchurica* Kato
1002	山东省淄博市鲁山林场	虫害	大青叶蝉（沙棘叶蝉）	*Cicadella viridis*（Linnaeus）
1003	山东省淄博市鲁山林场	虫害	红灰蝶	*Lycaena phlaeas*（Linnaeus）
1004	山东省淄博市鲁山林场	虫害	蓝灰蝶（闪蓝灰蝶）	*Everes argiades*（Pallas）
1005	山东省淄博市鲁山林场	虫害	霓纱燕灰蝶	*Ropala nissa*（Kollar）

续表

序号	行政区划	有害生物类型	有害生物种类	害虫或病原的拉丁学名
1006	山东省淄博市鲁山林场	虫害	大红蛱蝶	*Vanessa indica* (Herbst)
1007	山东省淄博市鲁山林场	虫害	绿豹蛱蝶	*Argynnis paphia* (Linnaeus)
1008	山东省淄博市鲁山林场	虫害	斑缘豆粉蝶	*Colias erate* (Esper)
1009	山东省淄博市鲁山林场	虫害	东方菜粉蝶	*Pieris canidia* (Sparrman)
1010	山东省淄博市鲁山林场	虫害	麝凤蝶	*Byasa alcinous*(Klug)
1011	山东省淄博市鲁山林场	虫害	小红蛱蝶	*Vanessa cardui* (Linnaeus)
1012	山东省淄博市鲁山林场	虫害	冰清绢蝶	*Parnassius citrinarius*
1013	山东省淄博市鲁山林场	虫害	黑弄蝶(带弄蝶、玉带弄蝶)	*Daimio tethys* Ménétriés
1014	山东省淄博市鲁山林场	虫害	牧女珍眼蝶(珍眼蝶)	*Coenonympha amaryllis* (Stoll)
1015	山东省淄博市鲁山林场	虫害	甜菜白带野螟	*Hymenia recurvalis* (Fabricius)
1016	山东省淄博市鲁山林场	虫害	拟柿星尺蛾(星白尺蛾)	*Percnia albinigrata* Warren
1017	山东省淄博市鲁山林场	虫害	金黄螟	*Pyralis regalis* Schiffermuller
1018	山东省淄博市鲁山林场	虫害	霜天蛾	*Psilogramma menephron* (Cramer)
1019	山东省淄博市鲁山林场	虫害	核桃豹夜蛾(胡桃豹夜蛾)	*Sinna extrema* (Walker)
1020	山东省淄博市鲁山林场	虫害	棉铃虫	*Helicoverpa armigera* Hubner
1021	山东省淄博市鲁山林场	虫害	小地老虎(土蚕、地蚕)	*Agrotis ipsilon* (Rottemberg)
1022	山东省淄博市鲁山林场	虫害	粘虫	*Pseudaletia separata* (Walker)
1023	山东省淄博市鲁山林场	虫害	扁锹甲(中华大扁锹)	*Serrognathus titanus* (Saunders)

续表

序号	行政区划	有害生物类型	有害生物种类	害虫或病原的拉丁学名
1024	山东省淄博市鲁山林场	虫害	褐黄前锹甲(褐黄前锹、黄褐锹甲、两点赤)	*Prosopocoilus astacoides blanchardi*
1025	山东省淄博市鲁山林场	虫害	多伊棺头蟋蟀	*Lorobiensrnus doenitzi* (Stein)
1026	山东省淄博市鲁山林场	虫害	横纹菜蝽	*Eurydema gebleri* Kolenati
1027	山东省淄博市鲁山林场	虫害	地红蝽	*Pyrrhocoris tibialis* Stal
1028	山东省淄博市鲁山林场	虫害	硕蝽(板栗硕蝽)	*Eurostus validus* Dallas
1029	山东省淄博市鲁山林场	虫害	松阿扁叶蜂(松扁叶蜂、松阿扁蜂)	*Acantholyda posticalis* Matsumura
1030	山东省淄博市鲁山林场	虫害	黄连木尺蛾(黄连木尺蠖、木撩尺蠖、木燎尺蠖)	*Culcula panterinaria* (Bremer et Grey)
1031	山东省淄博市鲁山林场	虫害	斑衣蜡蝉(红娘子、斑衣、臭皮蜡蝉)	*Lycorma delicatula* (White)
1032	山东省淄博市鲁山林场	虫害	双条杉天牛(双条天牛、蛀木虫)	*Semanotus bifasciatus* Motschulsky
1033	山东省淄博市鲁山林场	虫害	松幽天牛	*Asemum amurense* Kraatz
1034	山东省淄博市鲁山林场	虫害	褐边绿刺蛾(黄缘绿刺蛾、褐袖刺蛾、绿刺蛾、青刺蛾)	*Latoia consocia* Walker
1035	山东省淄博市鲁山林场	虫害	黄刺蛾(洋辣子、茶树黄刺蛾)	*Monema flavescens* Walker
1036	山东省淄博市鲁山林场	虫害	茶翅蝽(臭木椿象、臭木蝽、茶色蝽)	*Halyomorpha halys* (Sthl)
1037	山东省淄博市鲁山林场	虫害	桃红颈天牛	*Aromia bungii* (Faldermann)
1038	山东省淄博市鲁山林场	虫害	油松大蚜(松大蚜)	*Cinara pinitabulaeformis* Zhang et Zhang
1039	山东省淄博市鲁山林场	病害	松针锈病	*Coleosporium phellodendri* Komarov
1040	山东省淄博市鲁山林场	虫害	赤松毛虫	*Dendrolimus spectabilis* Butler
1041	山东省淄博市原山林场	虫害	棉蝗(大青蝗、蹬山倒)	*Chondracris rosea* (Der Geer)

续表

序号	行政区划	有害生物类型	有害生物种类	害虫或病原的拉丁学名
1042	山东省淄博市原山林场	虫害	云斑白条天牛（云斑天牛、多斑白条天牛、白条天牛）	*Batocera lineolata*
1043	山东省淄博市原山林场	虫害	眼斑芫菁	*Mylabris cichorii* Linnaeus
1044	山东省淄博市原山林场	虫害	赤条蝽	*Graphosoma rubrolineata* (Westwood)
1045	山东省淄博市原山林场	虫害	横带红长蝽（红长蝽）	*Lygaeus equestris* (Linnaeus)
1046	山东省淄博市原山林场	虫害	琉璃弧丽金龟（琉璃金龟）	*Popillia flavosellata* Fabricius; *Popillia atrocoerulea* Bates
1047	山东省淄博市原山林场	虫害	紫绿彩丽金龟	*Mimela testaceipes* (Motschulsky)
1048	山东省淄博市原山林场	虫害	鲜黄鳃金龟	*Melolontha turnidifrons* Fairmaire
1049	山东省淄博市原山林场	虫害	小黄鳃金龟	*Melolontha flavescens* Brenske
1050	山东省淄博市原山林场	虫害	槐羽舟蛾	*Pterostoma sinicum* Moore
1051	山东省淄博市原山林场	虫害	柳毒蛾（雪毒蛾）	*Stilpnotia salicis* (Linnaeus)
1052	山东省淄博市原山林场	虫害	白雪灯蛾	*Chionarctia nivea* (Menetries)
1053	山东省淄博市原山林场	虫害	黄刺蛾（洋辣子、茶树黄刺蛾）	*Monema flavescens* Walker
1054	山东省淄博市原山林场	虫害	毛黄大黑鳃金龟（毛黄鳃金龟）	*Holotrichia trichophora* (Fairmaire)
1055	山东省淄博市原山林场	虫害	寒蝉（松寒蝉）	*Meimuna opalifera*
1056	山东省淄博市原山林场	虫害	白肩天蛾	*Rhagastis mongoliana* (Butler)
1057	山东省淄博市原山林场	虫害	白薯天蛾（甘薯天蛾）	*Herse convolvuli* (Linnaeus) [Agrius convolvuli]
1058	山东省淄博市原山林场	虫害	青背长喙天蛾	*Macroglossum bornbylans* (Boisduval)
1059	山东省淄博市原山林场	虫害	栗六点天蛾	*Marumba sperchius* Menentries

续表

序号	行政区划	有害生物类型	有害生物种类	害虫或病原的拉丁学名
1060	山东省淄博市原山林场	虫害	榆绿天蛾(云纹天蛾)	*Callambulyx tatarinovi*(Bremer et Grey)
1061	山东省淄博市原山林场	虫害	梨六点天蛾	*Marumba gaschkewitschi corn placens* Walker
1062	山东省淄博市原山林场	虫害	洋槐天蛾	*Clanis deucalion* (Walker)
1063	山东省淄博市原山林场	虫害	斐豹蛱蝶	*Argyreus hyperbius* (Linnaeus)
1064	山东省淄博市原山林场	虫害	黄钩蛱蝶(金钩角蛱蝶)	*Polygonia c-aureum* (Linnaeus)
1065	山东省淄博市原山林场	虫害	琉璃蛱蝶	*Kaniska canacae* (Linnaeus)
1066	山东省淄博市原山林场	虫害	蛇眼蝶	*Minois dryas* (Scopoli)
1067	山东省淄博市原山林场	虫害	大红蛱蝶	*Vanessa indica* (Herbst)
1068	山东省淄博市原山林场	虫害	丝带凤蝶	*Sericinus montelus* Gray
1069	山东省淄博市原山林场	虫害	碧凤蝶	*Papilio bianor* Cramer
1070	山东省淄博市原山林场	虫害	麝凤蝶	*Byasa alcinous*(Klug)
1071	山东省淄博市原山林场	虫害	中华剑角蝗(中华蚱蜢、异色剑角蝗)	*Acrida cinerea* Thunberg
1072	山东省淄博市原山林场	虫害	红褐斑腿蝗	*Catantops pinguis* (Stal)
1073	山东省淄博市原山林场	虫害	棉铃虫	*Helicoverpa armigera* Hubner
1074	山东省淄博市原山林场	虫害	杨小舟蛾	*Micromelalopha troglodyta* (Graeser)
1075	山东省淄博市原山林场	虫害	梨剑纹夜蛾	*Acronicta rumicis* (Linnaeus)
1076	山东省淄博市原山林场	虫害	果剑纹夜蛾	*Acronicta strigosa* (Denis et Schiffer-muller)
1077	山东省淄博市原山林场	虫害	铜绿异丽金龟(铜绿丽金龟、铜绿金龟子)	*Anomala corpulenta* Motschulsky

续表

序号	行政区划	有害生物类型	有害生物种类	害虫或病原的拉丁学名
1078	山东省淄博市原山林场	虫害	白星花金龟（白星花潜、白纹铜花金龟）	*Protaetia brevitarsis* (Lewis)
1079	山东省淄博市原山林场	虫害	霜天蛾	*Psilogramma menephron* (Cramer)
1080	山东省淄博市原山林场	病害	泡桐丛枝病	MLO
1081	山东省淄博市原山林场	虫害	褐黄前锹甲（褐黄前锹、黄褐锹甲、两点赤）	*Prosopocoilus astacoides blanchardi*
1082	山东省淄博市原山林场	虫害	栎黄掌舟蛾（栎掌舟蛾）	*Phalera assimilis* (Bremer et Grey)
1083	山东省淄博市原山林场	虫害	刺槐掌舟蛾	*Phalera grolei* Moore
1084	山东省淄博市原山林场	虫害	苹掌舟蛾	*Phalera flavescens*
1085	山东省淄博市原山林场	虫害	云斑车蝗	*Gastrimargus marmoratus* (Thunberg)
1086	山东省淄博市原山林场	虫害	笨蝗	*Haplotropis brunneriana* Saussure
1087	山东省淄博市原山林场	虫害	锈色粒肩天牛	*Apriona swainsoni* (Hope)
1088	山东省淄博市原山林场	虫害	竹绿虎天牛	*Chlorophorus annularis* (Fabrieius)
1089	山东省淄博市原山林场	虫害	双斑锦天牛	*Acalolepta sublusca* (Thomson)
1090	山东省淄博市原山林场	虫害	隐脊薄翅天牛	*Megopis sinica ornaticollis* (White)
1091	山东省淄博市原山林场	虫害	红缘天牛（红缘亚天牛）	*Asias halodendri* (Pallas)
1092	山东省淄博市原山林场	虫害	桃红颈天牛	*Aromia bungii* (Faldermann)
1093	山东省淄博市原山林场	虫害	大粒横沟象	*Dyscerus cribripennis* Matsumura et Kono
1094	山东省淄博市原山林场	虫害	黄连木尺蛾（黄连木尺蠖、木撩尺蠖、木燎尺蠖）	*Culcula panterinaria* (Bremer et Grey)
1095	山东省淄博市原山林场	虫害	小青花金龟（双斑小花金龟）	*Oxycetonia jucunda* (Faldermann)

续表

序号	行政区划	有害生物类型	有害生物种类	害虫或病原的拉丁学名
1096	山东省淄博市原山林场	虫害	暗黑齿爪鳃金龟(暗黑鳃金龟、暗黑金龟子)	*Holotrichia parallela* Motschulsky
1097	山东省淄博市原山林场	虫害	二斑黑绒天牛	*Embrik-Strandia bimaculata* (White)
1098	山东省淄博市原山林场	虫害	桑白盾蚧(桑白蚧)	*Pseudaulacaspis pentagona* (Tagioni-Tozzetti)
1099	山东省淄博市原山林场	虫害	柏大蚜(侧柏大蚜)	*Cinara tujafilina* (del Guercio)
1100	山东省淄博市原山林场	虫害	小皱蝽	*Cyclopelta parva* Distant
1101	山东省淄博市原山林场	虫害	油松大蚜(松大蚜)	*Cinara pinitabulaeformis* Zhang et Zhang
1102	山东省淄博市原山林场	虫害	豆天蛾	*Clanis bilineata tsingtauica* Mell
1103	山东省淄博市原山林场	虫害	朱砂叶螨(红蜘蛛)	*Tetranychus cinnabarinus* (Boisduval)
1104	山东省淄博市原山林场	虫害	鸣鸣蝉(雷鸣蝉、昼鸣蝉)	*Oncotympana maculaticollis* (Motachuisky)
1105	山东省淄博市原山林场	虫害	蒙古寒蝉(蒙古蟪蟟)	*Meimuna mongolica* (Distant)
1106	山东省淄博市原山林场	虫害	星天牛(柑橘天牛、华星天牛)	*Anoplophora chinensis* (Forster)
1107	山东省淄博市原山林场	虫害	光肩星天牛(黄斑星天牛)	*Anoplophora glabripennis* (Motschulsky)
1108	山东省淄博市原山林场	虫害	北京朴盾木虱	*Celtisaspis beijingana* Yang et Li
1109	山东省淄博市原山林场	虫害	秋四脉绵蚜	*Tetraneura akinire* Sasaki
1110	山东省淄博市原山林场	虫害	硕蝽(板栗硕蝽)	*Eurostus validus* Dallas
1111	山东省淄博市原山林场	虫害	粗鞘双条杉天牛	*Semanotus sinoauster* (Gressitt)
1112	山东省淄博市原山林场	虫害	金绿宽盾蝽	*Poecilocoris lewisi* (Distant)
1113	山东省淄博市原山林场	虫害	松尖胸沫蝉(松沫蝉)	*Aphrophora flavipes* Uhler

续表

序号	行政区划	有害生物类型	有害生物种类	害虫或病原的拉丁学名
1114	山东省淄博市原山林场	虫害	斑衣蜡蝉(红娘子、斑衣、臭皮蜡蝉)	*Lycorma delicatula* (White)
1115	山东省淄博市高新技术开发区	虫害	中华爱灰蝶	*Aricia mandschurica* (Staudinger)
1116	山东省淄博市高新技术开发区	虫害	红珠灰蝶	*Lycaeides argyrognomon* (Bergstrosser)
1117	山东省淄博市高新技术开发区	虫害	中华矍眼蝶(中华眼蝶)	*Ypthima chinesis* Leech
1118	山东省淄博市高新技术开发区	虫害	红粘夜蛾	*Mythimna rufipennis* Butler
1119	山东省淄博市高新技术开发区	虫害	光腹黏虫	*Eriopyga grandis*
1120	山东省淄博市高新技术开发区	虫害	东方码绢金龟(东方玛金龟、黑绒金龟、黑绒鳃金龟、东方金龟子、赤绒鳃金龟)	*Maladera orientalis* (Motschulsky)
1121	山东省淄博市高新技术开发区	虫害	柳瘤大蚜	*Tuberolachnus salignus* (Gmelin)
1122	山东省淄博市高新技术开发区	虫害	盗毒蛾(黄尾毒蛾)	*Porthesia similis* (Fueazly)
1123	山东省淄博市高新技术开发区	虫害	膜肩网蝽(柳膜肩网蝽)	*Hegesidemus habrus* Drake
1124	山东省淄博市高新技术开发区	虫害	大灰象(大灰象甲、云杉大灰象甲)	*Sympiezomias velatus* (Chevrolat)
1125	山东省淄博市高新技术开发区	虫害	白条夜蛾	*Argyrogramma albostriata* Bremer et Grey
1126	山东省淄博市高新技术开发区	虫害	黄伊缘蝽	*Rhopains rnacuiatus* (Fieber)

续表

序号	行政区划	有害生物类型	有害生物种类	害虫或病原的拉丁学名
1127	山东省淄博市高新技术开发区	虫害	草小卷蛾	*Celypha flavipalpanna* Herich-Schaffer
1128	山东省淄博市高新技术开发区	虫害	北京灰象	*Sympiezomias herzi* Faust
1129	山东省淄博市高新技术开发区	虫害	桃粉大尾蚜	*Hyalopterus amygdali* (Blanchard)
1130	山东省淄博市高新技术开发区	虫害	栗六点天蛾	*Marumba sperchius* Menentries
1131	山东省淄博市高新技术开发区	虫害	绿尾大蚕蛾	*Actias selene ningpoana* Felder
1132	山东省淄博市高新技术开发区	虫害	大云斑鳃金龟(大云鳃金龟、云斑鳃金龟、大云斑金龟子)	*Polyphylla laticollis* Lewis
1133	山东省淄博市高新技术开发区	虫害	中国槐蚜(槐蚜)	*Aphis sophoricola* Zhang
1134	山东省淄博市高新技术开发区	虫害	苹果巢蛾(苹果巢虫、苹果黑点巢蛾)	*Yponomeuta padellus* Linnaeus
1135	山东省淄博市高新技术开发区	虫害	黄杨绢野螟(黄杨野螟、黑缘透翅蛾)	*Diaphania perspectalis* (Walker)
1136	山东省淄博市高新技术开发区	虫害	人纹污灯蛾	*Spilarctia subcarnea* (Walker)
1137	山东省淄博市高新技术开发区	虫害	白杨毛蚜	*Chaitophorus populeti* (Panzer)
1138	山东省淄博市高新技术开发区	虫害	中华萝藦叶甲(中华萝叶甲)	*Chrysochus chinensis* Baly
1139	山东省淄博市高新技术开发区	虫害	黄刺蛾(洋辣子、茶树黄刺蛾)	*Monema flavescens* Walker

续表

序号	行政区划	有害生物类型	有害生物种类	害虫或病原的拉丁学名
1140	山东省淄博市高新技术开发区	虫害	桑褐刺蛾（褐刺蛾、红绿刺蛾、桑刺蛾、刺毛虫）	*Setora postornata*（Hampson）
1141	山东省淄博市高新技术开发区	虫害	紫薇绒蚧（红叶小檗毡蚧）	*Eriococcus lagerostroemiae* Kuwana
1142	山东省淄博市高新技术开发区	虫害	广鹿蛾	*Amata emma*（Butler）
1143	山东省淄博市高新技术开发区	虫害	优美苔蛾	*Miltochrista striata* Bremer et Grey
1144	山东省淄博市高新技术开发区	虫害	淡小姬尺蛾	*Scopula ignobilis*
1145	山东省淄博市高新技术开发区	虫害	黄钩蛱蝶（金钩角蛱蝶）	Polygonia *c-aureum*（Linnaeus）
1146	山东省淄博市高新技术开发区	虫害	白星花金龟（白星花潜、白纹铜花金龟 ）	*Protaetia brevitarsis*（Lewis）
1147	山东省淄博市高新技术开发区	虫害	黄地老虎	*Agrotis segetum*（Denis et Schiffer-muller）
1148	山东省淄博市高新技术开发区	虫害	矮臀大黑鳃金龟	*Holotrichia ernesti* Reitter
1149	山东省淄博市高新技术开发区	虫害	白雪灯蛾	*Chionarctia nivea*（Menetries）
1150	山东省淄博市高新技术开发区	虫害	黄翅缀叶野螟（杨黄卷叶螟）	*Botyodes diniasalis* Walker
1151	山东省淄博市高新技术开发区	虫害	金黄螟	*Pyralis regalis* Schiffermuller
1152	山东省淄博市高新技术开发区	虫害	楸螟（楸蠹野螟）	*Omphisa plagialis* Wileman

续表

序号	行政区划	有害生物类型	有害生物种类	害虫或病原的拉丁学名
1153	山东省淄博市高新技术开发区	虫害	桃蛀螟(桃蛀野螟)	*Conogethes punctiferalis* (Guenee)
1154	山东省淄博市高新技术开发区	虫害	大袋蛾(南大蓑蛾)	*Clania variegata* Snellen
1155	山东省淄博市高新技术开发区	虫害	刺槐掌舟蛾	*Phalera grolei* Moore
1156	山东省淄博市高新技术开发区	虫害	槐羽舟蛾	*Pterostoma sinicum* Moore
1157	山东省淄博市高新技术开发区	虫害	杨二尾舟蛾(杨双尾天社蛾)	*Cerura menciana* Moore
1158	山东省淄博市高新技术开发区	虫害	榆津尺蛾	*Jinchihuo honesta* (Prout)
1159	山东省淄博市高新技术开发区	虫害	春尺蠖(春尺蛾)	*Apocheima cinerarius* Erschoff
1160	山东省淄博市高新技术开发区	虫害	大造桥虫	*Ascotis selenaria* (Denis et Schiffer-muller)
1161	山东省淄博市高新技术开发区	虫害	桑褶翅尺蛾(桑刺尺蛾、核桃尺蛾)	*Zamacra excavata* Dyra
1162	山东省淄博市高新技术开发区	虫害	紫线尺蛾(紫条尺蛾)	*Timandra griseata* Petersen (Calothysanis comptaria Walker)
1163	山东省淄博市高新技术开发区	虫害	国槐尺蛾(槐尺蛾、国槐尺蠖)	*Semiothisa cinerearia* Bremer et Grey
1164	山东省淄博市高新技术开发区	虫害	榆凤蛾	*Epicopeia mencia* Moore
1165	山东省淄博市高新技术开发区	虫害	东方菜粉蝶	*Pieris canidia* (Sparrman)

续表

序号	行政区划	有害生物类型	有害生物种类	害虫或病原的拉丁学名
1166	山东省淄博市高新技术开发区	虫害	云斑粉蝶(云粉蝶)	*Pieris daplidice* L.
1167	山东省淄博市高新技术开发区	虫害	麝凤蝶	*Byasa alcinous*(Klug)
1168	山东省淄博市高新技术开发区	虫害	柳瘿叶蜂(柳厚壁叶蜂)	*Pontania dolichura* Thomson
1169	山东省淄博市高新技术开发区	虫害	杨扁角叶爪叶蜂(杨扁角叶蜂、杨直角叶蜂)	*Stauronematus compressicornis* (Fabricius)
1170	山东省淄博市高新技术开发区	虫害	东方蝼蛄(蝼蛄)	*Gryllotalpa orientalis* Burmeister
1171	山东省淄博市高新技术开发区	虫害	东北大黑鳃金龟(东北齿爪鳃金龟、大黑鳃金龟)	*Holotrichia diomphalia* Bates
1172	山东省淄博市高新技术开发区	虫害	暗黑齿爪鳃金龟(暗黑鳃金龟、暗黑金龟子)	*Holotrichia parallela* Motschulsky
1173	山东省淄博市高新技术开发区	虫害	铜绿异丽金龟(铜绿丽金龟、铜绿金龟子)	*Anomala corpulenta* Motschulsky
1174	山东省淄博市高新技术开发区	虫害	琉璃弧丽金龟(琉璃金龟)	*Popillia flavosellata* Fabricius; *Popillia atrocoerulea* Bates
1175	山东省淄博市高新技术开发区	虫害	苹毛丽金龟(苹毛金龟子、长毛金龟子)	*Proagopertha lucidula* (Faldermann)
1176	山东省淄博市高新技术开发区	虫害	小青花金龟(双斑小花金龟)	*Oxycetonia jucunda* (Faldermann)
1177	山东省淄博市高新技术开发区	虫害	大地老虎(地老虎、黑虫、地蚕、土蚕)	*Agrotis tokionis* Butler
1178	山东省淄博市高新技术开发区	虫害	小地老虎(土蚕、地蚕)	*Agrotis ipsilon* (Rottemberg)

续表

序号	行政区划	有害生物类型	有害生物种类	害虫或病原的拉丁学名
1179	山东省淄博市高新技术开发区	虫害	八字地老虎	*Xestia c-nigrum* (Linnaeus)
1180	山东省淄博市高新技术开发区	病害	青桐溃疡病	*Botryosphaeria dothidea*
1181	山东省淄博市高新技术开发区	病害	杨树烂皮病(杨树腐烂病、毛白杨腐烂病)	*Valsa sordida* Nit.[Cytospora chrysosperma (Pers.)Fr.]
1182	山东省淄博市高新技术开发区	病害	桃树流胶病(桃流胶病)	*Botryosphaeria dothidea*
1183	山东省淄博市高新技术开发区	病害	樱花褐斑穿孔病	*Cercospora circumscissa*
1184	山东省淄博市高新技术开发区	病害	山楂锈病	*Gymnosporangium haraeanum* Syd. f. sp.crataegicola;Gymnosporangium asiaticum
1185	山东省淄博市高新技术开发区	病害	杨树锈病	*Melampsora laricis*
1186	山东省淄博市高新技术开发区	病害	榆树炭疽病	*Gnomonia oharana*
1187	山东省淄博市高新技术开发区	病害	月季黑斑病(玫瑰黑斑病)	*Actinonema rosae* (Lib.)Fr.;[Diplocarpon rosae]
1188	山东省淄博市高新技术开发区	病害	大叶黄杨白粉病	*Oidium euonymijaponicae* (Are.) Sacc.
1189	山东省淄博市高新技术开发区	病害	月季白粉病(蔷薇白粉病、玫瑰白粉病、刺梨白粉病)	*Sphaerotheca pannosa* (Wallr. Ex Fr.) Lev.
1190	山东省淄博市高新技术开发区	虫害	榆剑纹夜蛾	*Acronicta hercules* Felder et Rogenhofer
1191	山东省淄博市高新技术开发区	虫害	小绿叶蝉(桃叶蝉、桃小浮尘子、桃小叶蝉、桃小绿叶蝉)	*Empoasca flavescens* (Fabricius)

续表

序号	行政区划	有害生物类型	有害生物种类	害虫或病原的拉丁学名
1192	山东省淄博市高新技术开发区	虫害	斑衣蜡蝉(红娘子、斑衣、臭皮蜡蝉)	*Lycorma delicatula* (White)
1193	山东省淄博市高新技术开发区	虫害	秋四脉绵蚜	*Tetraneura akinire* Sasaki
1194	山东省淄博市高新技术开发区	虫害	桃瘤头蚜(桃瘤蚜、桃纵卷瘤蚜)	*Tuberocephalus momonis* (Matsumura)
1195	山东省淄博市高新技术开发区	虫害	油松大蚜(松大蚜)	*Cinara pinitabulaeformis* Zhang et Zhang
1196	山东省淄博市高新技术开发区	虫害	雪松长足大蚜	*Cinara cedri* Mimeur
1197	山东省淄博市高新技术开发区	虫害	柿绒蚧(柿绵蚧、毛毡蚧、柿毡蚧)	*Eriococcus kaki* Kuwana
1198	山东省淄博市高新技术开发区	虫害	龟蜡蚧	*Ceroplastes floridensis* Comstock
1199	山东省淄博市高新技术开发区	虫害	桑白盾蚧(桑白蚧)	*Pseudaulacaspis pentagona* (Tagioni-Tozzetti)
1200	山东省淄博市高新技术开发区	虫害	枣大球蚧(红枣大球蚧、瘤大球坚蚧、枣大球坚蚧)	*Eulecanium gigantea* (Shinji)
1201	山东省淄博市高新技术开发区	虫害	栾多态毛蚜	*Periphyllus koelreuteriae* (Takahashi)
1202	山东省淄博市高新技术开发区	虫害	白蜡树卷叶绵蚜	*Prociphilus fraxini* Fabricius
1203	山东省淄博市高新技术开发区	虫害	菊小长管蚜	*Macrosiphoniella sanborni* Gillette
1204	山东省淄博市高新技术开发区	虫害	棉蚜(花椒棉蚜、榆树棉蚜)	*Aphis gossypii* Glover

续表

序号	行政区划	有害生物类型	有害生物种类	害虫或病原的拉丁学名
1205	山东省淄博市高新技术开发区	虫害	月季长管蚜	*Macrosiphum rosivarum* Zhang
1206	山东省淄博市高新技术开发区	虫害	洋槐蚜(刺槐蚜)	*Aphis robiniae* Macchiati
1207	山东省淄博市高新技术开发区	虫害	绣线菊蚜(苹果黄蚜)	*Aphis citricola* van der Goot
1208	山东省淄博市高新技术开发区	虫害	朴绵叶蚜	*Shivaphis celti* Das
1209	山东省淄博市高新技术开发区	虫害	山东广翅蜡蝉	*Ricania shantungensis* Chou et Lu
1210	山东省淄博市高新技术开发区	虫害	大青叶蝉(沙棘叶蝉)	*Cicadella viridis* (Linnaeus)
1211	山东省淄博市高新技术开发区	虫害	柿广翅蜡蝉	*Ricania sublimbata* Jacobi
1212	山东省淄博市高新技术开发区	虫害	刺肩普缘蝽	*Plinachtus dissimilis* Hsiao
1213	山东省淄博市高新技术开发区	虫害	斑须蝽	*Dolycoris baccarum* (Linnaeua)
1214	山东省淄博市高新技术开发区	虫害	茶翅蝽(臭木椿象、臭木蝽、茶色蝽)	*Halyomorpha halys* (Sthl)
1215	山东省淄博市高新技术开发区	虫害	麻皮蝽(黄斑蝽)	*Erthesina fullo* (Thunberg)
1216	山东省淄博市高新技术开发区	虫害	梨网蝽(梨冠网蝽、梨花网蝽、梨军配虫)	*Stephanitis nashi* Esaki at Takeya
1217	山东省淄博市高新技术开发区	虫害	珀蝽	*Plautia fimbriata* (Fabricius)

续表

序号	行政区划	有害生物类型	有害生物种类	害虫或病原的拉丁学名
1218	山东省淄博市高新技术开发区	虫害	小皱蝽	*Cyclopelta parva* Distant
1219	山东省淄博市高新技术开发区	虫害	小线角木蠹蛾（小木蠹蛾）	*Holcocerus insularis* Staudinger
1220	山东省淄博市高新技术开发区	虫害	芳香木蠹蛾	*Cossus cossus* Linnaeus
1221	山东省淄博市高新技术开发区	虫害	咖啡木蠹蛾（咖啡豹蠹蛾、咖啡黑点蠹蛾、豹纹木蠹蛾）	*Zeuzera coffeae* Nietner
1222	山东省淄博市高新技术开发区	虫害	双条杉天牛（双条天牛、蛀木虫）	*Semanotus bifasciatus* Motschulsky
1223	山东省淄博市高新技术开发区	虫害	红缘天牛（红缘亚天牛）	*Asias halodendri* (Pallas)
1224	山东省淄博市高新技术开发区	虫害	二斑黑绒天牛	*Embrik-Strandia bimaculata* (White)
1225	山东省淄博市高新技术开发区	虫害	桃红颈天牛	*Aromia bungii* (Faldermann)
1226	山东省淄博市高新技术开发区	虫害	星天牛（柑橘天牛、华星天牛）	*Anoplophora chinensis* (Forster)
1227	山东省淄博市高新技术开发区	虫害	云斑白条天牛（云斑天牛、多斑白条天牛、白条天牛）	*Batocera horsfieldi* (Hope)
1228	山东省淄博市高新技术开发区	虫害	桑天牛（桑粒肩天牛、黄褐天牛、粒肩天牛、麻胸天牛、褐天牛）	*Apriona germari* (Hope)
1229	山东省淄博市高新技术开发区	虫害	家茸天牛	*Trichoferus campestris* (Faldermann)
1230	山东省淄博市高新技术开发区	虫害	光肩星天牛（黄斑星天牛）	*Anoplophora glabripennis* (Motschulsky)

续表

序号	行政区划	有害生物类型	有害生物种类	害虫或病原的拉丁学名
1231	山东省淄博市高新技术开发区	虫害	蒙古象(蒙古土象、蒙古灰象甲)	*Xylinophorus mongolicus* Faust
1232	山东省淄博市高新技术开发区	虫害	波纹斜纹象(波纹斜纹象甲、杨黄星象)	*Lepyrus japonicus* Roelofs
1233	山东省淄博市高新技术开发区	虫害	沟眶象	*Eucryptorrhynchus chinensis* (Olivier)
1234	山东省淄博市高新技术开发区	虫害	臭椿沟眶象(椿小象)	*Eucryptorrhynchus brandti* (Harold)
1235	山东省淄博市高新技术开发区	虫害	杨毒蛾(杨雪毒蛾)	*Stilpnotia candida* Staudinger
1236	山东省淄博市高新技术开发区	虫害	榆毒蛾(榆黄足毒蛾)	*Ivela ochropoda* (Eversmann)
1237	山东省淄博市高新技术开发区	虫害	柳毒蛾(雪毒蛾)	*Stilpnotia salicis* (Linnaeus)
1238	山东省淄博市高新技术开发区	虫害	舞毒蛾(秋千毛虫、柿毛虫、松针黄毒蛾、吉卜赛蛾)	*Lymantria dispar* (Linnaeus)
1239	山东省淄博市高新技术开发区	虫害	戟盗毒蛾	*Porthesia kurosawai* Inoue
1240	山东省淄博市高新技术开发区	虫害	线茸毒蛾	*Dasychira grotei* Moore
1241	山东省淄博市高新技术开发区	虫害	幻带黄毒蛾	*Euproctis varians* (Walker)
1242	山东省淄博市高新技术开发区	虫害	丽毒蛾	*Cailiteara pudibunda* (Linnaeua)
1243	山东省淄博市高新技术开发区	虫害	扁刺蛾(杜仲刺蛾)	*Thosea sinensis* (Walker)

续表

序号	行政区划	有害生物类型	有害生物种类	害虫或病原的拉丁学名
1244	山东省淄博市高新技术开发区	虫害	双齿绿刺蛾(棕边青刺蛾)	*Latoia hilarata* (Staudinger)
1245	山东省淄博市高新技术开发区	虫害	青背长喙天蛾	*Macroglossum bornbylans* (Boisduval)
1246	山东省淄博市高新技术开发区	虫害	小豆长喙天蛾	*Macroglossum stellatarum* (Linnaesu)
1247	山东省淄博市高新技术开发区	虫害	蓝目天蛾	*Smerinthus planus planus* Walker
1248	山东省淄博市高新技术开发区	虫害	葡萄天蛾(葡萄轮纹天蛾)	*Ampelophaga rubiginosa rubiginosa* Bremer et Grey
1249	山东省淄博市高新技术开发区	虫害	白薯天蛾(甘薯天蛾)	*Herse convolvuli* (Linnaeus)[Agrius convolvuli]
1250	山东省淄博市高新技术开发区	虫害	枣桃六点天蛾	*Marumba gaschkewitschi gaschkewitschi* (Bremer et Grey)
1251	山东省淄博市高新技术开发区	虫害	霜天蛾	*Psilogramma menephron* (Cramer)
1252	山东省淄博市高新技术开发区	虫害	榆绿天蛾(云纹天蛾)	*Callambulyx tatarinovi* (Bremer et Grey)
1253	山东省淄博市高新技术开发区	虫害	豆天蛾	*Clanis bilineata tsingtauica* Mell
1254	山东省淄博市高新技术开发区	虫害	银锭夜蛾	*Macdunnoughia crassisigna* (Warren)
1255	山东省淄博市高新技术开发区	虫害	斜纹夜蛾(一点斜纹网蛾)	*Spodoptera litura* (Fabriciua)
1256	山东省淄博市高新技术开发区	虫害	甘蓝夜蛾	*Mamestra brassicae* (Linnaeus)

续表

序号	行政区划	有害生物类型	有害生物种类	害虫或病原的拉丁学名
1257	山东省淄博市高新技术开发区	虫害	臭椿皮夜蛾(臭椿皮蛾、旋皮夜蛾)	*Eligma narcissus* (Cramer)
1258	山东省淄博市高新技术开发区	虫害	超桥夜蛾	*Anomis fulvida* Guenee
1259	山东省淄博市高新技术开发区	虫害	棉铃虫	*Helicoverpa armigera* Hubner
1260	山东省淄博市高新技术开发区	虫害	黏虫	*Pseudaletia separata* (Walker)
1261	山东省淄博市高新技术开发区	虫害	庸肖毛翅夜蛾	*Thyas* Juno (Dalman)
1262	山东省淄博市高新技术开发区	虫害	紫金翅夜蛾	*Plusia chyson* Esper
1263	山东省淄博市高新技术开发区	虫害	褐宽翅夜蛾	*Naenia contaminata* (Walker)
1264	山东省淄博市高新技术开发区	虫害	桑剑纹夜蛾(桑夜蛾)	*Acronicta major* (Bremer)
1265	山东省淄博市高新技术开发区	虫害	梨剑纹夜蛾	*Acronicta rumicis* (Linnaeus)
1266	山东省淄博市高新技术开发区	虫害	果剑纹夜蛾	*Acronicta strigosa* (Denis et Schiffer-muller)
1267	山东省淄博市高新技术开发区	虫害	红缘灯蛾(红袖灯蛾)	*Aloa lactinea* Cramer
1268	山东省淄博市高新技术开发区	虫害	朝鲜球坚蜡蚧(朝鲜球坚蚧、杏球坚蚧、桃球坚蚧、槐球)	*Didesmococcus koreanus* Borchsenius
1269	山东省淄博市高新技术开发区	虫害	日本草履蚧(草履蚧)	*Drosicha corpulenta* (Kuwana)

2.淄博市外来林业有害生物种类情况统计。全市共普查到外来林业有害生物12种，上报34条数据记录，全部为省外传入，详情见表2。

表2　淄博市外来林业有害生物种类统计表

序号	行政区划	有害生物类型	有害生物种类	拉丁学名	传入地点
1	山东省淄博市淄川区	虫害	美国白蛾(秋幕毛虫)	*Hyphantria cunea* Drury	省外
2	山东省淄博市淄川区	虫害	悬铃木方翅网蝽	*Corythucha ciliata*(Say)	省外
3	山东省淄博市张店区	虫害	美国白蛾(秋幕毛虫)	*Hyphantria cunea* Drury	省外
4	山东省淄博市张店区	虫害	悬铃木方翅网蝽	*Corythucha ciliata*(Say)	省外
5	山东省淄博市博山区	虫害	美国白蛾(秋幕毛虫)	*Hyphantria cunea* Drury	省外
6	山东省淄博市博山区	虫害	悬铃木方翅网蝽	*Corythucha ciliata*(Say)	省外
7	山东省淄博市临淄区	虫害	苹果绵蚜	*Eriosoma lanigerum* (Hausmann)	省外
8	山东省淄博市临淄区	虫害	刺槐叶瘿蚊	*Obolodiplosis robiniae* (Haldemann)	省外
9	山东省淄博市临淄区	虫害	美国白蛾(秋幕毛虫)	*Hyphantria cunea* Drury	省外
10	山东省淄博市临淄区	虫害	悬铃木方翅网蝽	*Corythucha ciliata*(Say)	省外
11	山东省淄博市周村区	虫害	苹果绵蚜	*Eriosoma lanigerum* (Hausmann)	省外
12	山东省淄博市周村区	虫害	刺槐叶瘿蚊	*Obolodiplosis robiniae* (Haldemann)	省外
13	山东省淄博市周村区	虫害	悬铃木方翅网蝽	*Corythucha ciliata*(Say)	省外
14	山东省淄博市周村区	虫害	美国白蛾(秋幕毛虫)	*Hyphantria cunea* Drury	省外
15	山东省淄博市桓台县	病害	杨树花叶病毒病	*Poplar mosaic virus* (PMV)	省外
16	山东省淄博市桓台县	虫害	美国白蛾(秋幕毛虫)	*Hyphantria cunea* Drury	省外

续表

序号	行政区划	有害生物类型	有害生物种类	拉丁学名	传入地点
17	山东省淄博市桓台县	虫害	悬铃木方翅网蝽	*Corythucha ciliata*(Say)	省外
18	山东省淄博市高青县	虫害	刺槐叶瘿蚊	*Obolodiplosis robiniae* (Haldemann)	省外
19	山东省淄博市高青县	虫害	悬铃木方翅网蝽	*Corythucha ciliata*(Say)	省外
20	山东省淄博市高青县	虫害	美国白蛾(秋幕毛虫)	*Hyphantria cunea* Drury	省外
21	山东省淄博市沂源县	虫害	悬铃木方翅网蝽	*Corythucha ciliata*(Say)	省外
22	山东省淄博市沂源县	虫害	美国白蛾(秋幕毛虫)	*Hyphantria cunea* Drury	省外
23	山东省淄博市鲁山林场	病害	松疱锈病(红松疱锈病)	*Cronartium ribicola* J. C. Fischer ex Rab.	省外
24	山东省淄博市鲁山林场	病害	松针褐斑病	*Lecanosticta acicola* (Thiim) sydow	省外
25	山东省淄博市鲁山林场	病害	落叶松枯梢病(落叶松枯枝病)	*Botryosphaeria laricina* (K.Sawada) Y.Zhong	省外
26	山东省淄博市鲁山林场	虫害	温室粉虱(温室白粉虱、白粉虱、扶桑花粉虱)	*Trialeurodes vaporariorum* (Westwood)	省外
27	山东省淄博市鲁山林场	虫害	红脂大小蠹(强大小蠹)	*Dendroctonus valens* LeConte	省外
28	山东省淄博市鲁山林场	病害	松材线虫病	*Bursaphelenchus xylophilus* (Steiner et Burher) Nickle	省外
29	山东省淄博市原山林场	虫害	美国白蛾(秋幕毛虫)	*Hyphantria cunea* Drury	省外
30	山东省淄博市原山林场	虫害	悬铃木方翅网蝽	*Corythucha ciliata*(Say)	省外
31	山东省淄博市高新技术开发区	虫害	美洲斑潜蝇	*Liriomyza sativae* Blanchard	省外
32	山东省淄博市高新技术开发区	虫害	温室粉虱(温室白粉虱、白粉虱、扶桑花粉虱)	*Trialeurodes vaporariorum* (Westwood)	省外

续表

序号	行政区划	有害生物类型	有害生物种类	拉丁学名	传入地点
33	山东省淄博市高新技术开发区	虫害	悬铃木方翅网蝽	*Corythucha ciliata*(Say)	省外
34	山东省淄博市高新技术开发区	虫害	美国白蛾(秋幕毛虫)	*Hyphantria cunea* Drury	省外

3.淄博市种实、果品、花卉、木材及其制品有害生物种类情况统计。全市种实、果品、花卉、木材及其制品有害生物种类共计3种,分别是朱砂叶螨、桃蛀果蛾、桃蛀螟,详情见下表3。

表3 淄博市种实、果品、花卉、木材及其制品有害生物

序号	行政区划	有害生物类型	有害生物种类	拉丁学名	寄主植物	寄主类型
1	山东省淄博市临淄区	虫害	朱砂叶螨(红蜘蛛)	*Tetranychus cinnabarinus*(Boisduval)	木樨(桂花)	花卉
2	山东省淄博市桓台县	虫害	桃蛀果蛾(桃小食心虫、枣桃小食心虫)	*Carposina niponensis* Walsingham	桃(桃树)	果品
3	山东省淄博市高青县	虫害	桃蛀果蛾(桃小食心虫、枣桃小食心虫)	*Carposina niponensis* Walsingham	桃(桃树)	果品
4	山东省淄博市高青县	虫害	桃蛀螟(桃蛀野螟)	*Conogethes punctiferalis*(Guenee)	桃(桃树)	果品

(二)外来林业有害生物为害情况

全市普查发现12种外来林业有害生物,其中,美国白蛾、松材线虫病经过多年来的科学防控,已得到较好的控制。悬铃木方翅网蝽近年来在我市城区法桐树上为害较重,发生面积逐年递增,并有持续扩散蔓延之势,为此已专门制作《淄博市悬铃木方翅网蝽风险评估报告》。其余外来林业有害生物种类仅在普查中零星发现,未形成大的为害,在未来几年需要重点监测和关注。具体情况如下:

1.美国白蛾。昆虫纲鳞翅目灯蛾科,寄主植物法桐、杨属、泡桐属等,为害树木叶部。2006年传入我市,2008年扩散至全市除沂源县外的8个区县95个乡镇、街道办事处,疫区面积21.47万亩。2010年,沂源县发现美国白蛾疫情,全市共有107个乡镇、街道办事处,累计28.1万亩林木发生了不同程度的美国白蛾疫情。疫情发生后,我市探索试点在局部地区飞防,继而扩展到2011年全市统一飞防,成功控制住了美国白蛾疫情,再难寻找到美国白蛾踪迹。2014年,全市再次组织统一飞防,尝试将美国白蛾、杨树舟蛾类害虫共同防治,取得了不错的防治效果。近两年,仅在局部区域零星发现。

2.松材线虫病。线虫门侧尾腺口纲滑刃目拟滑刃科,寄主植物松科部分树木,为害树木干部。2010年传入我市,疫区分布在鲁山林场大涝洼500亩松林。经过5年的综合防治,我市最终拔出疫情,成功撤离松材线虫病疫区。之后重点转入预防工作,每年组织开展春秋季普查工作,清理病死树木,严格焚烧程序,确保无害化处理。

3.悬铃木方翅网蝽。昆虫纲半翅目网蝽科,寄主植物法桐,为害树木叶部。2012年我市发现虫情为害,2013年纳入林业有害生物日常监测种类,逐步扩散蔓延至我市五区三县、高新区、文昌湖区。每年8、9月为害严重,导致法桐树叶发黄失绿。2014年全市发生面积6000亩,2015年发生面积8000亩,近年来全市每年都组织有关部门、单位组织两遍药物防治工作,但防治效果不是十分理想。

4.苹果绵蚜。昆虫纲同翅目瘿绵蚜科,寄主植物苹果,为害干部、枝梢部、叶部、果实,普查仅在周村区、临淄区发现,无大面积发生。未来将纳入重点监测种类,关注其发生态势。

5.刺槐叶瘿蚊。昆虫纲双翅目瘿蚊科,寄主植物刺槐,为害树木叶部,普查仅在周村区、临淄区、高青县发现,无大面积发生。未来将纳入重点监测种类,关注其发生态势。

6.温室粉虱。昆虫纲同翅目粉虱科,寄主植物泡桐属、女贞属植物,为害树木叶部,普查仅在淄博高新区四宝山街道、市鲁山林场第三营林区发现,无大面积发生。未来将纳入重点监测种类,关注其发生态势。

7.松疱锈病(红松疱锈病)。寄主植物松属,为害树木干部,普查仅在市鲁山林场第三营林区发现,无大面积发生。未来将纳入重点监测种类,关注其发生态势。

8.落叶松枯梢病。寄主植物落叶松属,为害部位叶部、枝梢部,普查仅鲁山林场第三营林区发现,无大面积发生。未来将纳入重点监测种类,关注其发生态势。

9.松针褐斑病。寄主植物松属,为害部位叶部,普查仅鲁山林场第三营林区发现,无大面积发生。未来将纳入重点监测种类,关注其发生态势。

10.杨树花叶病毒。寄主植物杨属,为害部位叶部,普查仅在桓台县发现,无大面积发生。未来将纳入重点监测种类,关注其发生态势。

11.红脂大小蠹。寄主植物桃树,为害部位叶部,普查仅在鲁山林场第三营林区发现,无大面积发生。未来将纳入重点监测种类,关注其发生态势。

12.美洲斑潜蝇。寄主植物大豆属,为害部位叶部,普查仅在高新区四宝山街道普查过程中发现,无大面积发生。未来将纳入重点监测种类,关注其发生态势。

(三)重要发现

1.普查发现3种国内新记录种。我市临淄区普查发现3种国内新记录种,均是在普查过程中由山东农业大学何邦令教授初步鉴定,有待进一步确定。

(1)香椿干象,是为害香椿的一种蛀干害虫,属于象甲科。该害虫钻蛀木质部,最终导致香椿整株枯死。一旦在树体发现香椿干象，香椿树的死亡率达 80% 以上。普查中在临淄区辛店街道矮槐村发现。

（2）雪松腐烂病，是为害雪松枝干皮部的一种病害，发病严重时，可导致雪松整株死亡，为害性很大。经初步镜检，该病害是由一种真菌（*Cytospora* sp.）侵染引起，之前还未见过雪松腐烂病的相关报道。普查中在高速公路两侧雪松上发现。

（3）小叶病，是近几年才发生的一类新病害，为害多种园林植物，如白蜡、青桐、丁香、大叶女贞等。主要症状是：病叶极小，密集簇生，新梢无法抽出，严重时可导致枝叶干枯死亡。普查中在多种园林树木上发现，病原还有待进一步鉴定。

2.常发林业有害生物情况。我市常见的杨扇舟蛾、杨小舟蛾、春尺蠖、草履蚧、槐尺蠖等主要林业有害生物寄主植物、分布状况均没有发现改变，下一步要加大监测和观察力度，掌握常发林业有害生物发生规律，为做好防治工作奠定坚实基础。

五、存在的问题及建议

（一）存在的问题

1.种类鉴定较为困难。林业有害生物种类鉴定专业技术性非常强，很多虫害形态特征非常相似，公开资料少，难以确定具体种类。还有很多病害受限于病原采集、保存、鉴定的技术要求、成本，大多凭命名者根据为害特征、主观经验得出结论，未进行病原分离鉴定。

2.普查种类重虫害，轻病害、草害、鼠害。受限于基层技术人员专业技能水平较低，普查过程中往往较为重视虫害。对病害、草害、鼠害等识别水平较低，因此普查到的病害、草害、鼠害种类比较少。

3.普查种类存在缺失漏洞。普查工作伊始，技术人员主观判断需要将普查到的种类拍照、整姿、定型、做标本，体型较小的种类会产生繁重、困难的工作量，大部分普查技术人员主观上将小于 1 厘米，特别是小于 0.5 厘米的小型种类人为忽略了。事实上，在这一体形区间存在很多林业有害生物种类，因此人为因素造成本次普查种类的缺失漏洞。

4.普查覆盖不够全面。普查强度和广度没有达到预期，普查区域集中在主要交通干道周边片林，树种集中于杨树和道路绿化树种。另外，山区树种丰富的防护林、封山或杂木林涉及较少，经济林普查到的有害生物种类也较少。

5.标本制作和保存质量不高。本次普查技术人员大都是第 1 次参加林业有害生物普查，虽然经过了集中培训，但都没动手实践学习过标本制作、保存。因此，一些带颜色的标本，幼虫标本，制作较为困难，成虫展翅、整姿做得不好，质量不高。另外，制作好的标本的保存也是个问题，很多普查单位标本未经消毒、通风等处理，在提交之前已经损坏。

6.普查资金投入不足。部分普查单位资金投入不足，仪器工具不够，特别是微距镜头较为昂贵，无法购买，导致很多普查到的种类照片质量不高。外业调查、夜晚灯诱等缺乏必要的食宿、交通补助费用，致使外业工作量不足。

（二）建议

1.将林业有害生物普查工作纳入常规，及时充实、更新林业有害生物数据库。充分利用各级测报点、监测人员队伍，将普查工作与日常测报、防治等经常性工作结合，不断积累、更新普查种类，更新林业有害生物数据库。

2.提高森防人员专业素质，尤其是种类识别鉴定水平。加大测报、防治、检疫等工作培训力度，利用培训机会，普及种类识别、鉴定技术，根据需要发放、学习林业有害生物种类识别、鉴定的书籍、培训教材，切实提高森防人员对林业有害生物种类识别和鉴定的水平。

3.修订和完善普查技术方案，合理分工，提高普查质量。总结本次普查经验教训，完善技术方案，进行合理分工，进一步明确普查种类，对技术性要求较强的病害、小型虫害，可完全交由大学、科研机构开展，各级森防队伍负责常规性病虫害种类，提高普查工作质量。

图书在版编目(CIP)数据

淄博市林业有害生物/赵杨,王俊亮主编. —济南:山东大学出版社,2019. 3

ISBN 978-7-5607-6307-1

Ⅰ. ①淄… Ⅱ. ①赵…②王… Ⅲ. ①森林害虫－淄博－图集 Ⅳ. ①S763. 3－64

中国版本图书馆 CIP 数据核字(2019)第 047494 号

责任策划:李 港
责任编辑:李 港
封面设计:张 荔

出版发行:山东大学出版社
社 址 山东省济南市山大南路 20 号
邮 编 250100
电 话 市场部(0531)88363008
经 销:新华书店
印 刷:济南华林彩印有限公司
规 格:787 毫米×1092 毫米 1/16
21.5 印张 492千字
版 次:2019 年 3 月第 1 版
印 次:2019 年 3 月第 1 次印刷
定 价:198.00 元
